Jean Macé

HISTOIRE
D'UNE
BOUCHÉE DE PAIN

Elibron Classics
www.elibron.com

Elibron Classics series.

ISBN 0-543-89291-3 (paperback)
ISBN 0-543-89290-5 (hardcover)

This Elibron Classics Replica Edition is an unabridged facsimile of the edition published in 1880 by J. Hetzel, Paris.

HISTOIRE

D'UNE

BOUCHÉE DE PAIN

Paris.—Imp. Poupart-Davyl & Cᵉ, Rue du Bac, 30

HISTOIRE

D'UNE

BOUCHÉE DE PAIN

LETTRES A UNE PETITE FILLE

SUR LA VIE DE L'HOMME ET DES ANIMAUX

PAR

JEAN MACÉ

OUVRAGE

Adopté par la Commission universitaire des livres de prix

DOUZIÈME ÉDITION

PARIS

J. HETZEL, ÉDITEUR, 18, RUE JACOB

COLLECTION HETZEL

A GEOFFROY SAINT-HILAIRE

Vous m'aviez promis un avenir de naturaliste, alors que je n'étais encore qu'un enfant. Les agitations de la vie m'ont emmené trop loin des régions sérieuses où se cultive la science, pour que je puisse jamais faire honneur à votre prédiction. Permettez-moi cependant de vous dédier ce livre d'enfant, où vous n'auriez retrouvé, il est vrai, qu'un disciple de fantaisie, mais que vous auriez accueilli peut-être d'un sourire indulgent.

TABLE DES MATIÈRES

DEUXIÈME PARTIE : LES ANIMAUX

HISTOIRE

D'UNE

BOUCHÉE DE PAIN

LETTRE Ire

INTRODUCTION

J'entreprends, ma chère petite, de vous expliquer bien des choses qu'on regarde en général comme très-difficiles à comprendre, et que l'on n'apprend pas toujours aux grandes demoiselles. Si nous parvenons, en nous y mettant à nous deux, à les faire entrer dans votre tête, j'en serai très-fier pour mon compte, et vous verrez combien la science de messieurs les savants est amusante pour les petites filles, bien que ces messieurs prétendent quelquefois le contraire.

L'histoire d'une bouchée de pain! Si c'est là ce que je veux vous raconter, vous me direz que ce n'est pas la peine. Vous en savez là-dessus aussi long que moi, et je ne vous apprendrai pas la manière de mordre dans une tartine.

Eh bien! vous ne vous doutez pas de la quantité incroyable de choses qu'il y a sous ce petit mot, et quel gros volume nous pourrions en faire, si je voulais entrer dans tous les détails.

Vous êtes-vous quelquefois demandé pourquoi l'on mange?

Je vous vois rire d'ici.

« L'on mange parce qu'il y a des bonbons, des gâteaux, des confitures, des poires, du raisin, des petits pains tendres, toutes sortes de bonnes choses qui font plaisir à manger. » C'est une assez bonne raison : il n'en faut pas d'autre. Ah! s'il n'y avait que de la soupe au monde, peut-être bien qu'on pourrait demander : Pourquoi?

Mettons qu'il n'y a que de la soupe au monde. Aussi bien il ne manque pas de pauvres petits enfants pour lesquels il n'y a pas autre chose, et qui mangent tout de même, et de bon appétit, je vous l'assure : le père et la mère ne le savent que trop, bien souvent.

Pourquoi mange-t-on, même quand on n'a que de la soupe?

Je vais vous le dire si vous ne le savez pas.

L'autre jour, quand votre maman a déclaré que votre robe était devenue trop courte, et qu'il a fallu vous faire la jolie robe à carreaux dont vous étiez si fière les premiers jours, d'où venait cela?

— Belle demande! c'est que j'avais grandi.

— Et comment avez-vous grandi, s'il vous plaît?

Vous voilà prise. Il est bien sûr que personne n'est

venu rallonger vos jambes pendant que vous dormiez, et que si les bras sortaient des manches, ce n'était pas parce qu'on avait remis un petit morceau au coude, comme on remet des planches à la table, les jours où l'on donne à dîner à beaucoup de monde. Cependant rien ne grandit tout seul, comme rien ne diminue non plus, persuadez-vous bien cela une fois pour toutes. Si l'on n'a rien ajouté par dehors, il faut bien que quelque malicieux génie ait fourré par dedans tout ce qu'il y a de plus dans les bras, les jambes et le reste. Et ce malicieux génie, savez-vous bien qui c'est ?

C'est vous.

Ce sont vos belles tartines, vos bonbons, vos gâteaux, la soupe aussi, et la soupe encore mieux que tout le reste, pour vous le dire en passant, qui, une fois disparus dans le petit gouffre que vous connaissez bien, se sont mis, sans vous demander la permission, à se transformer, et à se glisser sournoisement dans tous les coins et recoins de votre corps, où ils sont devenus, à qui mieux mieux, des os, de la chair, etc., etc. Tâtez-vous de tous les côtés : ce sont eux que vous rencontrerez partout, sans les reconnaître, bien entendu. Vos petits ongles roses qui se trouvent repoussés tous les matins ; le bout d'en bas de vos beaux cheveux blonds qui s'allongent toujours davantage, en vous sortant de la tête, comme une herbe qui pousse hors de la terre ; vos dents de grande fille qui montrent maintenant le bout de leur nez, et remplacent à mesure celles qui vous étaient venues en nourrice : vous avez mangé tout cela, il n'y a pas longtemps.

Et notez bien qu'il n'y a pas que vous qui en soyez là.

Votre petit chat qui était si mignon il y a quelques mois, et qui devient tout doucement un grand chat, c'est sa pâtée de tous les jours qui devient chat à mesure au dedans de lui. Ce grand bœuf, qui vous fait si peur, parce que vous ne savez pas combien c'est une bonne personne, incapable de faire du mal aux petits enfants qui ne lui en font pas; ce grand bœuf a commencé par être un tout petit veau, et c'est l'herbe qu'il a mangée qui s'est transformée à la longue en cette masse énorme de chair, que les hommes mangeront ensuite pour en faire de la chair d'homme.

Il y a mieux. Les arbres de nos forêts, qui montent si haut et qui tiennent tant de place, n'étaient pas, dans le principe, plus gros que votre petit doigt, et tout ce que vous voyez là, ils l'ont mangé.

— Quoi! les arbres mangent aussi?

— Assurément, et ce ne sont pas les moins gourmands de tous, puisqu'ils mangent jour et nuit, sans jamais s'arrêter. Seulement vous concevez bien qu'ils ne croquent pas de bonbons, et que la chose ne se fait pas chez eux tout à fait de la même manière que chez vous. Et encore, vous serez étonnée, je vous en préviens d'avance, quand vous verrez tous les points de ressemblance qui existent entre eux et vous à ce sujet-là. Mais nous en reparlerons plus tard.

Convenez qu'il n'y a pas beaucoup de contes de fées qui soient plus merveilleux que l'histoire de cette tartine de confitures qui devient petite fille, de cette pâtée qui devient chat, de cette herbe qui devient bœuf.

Je dis l'histoire, parce que c'est toute une histoire en

effet, et vous devez bien penser que cela ne se fait pas d'un coup.

Vous avez peut-être entendu parler de ces admirables machines, dont on se sert en Angleterre, qui reçoivent par un bout le coton en paquet, tel que vous le voyez dans la ouate, et qui le rendent, par l'autre bout, en belle toile fine, toute pliée, tout empaquetée, prête à être livrée aux marchands. Eh bien! vous avez au dedans de vous une machine bien plus admirable encore, qui reçoit de vous votre tartine, et vous la rend changée en ongles, en cheveux, en os, en chair, et en bien d'autres choses encore; car il y a mille choses dans votre corps qui ne se ressemblent pas du tout, et que vous fabriquez constamment sans le savoir. Et c'est bien heureux; car que deviendraient les petites filles s'il leur fallait penser du matin au soir à tout ce qui est à faire dans leurs corps, comme leurs mamans sont obligées d'avoir toujours dans la tête tout ce qui est à faire dans la maison? Je suis bien sûr que les mamans voudraient bien aussi avoir une machine qui balaye les chambres, fasse le dîner, lave les assiettes, raccommode les robes déchirées, veille à tout, sans faire plus de bruit que la vôtre, qui travaille depuis que vous êtes au monde, et dont probablement vous ne vous êtes jamais occupée.

Cette machine enchantée, vous n'êtes pas la seule qui la possédiez. Votre chat en a une aussi, et le bœuf aussi, et tous les animaux. Elle leur rend à tous le même service qu'à vous, et de la même manière. Toutes ces machines sont sur le même modèle, seulement avec des changements d'un animal à l'autre. Vous verrez plus tard que ces changements sont juste en rapport avec les différents genres de travail à faire dans chaque animal. Par exemple, dans le bœuf qui lui donne à travailler de l'herbe, la machine n'est pas tout à fait la même que dans le chat qui lui donne à travailler de la viande. Ainsi, dans nos fabriques, toutes les machines à filer sont faites d'après la même idée; mais il y a un arrangement tout particulier pour celles qui filent le coton, un autre pour celles qui filent la laine, un autre pour le lin, et ainsi de suite.

Et puis, il y a encore autre chose.

Vous avez probablement remarqué déjà de vous-même, sans qu'on ait eu besoin de vous le dire, que tous les animaux ne se valent pas, ou du moins, pour mieux parler, qu'ils n'ont pas reçu tous les mêmes avantages. Le chien, par exemple, cet animal si intelligent et si bon, qui lit votre pensée dans vos yeux, et qui aime son maître comme il serait quelquefois à désirer que tous les petits enfants aimassent leurs parents, le chien est sans contredit supérieur à la grenouille, avec ses gros yeux bêtes et son petit corps gluant qu'elle cache dans l'eau sitôt qu'on vient. La grenouille, qui va et vient comme elle veut, est elle-même bien positivement supérieure à l'huître, qui n'a ni tête, ni membres, et qui vit toute seule, collée dans sa coquille, comme dans une prison à perpétuité.

Or, la machine en question se trouve aussi dans l'huître et dans la grenouille, comme dans le chien. Seulement elle est moins achevée dans l'huître que dans la grenouille, moins achevée à son tour dans la grenouille que dans le chien. A mesure qu'on descend d'un animal à l'autre, en allant du supérieur à l'inférieur, on trouve qu'elle va toujours en diminuant, perdant ici une de ses parties, plus bas une autre. C'est toujours la même; mais, arrivés en bas, nous aurions toutes les peines du monde à la reconnaître, si nous ne l'avions pas suivie depuis le haut, si nous n'avions pas assisté, pour ainsi dire, à toutes les pertes qu'elle a faites en chemin.

Je vais vous faire une comparaison qui vous fera mieux comprendre, si vous ne comprenez pas encore tout à fait.

Vous savez la belle lampe que votre maman allume le soir, et autour de laquelle on se réunit pour travailler. Otez-lui d'abord son abat-jour, qui renvoie la lumière sur les ouvrages, puis le verre qui l'empêche de fumer, puis la petite cheminée qui porte la mèche, et qui fait arriver l'air au milieu de la flamme pour la rendre plus brillante. Otez ensuite la vis qui fait monter et descendre la mèche. Démontez une à une toutes les pièces, jusqu'à ce qu'il ne vous reste plus que les parties tout à fait essentielles, c'est-à-dire le réservoir où est l'huile, et la mèche brûlant à même dans l'huile.

Si quelqu'un entre alors, et qu'il vous entende dire : « Voyez un peu ma lampe! » il vous dira : « Quelle lampe? Il n'y a rien de commun entre une lampe et ce que vous me montrez là. »

Mais vous qui avez vu toutes les pièces s'en aller à mesure, vous saurez bien à quoi vous en tenir, et il aura beau secouer la tête, cette mèche qui nage dans l'huile sera toujours pour vous la lampe, bien qu'elle ait perdu tout ce qui la rendait si parfaite, et qu'elle éclaire par conséquent beaucoup moins qu'auparavant.

Eh bien! voilà ce qui arrive quand on examine notre machine dans tous les animaux les uns après les autres. L'ignorant, qui n'a pas suivi tous ces changements, refuse de la reconnaître quand on la lui montre à la fin; mais celui qui a étudié sait bien que c'est toujours elle.

Voici donc ce que nous verrons ensemble, chère petite. Nous étudierons d'abord, pièce par pièce, la belle machine qui est en vous, et qui vous rend tant de services, à la seule condition que vous ne lui donniez pas plus de travail qu'elle ne doit en faire. Vous entendez bien ce que je veux dire. Nous verrons ce que devient, en passant par toutes ces pièces, la bouchée de pain que vous placez si tranquillement sous la dent comme si, cela fait, tout était fini, et nous suivrons sa marche depuis le commencement jusqu'à la fin. C'est donc tout simplement l'*histoire d'une bouchée de pain* que je vous ferai, même quand j'aurai l'air de m'occuper d'autre chose; car pour la comprendre, je vous en préviens, vous aurez à passer par bien des explications. Puis, une fois que vous saurez bien l'histoire de ce que vous mangez, nous verrons l'histoire de ce que mangent tous les animaux, en commençant par ceux qui vous ressemblent le plus, et en allant toujours à la suite jusqu'aux derniers. Et pendant que nous y serons, nons dirons un mot de la façon dont mangent les végétaux, puisqu'il est convenu qu'ils mangent aussi.

Croyez-vous qu'il y ait là de quoi vous intéresser, et que cela vaille la peine de fixer un peu votre attention?

Peut-être bien allez-vous me dire que cela sera bien long, qu'il y a longtemps que vous mangez des bouchées de pain sans vous inquiéter de ce qu'elles deviennent, et que cela ne vous a pas empêché de grandir, pas plus que le petit chat, qui ne s'en inquiète pas non plus.

Oui, chère enfant; mais le petit chat est un petit chat, et vous êtes une petite fille. Jusqu'à présent vous en avez su autant l'un que l'autre sur ce chapitre, et, de ce côté-là, vous n'étiez pas au-dessus de lui. Lui ne s'en inquiétera jamais, et restera toujours un petit chat. Vous, le bon Dieu vous a destinée à devenir plus que vous n'êtes, et c'est seulement en apprenant ce que ne sait pas le petit chat que vous vous élèverez au-dessus de lui. Apprendre, c'est notre devoir à tous, non pas seulement pour le plaisir de la curiosité et la vanité de se dire savant, mais parce que, voyez-vous, à mesure que l'on apprend, on se rapproche davantage de la destinée que Dieu a faite à l'homme; et quand on marche docilement dans la route que Dieu lui-même nous a tracée, on devient nécessairement meilleur.

On dit quelquefois aux grandes personnes qu'il n'est jamais trop tard pour apprendre. On peut dire aussi aux enfants qu'il n'est jamais trop tôt pour apprendre. Parmi les choses qu'ils peuvent apprendre, celles que je veux vous enseigner ont le double mérite d'être amusantes d'abord, ensuite et surtout de vous habituer à penser à Dieu, en vous faisant connaître les merveilles qu'il a faites. Je suis sûr que quand vous aurez fait connaissance avec elles, vous en serez contente, et je promets à votre maman que vous vous en trouverez bien.

PREMIÈRE PARTIE

L'HOMME

LETTRE II

LA MAIN

Au pied des Vosges, d'où je vous écris, ma chère enfant, quand on veut montrer le pays à un étranger, on commence par lui faire gravir la montagne, d'où il embrasse d'un coup d'œil les bois et les villages semés dans la plaine, jusqu'à la ligne bleue du Rhin qui fuit à l'horizon. Il lui est bien facile ensuite de s'y reconnaître.

Je vous ai conduite la dernière fois sur la montagne. Vous avez eu besoin d'un peu d'efforts pour grimper avec moi; il a fallu tenir vos yeux tout grands ouverts pour voir jusqu'au bout le chemin que nous avions à faire ensemble. Nous allons maintenant descendre, et voir le pays en détail. Cela ira comme sur des roulettes.

Et d'abord, commençons par le commencement.

Je parierais bien quelque chose que vous vous attendez à me voir commencer par la bouche.

Un moment! Il y a autre chose avant, et vous avez si bien l'habitude de vous en servir que vous n'y avez jamais songé, j'en suis bien sûr.

Ce n'est pas tout que d'avoir une bouche, il faut y faire arriver ce que l'on veut mettre dedans. Comment feriez-vous, à table, si vous n'aviez pas de mains?

La main est donc la première chose à considérer.

Je ne vous en ferai pas la description : vous savez comment elle est faite. Mais ce que vous ne savez peut-être pas, pour n'y avoir pas encore pensé, c'est la raison pour laquelle votre main est un instrument plus commode, et par conséquent plus parfait, que la patte du chat, par exemple, qui figure aussi dans sa machine à manger, puisqu'elle lui sert à attraper les souris.

Parmi vos cinq doigts, il y en a un, le plus gros, celui qu'on appelle le pouce, qui est jeté sur le côté, tout à fait en dehors des autres. Regardez-le avec respect : c'est à ses deux petits os, recouverts d'un peu de chair, que l'homme doit une partie de sa supériorité physique sur les animaux. C'est un de ses meilleurs serviteurs, un des plus beaux cadeaux que Dieu lui ait faits. Sans le pouce, les trois quarts des industries humaines (pour être modeste) seraient encore peut-être à créer, et la première de toutes, l'industrie qui consiste non pas seulement à porter à sa bouche ce qui est dans son assiette, mais à faire arriver dans l'assiette ce qui s'y trouve, question bien autrement grave, cette industrie-là aurait rencontré des difficultés dont vous n'avez pas l'idée.

Avez-vous remarqué, quand vous voulez saisir un objet, un morceau de pain, par exemple, puisqu'il s'agit entre nous du manger, avez-vous remarqué que c'est toujours le pouce qui se met en avant, et qu'il est toujours, lui seul, d'un côté, pendant que tout le reste des doigts est de l'autre. Si le pouce n'est pas de la partie, rien ne tient dans la main, et vous ne savez plus qu'en faire. Essayez, pour voir un peu, de porter votre cuiller à la bouche sans y mettre le pouce, vous verrez tout le temps qu'il vous faudra pour manger une pauvre assiettée de soupe. Le pouce a été disposé de façon qu'il peut venir se mettre en face des autres doigts, l'un après l'autre ou tous ensemble, comme on veut, ce qui nous permet de tenir ferme, comme avec une pince, tous les objets, petits et gros. Notre main doit sa perfection à cette bienheureuse disposition, qui n'a pas été accordée aux autres animaux, sauf au singe, notre plus proche voisin.

Je vous dirai même, pendant que nous y sommes, que c'est là ce qui distingue une main d'une patte ou d'un pied. Notre pied, qui a autre chose à faire qu'à ramasser des pommes ou à tenir une fourchette, notre pied a aussi cinq doigts ; mais le plus gros ne peut pas venir faire face aux autres : ce n'est pas un pouce, et c'est à cause de cela que notre pied n'est pas une main. Le singe, lui, a des pouces aux quatre membres ; aussi a-t-il des mains au bout des jambes, comme au bout des bras. Rassurez-vous, il n'est pas plus avancé que nous pour cela, au contraire. Je vous l'expliquerai ailleurs.

Vous voyez bien, pour en revenir à notre sujet, qu'il était nécessaire, avant d'arriver à la bouche, de nous occuper de la main qui est la pourvoyeuse de la bouche. Avant que le cuisinier allume ses fourneaux, il faut que la bonne aille au marché, n'est-ce pas? C'est une bonne bien précieuse que nous avons là, et que deviendrions-nous sans elle? Si l'on pensait toujours à tout, on n'éplucherait jamais une noix sans remercier le bon Dieu qui nous a donné le pouce, grâce auquel nous pouvons en venir à bout.

Et pourtant j'ai eu beau dire, je ne suis pas encore bien certain d'avoir réussi à vous démontrer parfaitement tout le besoin que nous avons de la main pour manger, et d'où lui vient cet honneur de figurer en tête de l'histoire de ce que l'on mange.

Il vous semble encore, convenez-en, que, si les mains venaient tout à coup à vous manquer, vous ne vous laisseriez pas mourir de faim pour cela.

C'est que vous ne faites pas attention a un petit détail, qui pourtant en vaudrait bien la peine, à savoir que, d'un bout du monde à l'autre, une foule de mains travaillent constamment pour vous donner à manger.

Tenez, sans aller plus loin, savez-vous bien tout ce que l'on a mis de mains en mouvement pour que vous puissiez prendre votre café du matin? Que de mains autour de cette tasse de café, un tout petit à-compte sur ce que vous mangerez dans la journée, depuis la main du nègre qui a récolté le café, jusqu'à celle de la cuisinière qui l'a moulu, sans parler de la main du marin qui l'a amené dans notre pays! Depuis la main du laboureur qui a semé le blé, et du meunier qui en a fait de la farine, jusqu'à la main du boulanger qui en a fait un petit pain!

Et la main de la fermière qui a trait le lait! Et la main du raffineur qui a fait le sucre, pour vous faire grâce de tant d'autres qui lui ont préparé sa besogne! Et que sais-je encore!

Que serait-ce donc si j'allais m'amuser à compter tout ce qu'il a fallu de mains pour avoir :

La fabrique du raffineur,
L'étable de la laitière,
Le four du boulanger,
Le moulin du meunier,
La charrue du laboureur,
Le vaisseau du marin?

N'oublions-nous rien? Ah! mon Dieu! et la plus importante de toutes les mains, la main suprême, celle qui rassemble pour vous les fruits du travail de toutes les autres, la chère main de votre maman, cette main toujours active et vigilante, qui devient si souvent la vôtre, quand la véritable est maladroite ou paresseuse!

Comprenez-vous maintenant comment on pourrait se passer à toute force, sans que l'estomac en souffrît trop, de ces deux pauvres menottes, qui ne savent encore rien faire, bien qu'elles aient aussi un pouce? Avec une pareille armée de mains qui se remuent dans tous les sens pour approvisionner cette petite bouche, ce n'est pas bien malin.

Mais coupez à votre chat ses deux pattes de devant. — Fi! qu'est-ce que je dis là? — Supposez qu'il ne les ait plus, et puis comptez ce qu'il prendra de souris dans sa journée. Vous concevez bien que sa pâtée ne compte pas. C'est l'histoire de votre tasse de café · on la lui a faite.

Croyez-moi, si vous étiez jetée toute seule dans un bois, comme un de ces jolis écureuils qui grignottent si gentiment des noisettes, vous verriez bien vite, réduite à vos moyens personnels, que la bouche ne vous suffirait pas pour manger, et que, patte ou main, il lui faudrait bien un serviteur chargé d'aller à la provision pour elle.

Grâce à Dieu, nous n'en sommes pas là. Nous avons pris bien délicatement, entre l'index et le pouce, notre mouillette de pain à café, et la voilà en route.

— Bouche, ouvre-toi! — C'est bientôt fait.

Avant de rien croquer, recueillons-nous un peu.

La bouche est la porte par où l'on entre. Or, à toute porte bien tenue il y a un portier. Et que fait un portier bien appris? Il demande aux gens qui se présentent ce qu'ils sont, ce qu'ils viennent faire, et, quand il leur trouve trop mauvaise mine, il ne les laisse pas entrer. Il nous fallait donc, pour bien faire, un portier de ce genre-là, logé dans la bouche, et nous l'avons aussi, Dieu merci! Le connaissez-vous?

Vous me regardez tout ébahie. Oh! la petite ingrate qui ne reconnaît pas son ami le plus cher! Pour votre punition, je ne vous dirai pas aujourd'hui qui c'est. Réfléchissez bien jusqu'à la fois prochaine.

En attendant, comme il me reste un peu de place, je veux vous dire encore un mot sur ce que nous venons de voir ensemble. Cela ne serait pas trop la peine de vous raconter cette belle histoire que nous avons commencée, si, de temps en temps, nous n'en tirions pas la morale. Et quelle est la morale de l'histoire d'aujourd'hui ?

Il y en a plus d'une.

D'abord elle vous apprend, si vous ne le saviez pas encore, que vous avez aux autres hommes, à presque tous, de grandes obligations, et les plus grandes à ceux peut-être dont vous seriez tentée de faire fi. Ce paysan que vous tourneriez volontiers en ridicule, avec sa blouse de grosse toile et ses gros sabots, c'est sa main rude qui a fait venir les bonnes choses que vous mangez. Cet ouvrier aux manches retroussées, dont vous auriez peur de toucher la main noire et sale, c'est bien souvent à votre service que sa main s'est noircie et salie. Vous devez du respect à tous ces gens-là, entendez-vous bien, parce qu'ils travaillent tous pour vous. N'allez pas vous aviser de vous croire un petit personnage vis-à-vis d'eux, vous qui ne servez encore à rien, qui avez besoin de tout le monde, et dont personne n'a besoin.

Du reste, je ne vous en fais pas un reproche. Ce n'est pas encore votre tour, et tout le monde a commencé comme vous. Mais c'est pour vous dire qu'il faut vous préparer à être un jour utile aux autres, afin de payer la dette que vous contractez maintenant envers tous.

Chaque fois que vous regardez votre petite main, pensez que vous avez là une éducation à faire, une dette d'honneur à payer, et qu'il faut vous dépêcher de la rendre bien habile, pour qu'on ne puisse plus dire de vous que vous ne servez à rien.

Et puis, chère petite, pensez aussi qu'un jour viendra où les mains révérées qui prennent soin maintenant de votre enfance, où ces mains, qui sont les vôtres aujourd'hui, s'affaibliront et deviendront inhabiles avec l'âge.

Vous serez forte alors, et le service que vous recevez maintenant, il faudra le rendre, le rendre comme vous l'avez reçu, c'est-à-dire avec les mains. C'était la main de la mère qui allait et venait sans cesse autour de la petite fille. C'est la main de la fille qui doit aller et venir autour de la vieille mère, sa main, et pas une autre.

Ici encore, mon enfant, la bouche n'est rien sans la main. La bouche dit qu'on aime, et la main le prouve.

LETTRE III

LA LANGUE

Eh bien, et ce portier? Avez-vous deviné?

Je vais vous le dire : le portier qui garde la bouche, c'est le sens du goût.

C'est lui qui fait si galamment les honneurs de la maison aux gens comme il faut, et donne si impitoyablement la chasse aux intrus. En d'autres termes, c'est sur ses indications que nous caressons amoureusement de la langue et des lèvres ce qui est bon à manger, et que nous crachons lestement et jetons à la porte ce qui est mauvais, en lui disant *pouah!* par-dessus le marché.

Je pourrais en dire bien du mal, de ce portier, si je voulais, et cela ne ferait pas trop l'affaire de bien des petites filles gourmandes que je vois d'ici; mais je préfère commencer par en dire du bien, quitte à faire ensuite mes réserves.

Dans l'histoire que j'ai à vous conter, ma chère enfant, il y a surtout une chose qu'il ne faut pas perdre de vue, même quand je ne vous en parlerai pas : c'est que tout ce que nous allons rencontrer a été arrangé tout exprès par Dieu pour y loger notre être, comme une mère arrange un berceau pour y coucher son enfant. Il faut donc considérer tout cela comme autant de cadeaux que Dieu nous a faits, et nous abstenir d'en dire du mal, ne serait-ce que par respect pour la main qui nous l'a donné.

Il y a d'ailleurs un moyen bien simple de nous convaincre de l'utilité et de la convenance de chacun de ces cadeaux, c'est de voir ce qui arriverait si nous ne l'avions pas reçu.

Supposez, par exemple, que le sens du gout vous manque tout à fait, et qu'en mettant un morceau de gâteau dans votre bouche cela vous fasse juste autant d'impression que si vous le teniez dans la main.

Vous n'auriez jamais fait cette supposition-là, j'en suis parfaitement sûr, parce qu'il ne viendrait jamais à l'esprit d'un enfant que les choses puissent être autrement que Dieu ne les a faites.

Les enfants ont raison en cela, plus raison que les philosophes. Mais enfin, puisque nous y sommes, supposons toujours.

Qu'arrivera-t-il?

D'abord vous mangerez du vieux gâteau moisi, sans plus vous en soucier que s'il était frais, et le gâteau moisi que vous n'auriez garde de manger maintenant parce que vous le trouveriez trop mauvais, le gâteau moisi est une nourriture malsaine, capable de vous empoisonner si vous en mangiez beaucoup.

Je vous cite celui-là, pour prendre un exemple, mais c'est un entre mille. Bien qu'en fait de choses à manger vous ne connaissiez guère que ce qui sort préparé des boutiques, ou de la cuisine de votre maman, vous concevez bien pourtant qu'il y en a beaucoup dont nous devons nous garder, parce qu'elles ne feraient rien de bon dans notre estomac, et que nous serions embarrassés bien souvent pour les distinguer, si le goût ne nous avertissait pas. Avouez que ces avertissements-là ont bien leur mérite.

Il y a, en effet, ceci de merveilleux, que *presque toujours* ce qui n'est pas destiné à servir de nourriture est trahi, en entrant dans la bouche, par son mauvais goût, et c'est encore là une belle preuve que Dieu a pensé à tout. Les médecines, il est vrai, sont mauvaises à la bouche, et il faut les avaler dans certains cas. Mais nous pouvons les comparer aux ramoneurs, qui ne sont pas beaux à voir, ni appelés à figurer dans le salon, et que les portiers des plus belles maisons laissent entrer pourtant une fois dans l'année, bien qu'en faisant la grimace, parce qu'on a besoin d'eux. Il faut de même laisser entrer quelquefois les médecines, malgré leur mauvaise mine, parce qu'elles ont aussi à travailler dans la cheminée. Mais le goût ne vous trompe pas sur leur compte, et elles ne sont pas, en effet, destinées à servir de nourriture. Celui qui s'aviserait de déjeuner, de dîner et de souper avec des médecines, ne serait pas longtemps à s'en apercevoir.

Je vous ai dit, au surplus, tout à l'heure : *presque tou-*

jours, et ceci s'applique à nous autres hommes, qui avons imaginé mille artifices pour mettre en défaut nos gardiens naturels; qui glissons en cachette des voleurs dans une société d'honnêtes gens : du poison, par exemple, dans du sucre, comme on le fait trop souvent avec ces affreux bonbons verts et bleus, auxquels je garde une rancune de vieille date, parce qu'ils m'ont empoisonné un camarade que j'aimais bien, quand j'étais petit. Ceux-là passent effrontément devant le portier qui n'y voit rien, monsieur le sucre cachant le drôle derrière lui.

Et puis, nous sommes quelquefois assez peu sages pour ne pas laisser au portier le temps de faire son examen. Nous avalons gloutonnement, sans goûter, et tout ce monde, qui entre en courant, force, comme on dit, la consigne. A qui la faute ensuite, si les voleurs se trouvent établis dans la maison?...

Mais les animaux ont plus d'esprit que nous.

Regardez votre petit chat, quand vous lui présentez quelque bon morceau qu'il ne connaît pas, avec quelle précaution il avance tout doucement son museau pour se donner le temps de réfléchir! Puis, comme il touche délicatement du bout de la langue l'objet inconnu, une fois, et deux fois, et quelquefois trois! Et quand la fine pointe de la langue est allée ainsi à plusieurs reprises aux renseignements (notez que c'est là le grand poste d'observation de son portier, comme du nôtre), alors seulement il se decide à avaler. Pour peu que les renseignements lui paraissent suspects, il n'y aura pas de : *Mimi!* qui tienne; toutes vos invitations les plus tendres n'y feront rien, et il tournera d'un autre côté.

A la bonne heure, au moins, voilà un petit animal qui comprend dans quel but il a reçu le sens du goût, et qui en fait un usage raisonnable. Ce n'est pas comme bien des enfants de ma connaissance, qui mettent étourdiment dans leur bouche tout ce qui leur tombe sous la main, sans prendre seulement la peine d'y goûter, et qui s'épargneraient souvent de bonnes coliques, sans parler du reste, s'ils étaient aussi raisonnables que le petit chat.

Voilà donc le côté vraiment utile du sens du goût; mais son côté agréable, qui vous est suffisamment connu, n'est pas non plus à dédaigner, même au point de vue de l'utilité.

Savez-vous bien, entre nous, que cela serait assez ennuyeux de manger, si l'on ne sentait rien en mangeant, et je me représente toutes les peines qu'auraient les mamans pour persuader aux petites filles qu'elles doivent dîner et souper, s'il s'agissait seulement de remuer les mâchoires, sans plus. Que de combats! que de larmes! Et, pour laisser là les petites filles qui ne sont pas toujours les plus désobéissantes aux volontés du bon Dieu, combien d'hommes ne se soucieraient qu'à demi d'interrompre leurs occupations pour aller, pendant une demi-heure, frotter leurs dents les unes contre les autres, s'il n'y avait pas un plaisir attaché à cet exercice, assez peu récréatif en lui-même. Allez, ma chère enfant, sans cette récompense accordée à l'homme qui mange, l'humanité, qui ne se nourrit déjà pas trop bien, en masse, se nourrirait bien plus mal encore! Et il faut pourtant qu'elle se nourrisse, et bien, pour s'acquitter convenablement ici-bas de la mission qu'elle a reçue d'en haut.

Récompense! je vous ai dit le mot. Cela vous paraît drôle qu'il faille donner une récompense à l'homme qui veut bien manger. Eh bien! Dieu a été plus généreux que vous. A chaque devoir, imposé par lui à l'homme, il a joint un plaisir pour le récompenser de l'avoir rempli, et que de choses j'aurais à vous dire là-dessus si vous étiez plus grande!

Pour le moment, je me bornerai à vous faire une comparaison.

Quand une maman suppose que sa petite fille n'est pas assez raisonnable pour faire d'elle-même une chose qui est pourtant indispensable, apprendre à lire, faire une couture, et tout ce que vous savez bien, elle vient à son secours avec des récompenses, et lui donne un joujou, quand elle a bien travaillé. Eh bien! Dieu n'a pas eu assez de confiance dans la raison de l'homme pour lui laisser le soin de veiller seul à l'accomplissement des nécessités de la nature humaine. Derrière chaque besoin, il a mis un joujou, et, en abattant le besoin, l'homme trouve le joujou.

Vous ne vous doutez guère que ce que je vous explique là, si tranquillement, avec des comparaisons d'enfant, a été le sujet de disputes terribles entre les grandes personnes, et l'est encore malheureusement. Si, plus tard, le bruit en arrive à vos oreilles, rappelez-vous ce que je viens de vous dire, que ce pauvre petit plaisir, logé dans la langue et ses environs, est un joujou, mais un joujou donné par Dieu, et qu'il faut le traiter en conséquence.

La petite fille, qui a reçu un joujou de sa maman,

s'imaginera-t-elle lui faire plaisir en le cassant, ou en le jetant dans un coin? Non pas, bien sûr. Elle croirait aller, en agissant ainsi, contre les intentions formelles de sa maman. Elle s'en amusera, à ses heures de récréation, en toute sûreté de conscience, et, si elle est gentille, elle pensera, en jouant avec son joujou, qu'il lui vient de sa maman, et l'en remerciera dans le fond de son cœur.

De même l'homme, avec les joujoux dont nous parlons.

Mais aussi la petite fille (il est convenu qu'elle est gentille) ne fera pas du joujou l'occupation de sa journée entière, l'objet de toutes ses pensées; elle n'oubliera pas tout pour lui, et le laissera sans hésiter, quand sa maman l'appellera. Elle ne voudra pas non plus être la seule à en avoir, et sera bien aise de voir ses petites amies jouer aussi avec le leur, parce qu'elle pensera que ce qui est bon pour elle doit l'être aussi pour les autres.

C'est là encore ce que l'homme devrait faire avec ses joujoux, et c'est ce qu'il ne fait pas toujours, tant s'en faut. Voilà pourquoi on en a dit tant de mal. Les petites filles, en particulier, ne le font pas toujours, et c'est pour cela qu'on a inventé le vilain mot de *gourmandise*.

C'est pour cela qu'il y a aussi de temps en temps des punitions.

Si les gens qui viennent voir votre maman, au lieu de monter droit chez elle, s'établissaient dans la loge du portier, et restaient tout le temps à causer avec lui, croyez-vous qu'elle serait bien flattée de leur visite? C'est pourtant ce que font les petites filles qui ne s'occupent, en mangeant, que du portier. Il est si gentil, ce portier! Il vous dit de si jolies petites choses, qu'on bavarde tout au long avec lui, ni plus ni moins que si c'était le maître de la maison, qui vous sort tout à fait de la tête.

On met bonbons sur bonbons, gâteaux sur gâteaux, toutes choses qui flattent agréablement le portier, et qui ne valent rien pour le maître. Aussi qu'arrive-t-il? C'est que le maître se fâche parfois. Monseigneur de l'Estomac s'ennuie, à la fin, de ces visites qui ne sont pas pour lui. Il tire toutes ses sonnettes, fait un bruit du diable dans la maison, et met en pénitence ce traître de portier qui lui accapare tout son monde. On est malade; on a mauvaise bouche; on ne trouve plus de goût à rien. La maman a retiré le joujou dont on abusait, et, quand elle le rendra, il faudra faire bien attention à ne pas recommencer.

J'ai cru, chère petite, qu'en vous faisant l'histoire du manger, il était plus que juste d'accorder à ce petit détail du commencement une place importante, proportionnée au cas que vous en faites. Vous voyez que vous n'aviez pas tout à fait tort; mais il ne faut pas oublier non plus que ce n'est pas là l'important en réalité, qu'un joujou n'est qu'un joujou, et que le portier n'est pas le maître de la maison.

Maintenant que nous avons fait la connaissance de ce brave homme, nous allons lui souhaiter le bonjour, et je vous présenterai la prochaine fois ses camarades de l'antichambre, qui sont rangés des deux côtés de la porte, pour faire la toilette aux gens qui se présentent et les mettre en état d'être reçus dans le salon. Vous verrez là des gaillards qui sont aussi bien utiles, et dont l'histoire n'est pas moins curieuse. On les appelle LES DENTS.

LETTRE IV

LES DENTS

Quand vous étiez toute petite, ma chère enfant, alors que vous tetiez encore, vous n'aviez derrière les lèvres que deux petites barres roses, qui ne valaient rien pour mordre dans une pomme, parce qu'il n'y avait pas de dents après. Vous n'en aviez pas besoin dans ce moment-là, puisqu'il n'entrait que du lait dans votre bouche, et cela n'aurait pas fait non plus le compte de votre nourrice, si vous aviez pu la mordre. Vous voyez que Dieu a pensé à tout, comme je vous le disais déjà la dernière fois, et nous aurons encore bien d'autres occasions de le dire.

Mais, tout doucement, le petit poupon est devenu une grosse fille, et il a fallu songer à lui donner quelque chose de plus solide que du lait. Pour cela, il lui fallait des dents. Alors de petits germes, qui dormaient, cachés tout le long des mâchoires, se sont réveillés l'un après l'autre, comme de bons ouvriers qui entendent sonner l'heure. Chacun s'est mis à l'œuvre dans sa chambrette, et, avec un peu de phosphore et de chaux, a commencé à se fabriquer une sorte de cuirasse blanche, dure comme la pierre, qui grossissait chaque jour un peu.

Vous connaissez bien la chaux, cette espèce de bouillie

blanche, que vous avez dû voir étalée, par grands placards, auprès des maisons qu'on bâtit, et qui sert aux maçons à faire leur mortier. C'est avec cela que vos petits maçons vous ont bâti des dents.

Quant au phosphore, j'ai bien peur que vous n'en ayez jamais vu; mais vous en avez peut-être entendu parler. On le vend chez les droguistes sous forme de petits bâtons blanchâtres, de la grosseur du doigt, qui ont une mauvaise odeur d'ail, et qu'on est obligé de conserver dans des flacons pleins d'eau, parce qu'ils profitent de la moindre occasion pour prendre feu. Aussi je ne vous conseille pas, si jamais vous voyez du phosphore, de le manier avec les doigts, car il se colle, en brûlant, à la peau; on a toutes les peines du monde à l'éteindre, et les blessures qu'il fait sont affreuses. Je vous dis cela, parce que le phosphore a une propriété bien curieuse et qui pourrait donner des envies aux petites filles. Quand on le frotte sur une porte ou sur un mur dans l'obscurité, il laisse, partout où il passe, une traînée lumineuse, d'un aspect tout particulier, que l'on a appelé phosphorescent, du nom de la substance qui le produit. Cela permet d'écrire sur les murs des mots, en lettres de feu, qui ont quelquefois fait peur aux poltrons. Tenez, si vous me promettez d'être bien sage, et de n'essayer qu'en présence de votre maman, je vais vous apprendre la manière de faire des lueurs phosphorescentes sans aller chez le droguiste. Il y a un peu de phosphore dans les allumettes chimiques, et leur odeur d'ail est là pour le dire. Frottez-les doucement dans l'obscurité sur un morceau de bois, par exemple, et vous verrez une petite raie lumineuse, qui restera brillante quelques moments. Mais, je vous le répète, ne vous amusez pas à ce jeu-là toute seule; c'est un vilain jeu, et tous les jours on entend parler d'accidents terribles occasionnés par des enfants désobéissants qui ont voulu jouer avec les allumettes chimiques. Enfin, pendant que nous en parlons, gardez-vous bien de les mettre dans votre bouche. Le phosphore est un poison, si bien un poison qu'on empoisonne les rats avec des boulettes de mie de pain où l'on a mis du phosphore.

— Ah! mon Dieu! Et nous avons de cela dans les dents!

— Comme vous le dites, et même dans tous les os de notre corps, et les animaux aussi; et la meilleure preuve que je puisse vous en donner, c'est que le phosphore des allumettes chimiques a été fait avec des os achetés à la boucherie. L'on en fera, quand on voudra, avec des dents de petites filles, pourvu qu'on en ait assez.

Je vois bien ce qui vous intrigue, et on le serait à moins. Vous vous demandez où les petits germes, constructeurs de dents, ont pris ce terrible phosphore, qui brûle d'un rien, et qu'on ne doit pas mettre dans sa bouche; où ils ont pris cette chaux, qui n'est pas non plus bonne à manger, je vous l'atteste, et dont pourtant nous avons des provisions du haut en bas du corps.

— C'est tout de même un peu étonnant qu'il s'en soit trouvé là dans les mâchoires, juste au moment où l'on en avait besoin!

— Vous commencez à vous apercevoir qu'il y a beaucoup de choses à apprendre pour venir à bout de notre histoire, et qu'on se trouve arrêté à chaque pas. Écoutez bien : nous voici arrivés à quelque chose de très-important.

Dans un château, au milieu de la campagne, où il faut se suffire à soi-même, on doit, pour bien faire, être muni d'avance de tout ce qui est nécessaire pour les réparations du bâtiment; et il y a ce qu'on appelle un intendant, qui tient tout sous clef et qui distribue aux ouvriers tout ce qu'ils demandent pour travailler. L'intendant donne des tuiles au couvreur, des planches au menuisier, des couleurs au peintre, au maçon des briques et de la chaux, notre chaux à nous, celle que nous avons dans les dents. Il a tout ce qu'il faut dans ses magasins, et c'est à lui qu'on s'adresse en toute occasion.

Notre corps est un château qui a aussi son intendant. Mais quel intendant! quelle activité! quel homme universel! et que les intendants des grands seigneurs sont peu de chose en comparaison! Il va, il vient, il est partout à la fois, et ce n'est pas là une manière de dire, comme quand nous voulons parler d'un homme actif: le *partout à la fois* est ici une réalité. Il a tout, non pas dans ses magasins, mais, ce qui vaut bien mieux, dans ses poches, et il les vide à mesure partout où il passe, faisant ses distributions sans jamais se tromper, sans jamais s'arrêter, et retournant s'approvisionner, d'une course infatigable, à chaque instant du jour et de la nuit. Et si vous saviez combien d'ouvriers il a sous sa direction, qui travaillent sans relâche, qui veulent tous des choses différentes, et qui ne badinent pas, allez! Pas moyen de leur dire : « Attendez un moment. » Ils ne savent pas attendre; il faut leur donner toujours, et toujours, et toujours. Nous aurons plus tard un compte un peu long à régler avec ce miraculeux intendant, qui s'appelle **LE SANG**, si vous n'avez pas deviné son nom.

C'est lui qui, en faisant sa tournée dans les mâchoires, a rencontré un beau matin nos germes éveillés, ne demandant plus qu'à travailler, et sur-le-champ a commencé avec eux sa distribution. Il fallait là du phosphore et de la chaux : il a tiré de ses poches du phosphore et de la chaux, et d'autres choses encore, pour être exact; mais c'était là l'important, et nous ne pouvons pas tout dire.

— Et où donc le sang avait-il pris ce phosphore et cette chaux?

— Je vous attendais là, et, si vous voulez avoir ainsi l'explication de tout, nous n'irons pas loin cette fois-ci. C'est que, voyez-vous, si je vous réponds, je vais vous livrer mon secret, et vous lâcher le dernier mot de mon histoire, presque avant de l'avoir commencée.

Enfin, soit : cela vous donnera peut-être plus de courage pour continuer, quand vous saurez où nous allons.

L'intendant du vrai château distribue des tuiles, des planches, des couleurs, des briques, de la chaux; mais tout cela ne vient pas de lui, n'est-ce pas? il l'a reçu de son maître. Notre intendant aussi n'a rien de lui-même; tout ce qu'il distribue, il l'a reçu du maître de la maison, et ce maître, je vous l'ai nommé la dernière fois, c'est l'estomac. A mesure que l'intendant dépense, il faut bien que le maître renouvelle ses provisions, les renouvelle toutes, sans cela le travail s'arrêterait. A mesure que le sang distribue de tous les côtés ce qu'il a dans ses poches, il faut que l'estomac les remplisse de nouveau, et les remplisse de tout ce qui est nécessaire, sous peine de mettre la maison en révolution. Comme il n'y a rien dans l'estomac qui ne soit entré par la bouche, nous devons, nous autres, mettre dans la bouche tout ce qui est nécessaire au travail de nos nombreux ouvriers, et voilà pourquoi nous mangeons.

Je m'aperçois que je me suis embarqué aujourd'hui dans une explication dont je ne sortirai pas, car je vois bien ce que vous allez me dire. Quand vos dents ont commencé à pousser, vous n'aviez mangé, bien sûrement, ni phosphore ni chaux, puisqu'il n'était entré que du lait dans votre bouche.

Cela est clair. Ni alors, ni plus tard, vous n'en avez mangé, et vous n'en mangerez jamais, je l'espère bien. Et pourtant il en était entré dans la bouche, c'est bien certain; sans cela, les dents n'auraient pas poussé : comment nous tirer de là?

Supposons un moment qu'au lieu de phosphore et de chaux les petits ouvriers de nos mâchoires demandent au sang du sucre pour faire les dents. Ce n'est là heureusement qu'une supposition; autrement, j'aurais bien peur pour les pauvres dents : elles ne dureraient pas longtemps. Supposons encore qu'au lieu de vous donner à manger un morceau de sucre destiné à devenir une dent, votre maman le fasse fondre dans un verre d'eau, et vous le donne à boire : vous ne pourrez pas dire que vous avez mangé du sucre, et pourtant le morceau de sucre sera bien réellement entré, et il n'y aura ensuite rien de bien étonnant si l'estomac le retrouve pour le donner au sang, et si le sang l'apporte à la place où l'on a besoin de lui. Maintenant, mettez que le morceau de sucre était bien petit, de la grosseur d'une petite dent, et le verre d'eau bien grand : le sucre aura pu passer sans que vous vous en soyez aperçue, et la dent n'en poussera pas moins, sans qu'il y ait de quoi crier au miracle.

Voilà ce qui est arrivé. Dans le lait que vous avez bu, il y avait du phosphore et de la chaux, mais en toute petite quantité. Il y avait bien d'autres choses encore, et naturellement tout ce que le sang pouvait demander pour servir son monde, puisque l'estomac ne recevait alors que du lait, et que le service se faisait pourtant.

Ainsi donc, ma chère enfant, quand maintenant vous m'entendrez dire, en vous parlant de ce que nous allons rencontrer : Il y a là-dedans ceci et cela, dites-vous : C'était aussi dans le lait qui m'a nourrie toute petite.

Il va sans dire que c'est également dans ce que vous mangez aujourd'hui ; seulement là c'est pris dans un arrangement bien plus difficile à défaire, et il y a bien plus à travailler pour l'en retirer. Tout le travail de cette fameuse machine que nous étudions consiste précisément à dénouer les nœuds qui le retiennent, et à mettre de côté ce qui doit servir, pour l'envoyer au sang, débarrassé du reste. Elle était encore trop faible au moment où vous tetiez, et n'aurait pu suffire au travail d'aujourd'hui. C'est pour cela que Dieu a imaginé en faveur des petits enfants cette admirable nourriture, le lait, qui contient, tout prêts à servir, tous les matériaux dont le sang a besoin, et qui est presque du sang tout fait, pour ainsi dire.

Voyez, mon enfant, combien vous devez de reconnaissance à celle qui vous a nourrie de son lait! C'est son sang qu'elle vous a donné, son sang qui est entré dans vos veines, et qui a travaillé en vous de la merveilleuse façon que je viens de vous expliquer. D'autres vous ont donné des bonbons, des baisers, des joujoux; mais celle-là vous a donné les dents qui ont croqué les bonbons, la chair des joues qui ont reçu les baisers, et celle des mains qui ont joué avec les joujoux. Si jamais vous pouviez oublier cela, vous seriez bien ingrate.

Maintenant, n'allez pas me demander comment on sait qu'il y a tant de choses dans le lait, parce que je finirais par me mettre en colère. De questions en questions, vous pourriez me mener ainsi jusqu'au bout du monde, et nous n'arriverions jamais où nous voulons aller. Nous voici déjà bien loin des dents, dont je voulais vous parler cette fois-ci, et notre leçon touche à sa fin que je n'ai pas encore trouvé le temps de vous en dire un mot. On ne peut pas tout apprendre le même jour. Sur ce dernier point, il faudra m'en croire sur parole, et vous pensez bien que je ne m'exposerais pas à recevoir un démenti devant vous de la part des hommes qui savent à quoi s'en tenir là-dessus.

Qu'il vous suffise pour aujourd'hui d'avoir une idée de la manière dont se fabrique au dedans de nous tout ce qu'il y a dans notre corps. Cela est venu à propos des dents; demain ç'aurait été la salive, après-demain autre chose. Ce que je viens de vous dire servira maintenant jusqu'à la fin, et je ne regrette pas le temps que nous y avons mis. Si vous avez bien compris, c'est du temps qui n'aura pas été perdu.

LETTRE V

LES DENTS (SUITE)

Je pense involontairement à ce que je vous expliqua.. la dernière fois, ma chère enfant, et je retrouve encor. bien des choses à vous dire là-dessus.

Vous voyez maintenant, je l'espère, qu'il s'agit bien de friandises quand on mange, et que, si l'on veut faire ouvrage qui vaille, il faut aussi penser un peu à ce pauvre sang, qui a tant à faire, et qui se trouve bien embarrassé quand on lui envoie des sucres d'orge et du biscuit pour tout renfort. Ce n'est pas avec cela, vous pensez bien, qu'il peut répondre honorablement aux demandes continuelles de ses petits travailleurs, et vous l'exposez à se trouver en affront vis-à-vis d'eux.

Qui en pâtit?

Bien sûr, ce n'est pas moi.

Et quand les enfants font des façons pour manger la soupe, qu'ils se sauvent du bœuf pour courir au dessert, ils agissent comme un homme qui ferait bâtir, et qui enverrait à ses ouvriers des mirlitons au lieu de poutres, et des carrés de pain d'épice en place de briques. On lui ferait une jolie maison!

Ce que votre maman vous dit de manger à table, chère petite friande, c'est justement ce qui contient par excellence ces provisions indispensables, après lesquelles soupire votre sang, et l'expérience l'avait enseigné aux hommes longtemps avant qu'ils pussent se l'expliquer. Maintenant que vous voilà déjà bien mieux renseignée que les plus grands savants d'il y a seulement cent ans, les petites moues à table ne sont plus permises, et je serais bien honteux pour vous si j'apprenais que vous en faites encore.

Et c'était là surtout la pensée qui m'occupait tout à l'heure, quand j'ai repris la plume. Assurément rien n'est plus amusant que d'apprendre ainsi à voir clair en soi-même, et de s'expliquer tout ce qui se passe dans le corps; mais l'amusant n'est que le petit côté des choses : vous commencez à l'apprendre, et vous l'apprendrez chaque jour davantage. Ce qui me paraît d'une véritable importance dans l'étude que nous faisons ensemble, c'est qu'à chaque pas vous y trouvez les enseignements les plus utiles, les plus persuasifs du monde, et la raison sans réplique pour laquelle vous devez faire ce que vos parents vous répètent tous les jours. Obéir, sans savoir pourquoi, cela peut se faire encore, et heureusement! Mais on obéit bien plus facilement et bien mieux quand on sait pourquoi, et un devoir dont on se rend compte s'impose en quelque sorte de lui-même. Or, quelle chose pourrait jeter plus de lumière sur nos devoirs que la connaissance de nous-mêmes?

Il y a deux mille deux cents ans, et quelque chose avec, ce n'est pas d'hier! qu'un des grands génies de l'humanité, retenez bien ce nom-là, c'était Socrate, enseignait à ses disciples, comme premier précepte, cette maxime bien simple en apparence : *Connais-toi toi-même.* Il l'entendait d'une façon encore bien plus relevée que nous ne le faisons ici, dans nos causettes; mais elle avait si bien raison, sa maxime, que c'est à peine si vous venez de mettre le bout du nez dans un coin bien modeste de la connaissance de vous-même, et déjà votre petit cœur a battu, ou je me trompe fort, un peu plus qu'auparavant. Quand je vous disais, au commencement, qu'on devenait meilleur en apprenant, avais-je tort? Avouez que vous vous sentez encore plus de tendresse pour celle qui vous a nourrie de son lait, depuis que je vous ai expliqué le lait, et qu'il vous est arrivé déjà d'arrêter la main de votre maman pour l'embrasser au passage, en souvenir de l'histoire de la main. Si vous ne l'aviez pas fait, je ne serais pas content de vous, ni de moi non plus, s'il faut tout vous dire.

Et tenez, pendant que nous causons ensemble, il me vient, à propos de main et de nourrice, une pensée que je veux vous dire.

Il y a aussi quelque chose de la nourrice, mon enfant, dans ceux qui prennent le plus pur de leur intelligence et de leur cœur, et qui le transforment pour ainsi dire en lait, afin de donner à votre âme naissante une nourriture qu'elle puisse digérer sans trop d'efforts. C'est aussi leur âme qui entre en vous, et il est juste de les en récompenser comme les autres. Si petite que vous soyez, vous disposez d'une belle récompense, plus belle que les prix d'Académie, et dont il ne faut pas être trop avare, c'est de les aimer un peu.

Et puis, il n'y a pas que des mains, il y a aussi des tetes qui travaillent pour vous; il y en a bien plus que vous ne le pensez, et vos devoirs de reconnaissance ne sont pas moins grands de ce côté-là. Vous avez pu croire, à ma première lettre, que je voulais me moquer de ce que j'appelais messieurs les savants. Ils ont peut-être le tort de ne pas penser assez souvent aux petites filles; mais cela ne les empêche pas de leur rendre de grands services, sans y penser. Vous leur devez aussi, et beaucoup, et sans eux vous n'auriez jamais rien su de tout ce que j'ai à vous apprendre. C'est bien gentil, n'est-ce pas, de savoir qu'il y a du phosphore et de la chaux dans les dents? Mais il a fallu des générations entières de savants; il a fallu recherches sur recherches, découvertes sur découvertes; il a fallu des siècles de travaux pour arracher à la nature un secret que vous avez appris en cinq minutes. Et, à mesure que vous en apprendrez d'autres, rappelez-vous bien que pour tous c'est la même histoire. Je voudrais donc qu'en profitant, si bien à votre aise, de toutes les conquêtes de la science, vous eussiez aussi une pensée de reconnaissance pour ceux qui les ont faites avec tant de peine, presque toujours aux dépens de leur bourse, parfois au péril de leur vie.

Ils sont là, voyez-vous, un petit nombre d'hommes qui n'ont l'air de rien du tout. Ils parlent un langage à faire sauver les enfants. Ils pèsent des petites poudres noires dans des balances de pharmacien, trempent des plaques de cuivre dans une eau qui pique, et regardent passer dans des tubes de verre recourbés des boules d'air, qui sont quelquefois aussi dangereuses que des boulets de canon. Ils grattent des os qui ne servent à rien, coupent en quatre des fétus gros comme des têtes d'épingle. Ils tiennent leurs yeux braqués, pendant des heures entières, sur des lunettes à trente-six verres, et, quand on va voir au bout, on ne trouve rien. A les regarder travailler dans ce qu'ils nomment leurs laboratoires, on dirait qu'ils sont fous. Et quand tout cela est fini, il se trouve, un beau matin, qu'ils ont changé la face de la terre, fait des révolutions auxquelles empereurs et rois tirent le chapeau ; enrichi les peuples par centaines de millions à la fois ; révélé à l'humanité des lois du bon Dieu qu'elle ignorait ; fourni le moyen d'apprendre aux petites filles des choses très-curieuses, qui les rendent plus gentilles et plus raisonnables. Et c'est là un avantage qui n'est pas non plus à dédaigner, parce qu'elles deviendront un jour des femmes et des mères, et qu'elles gouverneront le monde, comme cela s'est toujours fait depuis le commencement.

Maintenant, retournons à ces pauvres dents que nous oublions tout à fait. Mais nous savions bien qu'elles ne s'envoleraient pas.

Je vous ai dit qu'elles sont chargées de faire la toilette à ce qui se présente. C'est une toilette qui ne conviendrait pas à tout le monde. Elle consiste à être haché comme chair à pâté. Pour mieux faire leur ouvrage, les dents se sont partagé les rôles. Les unes coupent, les autres déchirent, les autres broient.

Les premières sont ces dents plates qui sont sur le devant des deux mâchoires, juste au-dessous du nez. Tâtez-les avec le bout du doigt : vous verrez qu'elles se terminent en lames tranchantes, comme des couteaux. On les nomme des *incisives,* du mot latin *incidere,* qui veut dire couper. C'est avec celles-là qu'on mord dans le pain et dans les pommes, où il ne s'agit d'abord que de couper. C'est aussi avec celles-là que les petites filles paresseuses coupent leur fil, quand elles ne veulent pas se donner la peine de chercher leurs ciseaux; et, par parenthèse, c'est une très-mauvaise habitude, parce qu'en les frottant ainsi les unes contre les autres, on les use; et vous verrez bientôt que les dents usées ne repoussent pas.

Les secondes sont ces petites dents pointues qui viennent après les incisives, des deux côtés de chaque mâchoire. Vous les trouverez bien facilement, et vous sentirez la petite pointe, en appuyant un peu. Si les premières sont les couteaux de la bouche, celles-là sont les fourchettes. Elles servent à piquer dans ce que l'on veut déchirer, et on les appelle *canines,* du mot latin *canis,* qui veut dire chien, parce que les chiens en font un grand usage pour déchirer la viande. Ils mettent la patte dessus, enfoncent les canines dedans, et amènent le morceau, en jetant la tête de côté. Regardez à la gueule du chien de votre papa : vous les reconnaîtrez à leur pointe un peu recourbée. Elles dépassent toutes les autres; c'est ce qu'on appelle les crocs. Je ne sais pas, au surplus, pourquoi on a choisi le chien pour baptiser nos canines; car tous les animaux qui mangent de la viande ont des crocs comme lui, et le lion, le tigre, bien d'autres encore, les ont bien plus développées que le chien, et plus pointues. Chez le chat, on dirait de petits clous. Mais enfin l'habitude est prise, et nous n'y pouvons rien changer.

Les dernières dents qui sont placées dans le fond de la bouche ont reçu le nom de *molaires,* du mot latin *mola,* qui veut dire meule.

Vous verrez encore bien d'autres mots latins, et il faudra en prendre votre parti. Ce sera même pour vous l'occasion d'apprendre un peu de latin, et de rabattre au besoin l'orgueil de votre frère, qui vous regarde du haut en bas, parce qu'il apprend le latin au collége. Anciennement, tous les savants écrivaient en latin, et comme ils régnaient en maîtres sur ces choses-là, ils leur ont donné les noms qu'ils ont voulu, sans consulter le public, qui ne s'en inquiétait pas beaucoup. Aujourd'hui, ils font les noms en grec, ce qui n'est pas positivement un progrès; et quand ils auront envie de laisser venir à eux les petits enfants, il les feront en français, ce qui sera, pour le coup, un progrès..

Pour en revenir à nos meules, elles font la même besogne que la meule du meunier, c'est-à-dire qu'elles broient tout ce qui tombe dessous. Celles-là se terminent par une surface plate, carrée, avec de petites aspérités que vous sentirez tout de suite en y mettant le doigt. Ce sont les plus grosses et les plus fortes de nos dents. C'est avec elles qu'on casse les noisettes, quand on aime mieux courir le risque de se casser les dents, que d'aller chercher le casse-noisette.

Par exemple, je parierais bien que vous ne sauriez pas me dire pourquoi l'on met toujours sous les molaires, et jamais sous les incisives, ce qui est dur à casser. Personne n'y manque, pas plus les enfants que les grandes personnes, et celles-là non plus ne pourraient pas toujours dire pourquoi.

Je vous le dirai, moi, quand vous m'aurez dit pourquoi, si vous avez un bout de fil qui ne résiste pas beaucoup, vous le mettez à l'entrée de vos ciseaux, tandis que vous portez tout au fond ce qui est résistant, une allumette, par exemple, en supposant que vous vous amusiez à abîmer vos ciseaux.

Si vous étiez un grand garçon, et si je vous faisais un cours de physique, j'aurais là une belle occasion de vous développer ce qu'on appelle la *théorie du levier*. Mais je crois que la théorie du levier vous ferait peur. Nous allons tâcher de nous en tirer d'une autre façon.

Seulement je m'aperçois que j'ai tant bavardé avec vous en commençant, qu'il ne me reste pas beaucoup de place, et j'en suis tout honteux. Nous avons décidément du malheur avec les dents. J'ai déjà été grondé par des gens qui n'avaient pas tout à fait tort, et qui me reprochaient de perdre mon temps à babiller de choses et d'autres. Ils prétendent qu'en nous arrêtant ainsi à tous les brins d'herbe de la route, nous n'arriverons jamais, et je suis bien forcé d'en convenir. Je vous dirai tout bas, pour mon excuse, que j'ai cru que nous pouvions faire un peu l'école buissonnière pendant que nous étions en pays de connaissance, où tout, naturellement, a plus d'intérêt pour vous. La main, la langue, les dents, ce sont là des amis à vous, dont l'histoire vous touche de plus près. Mais nous allons entrer tout à l'heure dans le petit trou noir, et cela ira plus vite.

LETTRE VI

LES DENTS (SUITE)

Nous en étions restés aux molaires, que l'on choisit pour casser les noisettes, et nous avions parlé de ciseaux, si j'ai bonne mémoire.

Prenons la chose d'un peu loin, pour qu'elle soit plus facile à comprendre.

Voici un cheval qui traîne au pas une lourde charrette. Proposez-lui de prendre le galop, il vous répondra : « Volontiers; mais donnez-moi une voiture plus légère. »

En voici un autre qui emporte au galop un tilbury. Proposez-lui de l'échanger contre une charrette, il répondra : « Comme vous voudrez; mais j'irai au pas. »

Comme vous le voyez, avec la même force, on a le choix :

Ou bien triompher d'une résistance plus grande, en allant doucement;

Ou bien aller vite, mais triompher d'une résistance moins grande.

C'est un peu pour cela que je vais si doucement avec vous, chère enfant; car les petites têtes toutes neuves sont bien plus difficiles à entamer que les autres, et chacun n'a que sa force.

Jusqu'à présent tout est simple comme bonjour. Et maintenant, prenez vos ciseaux dans la main gauche;

serrez bien l'anneau d'en bas entre le pouce et la main fermée, de manière que sa lame demeure droite et immobile; faites monter et descendre l'anneau d'en haut avec la main droite, et regardez marcher la lame. Toutes ses parties vont en même temps, et c'est une seule et même force, votre main, qui les met toutes en mouvement. Mais la pointe fait un grand chemin, pendant que l'autre bout en fait un tout petit, presque imperceptible, et selon que la force qui les entraîne trouvera une résistance à la pointe, ou à l'autre bout, vous concevez bien que son effet ne sera plus le même. La première va le galop : c'est le cheval du tilbury; les petites résistances sont pour elle. L'autre va au pas : c'est le cheval de la charrette; à elle les grandes résistances. — J'espère que vous avez compris tout cela, et voici notre noisette expliquée, sans que vous vous en doutiez. Faites aller encore une fois votre paire de ciseaux. Vous avez devant vous une moitié des deux mâchoires, de l'oreille au nez, la mâchoire supérieure qui ne bouge pas, comme vous pouvez vous en assurer en mettant un doigt sur la lèvre d'en haut, en parlant, ou mangeant, si vous l'aimez mieux, et la mâchoire inférieure qui monte et descend. Deux paires de ciseaux, pointe à pointe, vous feront la mâchoire entière. Les incisives sont aux deux pointes : elles galopent et ne valent rien pour ce qui résiste trop. Les molaires sont aux deux bouts qui vont au pas : s'il y a quelque chose de dur, cela leur revient de droit, et voilà pourquoi l'on casse les noisettes avec.

Avouez qu'il y a tout de même du plaisir à se rendre compte ainsi de ce que l'on fait tous les jours, et quand vous verrez un maçon remuer avec sa barre de fer des pierres vingt fois plus lourdes que lui, demandez à votre papa de vous expliquer le levier. Avec ce que je viens de vous dire, vous comprendrez bien vite, sinon tout, au moins de quoi satisfaire votre intelligence.

Avec ce mouvement si prononcé de haut en bas, la mâchoire inférieure en possède un autre, moins apparent, qui l'emporte de droite à gauche. C'est celui-là qu'elle exécute chez les petits enfants méchants qui grincent des dents : je ne dis pas cela pour vous, car c'est trop vilain, et j'ai meilleure opinion de vous. Ceux qui font servir ce mouvement de la mâchoire à grincer des dents mériteraient que le bon Dieu, qui ne l'a pas destiné à cela, le leur retirât tout d'un coup, et ils se trouveraient bien embarrassés pour manger un morceau de pain. Leurs petites meules ne leur serviraient plus à grand'chose, car c'est seulement en roulant ainsi l'une sur l'autre qu'elles viennent à bout de broyer le pain. Essayez de mâcher une bouchée de pain, en faisant aller la mâchoire seulement de haut en bas, vous y renoncerez avant deux minutes.

Encore un mot pour achever la description des dents. La partie qui s'enfonce dans la mâchoire s'appelle la *racine*, et les incisives, qui ne doivent pas beaucoup fatiguer, puisqu'en leur qualité de chevaux de course, elles ne sont pas faites pour de grandes résistances, les incisives ont de petites racines étroites et courtes.

Les canines, qui sont destinées à tirer de côté, courraient le risque de s'arracher, et de rester plantées dans ce qu'on veut déchirer : elles ont des racines qui s'enfoncent bien avant dans la mâchoire, et, en conséquence, elles donnent plus de mal que les autres quand il faut aller chez le dentiste. Ces fameuses *dents de l'œil* qui font si peur, en pareille circonstance, ce sont les canines de la mâchoire supérieure, dont la place est en effet juste au-dessous de l'œil.

Les molaires étaient en danger d'être ébranlées dans leur mouvement de côté, en broyant. Elles font comme vous, quand on vous pousse de côté. Vous jetez les deux jambes à droite et à gauche pour mieux résister. Les molaires ont deux racines, qu'elles jettent aussi à droite et à gauche, quelquefois trois, quelquefois quatre, et il ne fallait pas moins que cela pour le métier qu'elles ont à faire.

Au-dessus de la racine est ce qu'on appelle la couronne. C'est la partie à l'air, la partie qui travaille, et qui frotte constamment. Si dure qu'elle soit, elle finirait bientôt par s'user à ce jeu-là, si elle n'était pas revêtue d'une substance encore plus dure qu'elle, qui l'enveloppe comme une armure, et qui porte le nom d'émail. L'émail qui recouvre les assiettes de porcelaine, et que l'on distingue facilement en examinant une assiette ébréchée, peut vous en donner une idée très-exacte. C'est l'émail qui donne aux dents ce poli et ce brillant qui les rend si jolies à voir, et il faut bien le ménager, non pas seulement par coquetterie, ce qui serait aussi une raison, mais surtout parce que l'émail est le défenseur et le gardien de la dent, et qu'une fois l'émail parti, on peut dire adieu à la dent. Tout ce qui est acide mord sur l'émail, comme une goutte de vinaigre ou de jus de citron sur du marbre; et l'un des meilleurs moyens de conserver cette jolie cuirasse de la dent, c'est de ne jamais mordre dans ces vilains petits fruits verts, que le vent fait tomber de l'arbre avant le temps, et dont j'ai vu bien souvent des enfants déraisonnables se régaler à cœur-joie. Ils vous avertissent assez, par leur goût acide, qu'on ne doit pas les manger, et si l'on n'obéit pas, ils se vengent en rongeant l'émail des dents, sans parler du remue-ménage qu'ils font ensuite dans l'estomac.

Je viens de vous dire que sans l'émail les dents s'useraient trop vite. C'est que les dents ne sont pas comme les cheveux et les ongles, qui repoussent à mesure qu'on les coupe. Quand ces petits germes dont je vous ai parlé, en commençant les dents, ont achevé leur ouvrage, ils se flétrissent, se dessèchent : ils s'en vont, comme les maçons, une fois la maison bâtie, et en voilà pour la vie.

Pour la vie, entendons-nous.

Il n'était pas juste de faire des conditions si dures aux petits enfants, qui n'ont pas encore leur raison, et qui ne sont pas en état de veiller sur leurs dents. Aussi pour eux il y a un répit.

Vos premières dents, vos *dents de lait,* qui vous sont venues quand vous tetiez encore, ne comptaient pas pour ainsi dire. Elles étaient là en quelque sorte comme essai, pour vous donner le temps de grandir.

Quand vous êtes entrée dans ce qu'on appelle l'âge de raison, et c'est là un mot qui dit bien des choses, ma chère enfant, les vraies dents, celles qui sont pour la vie, ont commencé à chuchoter entre elles : « Allons, voilà une petite fille qui devient raisonnable, et qui sera en état, maintenant ou jamais, d'avoir soin de ses dents. Risquons-nous. » Sitôt dit, sitôt fait; et d'autres maçons de se mettre à l'œuvre dans d'autres chambrettes, situées au-dessous des premières, et à mesure que la dent pour la vie grossissait, grossissait, elle poussait dehors la dent de lait, qui n'était là que pour lui garder sa place en attendant.

C'est là où vous en êtes maintenant, et vous comprenez quelle responsabilité vous avez là, et qu'il s'agit de bien veiller désormais sur ces braves dents, qui ont eu confiance en vous, et qui ne seront pas remplacées, celles-là, si vous les laissez partir.

Au surplus, vous ne perdez rien au change. Vous en aviez vingt-quatre auparavant; vous allez en avoir vingt-huit. Que dis-je, vingt-huit? Trente-deux; mais les quatre dernières seront pour plus tard. La dernière molaire de chaque côté, en haut et en bas, attendra pour paraître que vous soyez devenue une grande personne. Ce sont des difficiles et des peureuses, celles-là, et elles ne se risquent pas à moins. Aussi les a-t-on appelées *dents de sagesse,* parce qu'on est censé devenu tout à fait sage quand elles arrivent. Il y en a qui ne paraissent qu'à trente ans, et vous conviendrez que c'est y mettre de la mauvaise volonté, si l'on n'est pas sage à cet âge-là.

Je ne vous ai pas tout dit, il s'en faut; mais en voilà bien assez pour vous convaincre de l'importance de ces petits os que les enfants n'estiment pas toujours à leur juste valeur, et dont ils mettent bien souvent l'existence en danger avec autant d'insouciance que s'ils en avaient de rechange dans leur poche. S'il y a eu tant de combinaisons imaginées pour mettre l'homme à même de bien mâcher ses aliments, c'est qu'apparemment ce n'était pas pour lui une petite affaire qu'ils fussent mâchés, bien ou mal. Ceux qui avalent, au troisième coup de dent, des bouchées à demi-mâchées, ignorent une chose, c'est que l'estomac est obligé de faire ensuite tout le travail qu'on n'a pas laissé faire aux dents, et il n'y a pas d'économie, je vous le jure. Vous verrez plus tard, quand nous en serons aux animaux, que, par une merveilleuse compensation, la force de l'estomac est toujours en raison de l'insuffisance des dents, et que, par conséquent, il est d'autant plus faible que la mâchoire est mieux garnie. Or, la nôtre est aussi bien garnie qu'on puisse le désirer. C'est tout vous dire. Il faut donc la faire travailler en conséquence; et la petite fille qui, pour avoir plus tôt fini, escamote le travail des dents et le laisse retomber au compte de l'estomac, est semblable à un homme qui, ayant deux serviteurs, l'un robuste et vigoureux, l'autre faible et délicat, laisserait le premier se dandiner à son aise, pour mettre tout l'ouvrage sur le dos du second. Il n'y aurait plus de justice, n'est-ce pas? et comme une injustice est toujours punie, le travail serait mal fait.

Le travail en question consiste à réduire ce que nous mangeons en une sorte de bouillie, ou de pâte liquide, dans laquelle le sang puise à la fin ce qui lui revient. Or, les dents auraient beau couper et broyer, elles ne feraient que de la poussière, et jamais de la bouillie, si, pendant qu'elles travaillent, elles n'étaient aidées continuellement par un auxiliaire indispensable. Pour faire de la bouillie aux petits enfants, qu'est-ce qu'on ajoute au pain, après l'avoir haché en petits morceaux ? Sans être encore une grande cuisinière, vous savez déjà cela : c'est de l'eau. Pour nous aider à faire au sang sa bouillie, le bon Dieu a logé tout autour de notre bouche des espèces de petites éponges, toujours remplies d'eau. On les appelle les glandes salivaires. Cette eau s'écoule d'elle-même, au moindre mouvement de la mâchoire, qui presse les petites éponges, en allant et venant. Le nom de cette eau, je n'ai pas besoin de vous le dire, c'est la salive.

Quand je vous dis de l'eau, ce n'est pas pour faire une comparaison, comme vous pourriez le croire. La salive est purement et simplement de l'eau dans laquelle il y a un peu d'albumine. N'ayez pas peur de ce mot-là ; il n'est pas si méchant qu'il en a l'air : il veut dire tout uniment du blanc d'œuf. Il y a là aussi un peu de soude, ce qui sert à faire du savon, avec lequel vous vous lavez tous les matins. Ceci vous explique pourquoi la salive se met en mousse, quand la langue et les joues la battent dans la bouche, pendant que nous parlons. C'est ce qui arrive aussi au blanc d'œuf et à l'eau de savon, battus dans un vase.

Mais cette albumine et cette soude n'ont pas été précisément mises là pour nous donner le plaisir de faire mousser la salive. Cela n'en vaudrait pas beaucoup la peine. Elles donnent à l'eau plus de pouvoir pour fondre en pâte les aliments, et commencent pour eux cette série de transformations qui, de proche en proche, les amènent enfin à devenir du beau sang rouge, comme celui qui se montre en gouttes au bout de vos doigts, quand vous avez été maladroite avec votre aiguille.

Une fois bien broyés par les dents, bien mouillés par la salive, devenus ce que vous avez pu voir, toutes les fois que, pour une raison ou pour une autre, il vous est arrivé de cracher ce que vous veniez de mâcher, les aliments n'ont plus rien à faire dans la bouche. Il s'agit alors d'aller plus loin. Mais de sortir par la porte de derrière, cela n'est pas tout à fait aussi simple que d'entrer par la porte de devant. C'est une opération très-compliquée, qui ne s'explique pas en deux mots, et je crois que nous avons assez bavardé comme cela pour aujourd'hui. Pourvu encore que je ne vous aie pas ennuyée avec ces interminables dents. Mais attendez-vous maintenant à du nouveau.

LETTRE VII

L'ARRIÈRE-BOUCHE

Vous souvient-il, mademoiselle, d'un certain portier dont nous avons parlé longuement, et qui est logé dans la langue?

A quoi reconnaît-on le portier, quand on entre dans la cour d'une maison?

A son balai.

Eh bien! la langue, qui est attachée spécialement au service de notre portier, est aussi un balai sans pareil, qui marche tout seul, ne s'use jamais, et ne fait pas de poussière, ce que nous n'avons pas encore eu l'esprit d'obtenir de nos balais.

Quand le moment est venu d'envoyer plus loin cette bouchée mâchée, qui n'a plus rien à faire sous les dents, voilà le balai qui se met en route tout le long des gencives, allant et venant, à droite, à gauche, devant, derrière, furetant dans tous les coins, ramassant jusqu'aux dernières miettes de la bouillie qui vient de se fabriquer dans la bouche, et à mesure que le tas grossit, le balai se fait pelle, encore une supériorité qu'il a sur tout ce que nous avons imaginé. Ce qu'il ramasse se roule à mesure sur son dos en une jolie petite boulette, qui se trouve prise à la fin entre la langue et le palais, de façon à ne plus pouvoir s'échapper. Dans ce moment, la langue recourbe sa pointe contre les incisives d'en haut, qu'elle prend pour point d'appui, s'incline de haut en bas comme une planche qui fait bascule, et... mais n'allons pas si vite.

Derrière la bouche, qui est l'antichambre, comme nous l'avons dit, se trouve une sorte de couloir, qui est séparé de la bouche par une petite languette de chair, suspendue au palais, tout à fait comparable à ces portières en tapisserie qui séparent quelquefois deux pièces, et sous lesquelles on peut passer en les soulevant.

Si ce couloir ne conduisait que de la bouche à l'estomac, avaler serait tout ce qu'il y a de plus simple au monde, la langue se relèverait, la petite boulette glisserait, passerait sous la portière, et bon voyage! Malheureusement l'architecte de la maison semble avoir fait ici une économie de construction. Le couloir est à deux fins. C'est en même temps le passage de la bouche à l'estomac, et du nez aux poumons. L'air que nous respirons y a ses deux portes réservées, l'une donnant sur le nez, l'autre sur les poumons, et par lesquelles il est expressément défendu aux aliments de passer. Vous concevez bien qu'ils n'y entendent pas, eux, tant de malice, et que passer par une porte ou par une autre, cela leur est parfaitement indifférent. Il y a tant d'enfants, qui sont des créatures raisonnables, et qui entrent tout de même où il leur est défendu d'entrer. On ne pouvait pas exiger d'un peu de bouillie qu'elle fût plus raisonnable que ces enfants-là. Il fallait donc faire en sorte qu'elle n'eût pas le choix, et qu'en arrivant dans le couloir, elle ne trouvât d'ouverture que sa porte à elle, celle de l'estomac.

C'est bien aussi ce qui se passe.

Vous n'avez peut-être jamais remarqué que, quand vous avalez, quelque chose se soulève et se resserre à la fois dans votre gorge, et qu'il y a comme une convulsion intérieure qui vient secouer ce qui est là-dedans. On n'y fait pas attention quand on mange, parce que cela se fait de soi-même, et que naturellement l'esprit est occupé ailleurs. Mais essayez d'avaler à vide, comme on dit, sans avoir rien dans la bouche, vous le sentirez bien.

Figurez-vous notre couloir comme un petit cabinet, percé à demi-hauteur du mur d'une porte, avec une portière qui la ferme. Au plafond est un trou, qui mène au nez. Dans le plancher s'ouvrent deux gros tuyaux, en avant celui des poumons, en arrière celui de l'estomac.

Maintenant vous avalez.

La portière se relève, et vient se coller contre le plafond. Plus de chemin pour aller au nez.

Le tuyau des poumons remonte le long du mur, et vient se cacher sous la porte en se resserrant, et se faisant tout petit, comme s'il voulait laisser toute la place à la bouchée qui va lui passer par-dessus; et, pour plus de sûreté, au moment où il remonte, s'abaisse sur lui une petite trappe, qui ferme net son ouverture. Il ne reste plus de passage que par le tuyau de l'estomac; la bouchée y tombe tout droit, sans courir le risque de se tromper, et, quand elle y est, tout se remet en ordre.

Voilà des combinaisons bien ingénieuses, et si l'on réfléchissait sérieusement, je ne parle plus de vous, à tous ces trésors de merveilles qui sont là, au dedans de nous, à tous ces rouages admirables qui fonctionnent sans cesse et tout seuls, et dont notre existence dépend, on serait honteux, je vous le dis, à vous qui n'en êtes pas encore là, de passer sa vie à apprendre tant de choses, et de laisser dormir celles-là dans un coin, comme un accessoire de fantaisie, tout au plus bon à amuser les petits enfants, quand il se rencontre un brave homme qui veut bien se donner la peine de leur raconter ce que la plupart des grandes personnes ne savent pas. Oui, on serait honteux de s'en rapporter, pouvant faire mieux, à l'instinct des animaux, que nous n'avons pas même aussi développé qu'eux, pour échapper à l'aveuglette aux mille chances de destruction qui menacent à toute heure notre machine, si fragile et si délicate dans la savante combinaison de ses ressorts. Encore si l'on n'avait que la sienne! Mais il y en a d'autres dont nous sommes responsables, au développement desquelles nous sommes chargés de veiller et de présider, et comment le faire en sûreté de conscience, si nous ignorons leur construction, leur jeu, les lois de toute sorte que le grand Ingénieur a pour ainsi dire appelées à son aide en les établissant?

Quand vous serez maman à votre tour, chère petite espiègle, qui commencez à ouvrir de grands yeux et à ne plus me comprendre beaucoup, vous verrez que vous serez bien aise d'avoir appris, toute petite, comment votre petite fille s'y prendra pour vivre sans le savoir. Vous verrez que vous aurez cent occasions pour une de mettre à profit avec elle ce que nous apprenons ensemble, et rien ne vous empêche, en attendant, d'en profiter pour vous-même.

Je suis bien sûr, par exemple, qu'en répétant à votre petite fille cette maxime de simple politesse que tout le monde connaît : *On ne parle pas en mangeant*, vous aurez bien soin d'ajouter : et surtout, *en avalant;* et vous voyez d'ici pourquoi.

Pour parler, comme vous le savez, il faut chasser de l'air des poumons dans notre bouche, et la parole est le bruit que fait cet air en passant. C'est pour cela qu'on vous recommande d'aller doucement, et de vous arrêter aux points et aux virgules en lisant tout haut; autrement l'haleine vient tout à coup à vous manquer, et vous voilà forcée de rester court, comme une petite sotte, au milieu d'une phrase entamée, pour prendre le temps de renouveler la provision d'air des poumons, en respirant. C'est aussi pour cela, et non pas par raison d'économie, comme vous auriez pu le penser, qu'a été placé derrière la bouche ce petit carrefour à quatre portes, qui lui permet de communiquer à volonté, tantôt avec l'estomac, tantôt avec les poumons. C'est un passage périlleux pour les visites qui s'adressent à l'estomac; mais remplacez-le, comme l'idée aurait bien pu vous en venir tout à l'heure par un tuyau direct allant droit à l'estomac, et vous vous trouvez bouche muette. Quel malheur, n'est-ce pas, pour les petites filles! Allons, je deviens méchant avec vous. Consolez-vous, j'en connais de grandes qui seraient pour le moins aussi fâchées.

Or, pour en revenir à nos moutons, nous avons vu que, pour prévenir les accidents, le tuyau à l'air se condamne de lui-même au moment où nous avalons. Mais si l'air arrive juste à ce moment-là des poumons, il faut bien le laisser passer. Son tuyau, qui n'en peut mais, retourne à sa place, la petite trappe qui fermait l'ouverture s'ouvre bon gré, mal gré, et bonsoir pour les sages précautions de la bonne Nature. La bouchée qui tombe, tombe à côté de son trou, c'est-à-dire dans l'autre, qui est précisément en avant : on a *avalé de travers*.

Vous vous rappelez ce qui arrive dans ce cas-là. On tousse, on tousse à tout rompre, à en devenir bleu, à en perdre la respiration; tout le corps tremble; les yeux vous sortent de la tête. Le roi serait là, qu'il n'y aurait pas moyen, il faut tout quitter, et l'on n'a que le temps de se cacher la figure dans sa serviette. Le tuyau, qui n'a été fait que pour l'air, et qui voit un intrus forcer sa consigne, s'épuise en efforts pour le jeter à la porte. Les poumons, qui seraient perdus si l'intrus arrivait jusqu'à eux, viennent au secours du bon serviteur qui combat pour les sauver. Ils s'agitent violemment, et lui envoient de grosses bouffées d'air qui chassent tout devant elles. C'est cela la toux; aussi voyons-nous ce qui a été avalé de travers s'envoler hors de la bouche, comme une poussière balayée par le vent. C'est seulement quand la place est redevenue nette que l'ouragan s'apaise, et n'en riez pas trop, s'il vous plaît. Si l'on avait par trop avalé de travers, si l'ennemi était trop fort, et que poumons et tuyau ne pussent venir à bout de s'en débarrasser assez vite, on en mourrait sur place, rien que cela, et les exemples n'en manquent pas. La nature ne fait rien en vain ; ce n'est pas une peureuse qui perd la tête pour une souris qui trotte. Quand vous voyez ainsi votre être tout entier concentrer éperdûment ses forces sur le point menacé, et manifester une si grande détresse pour un accident qui paraît si peu de chose, c'est qu'il y a danger, danger réel, et qu'on s'en doute ou non, peu lui importe. C'est bien heureux, du reste.

N'est-ce pas que maintenant vous recommanderez bien à votre petite fille de ne pas parler en avalant?

J'ajouterai qu'il ne faut pas rire non plus, et même encore moins, parce que le rire, qui n'est qu'un soubresaut des poumons, est toujours accompagné d'une sortie d'air encore plus grande que pour la parole, que ses secousses viennent déranger encore davantage les sages combinaisons qui nous sauvent la vie à chaque bouchée que nous avalons, et que, par conséquent, on avale encore plus de travers en riant qu'en parlant.

Ai-je besoin d'ajouter qu'il faut se garder avec le même soin de faire rire ou parler les autres, quand ils avalent, de les secouer, de les effrayer ; qu'il faut éviter, en un mot, tout ce qui pourrait, par un saisissement brusque, faire sortir l'air de leurs poumons, et exposer ce qu'ils avalent à se tromper de route? La politesse vous disait déjà cela : la petite leçon d'aujourd'hui vous le dit, je crois, d'une façon qui vous fera plus d'impression. Que deviendriez-vous si jamais il vous arrivait de voir quelqu'un mourir devant vous, à la suite d'une plaisanterie si simple en apparence ?

Pour ne pas vous laisser sur cette vilaine idée, je veux, avant de vous dire adieu, vous apprendre les noms qui ont été donnés à cette portière, à ce cabinet, à ces tuyaux dont je viens de parler.

La portière s'appelle *le voile du palais*.

Le cabinet s'appelle *l'arrière-bouche*.

Le tuyau de l'estomac s'appelle *l'œsophage*.

Le tuyau des poumons s'appelle *le larynx*.

L'ouverture de ce tuyau, c'est *la glotte*, et la petite trappe qui vient la fermer, quand on avale, *l'épiglotte*.

Je vous demande la permission de ne pas vous expliquer tous ces noms, parce que nous n'en finirions pas. Les deux premiers sont français, et s'expliquent tout seuls. Les quatre autres viennent du grec : c'est tout ce que vous avez besoin d'en savoir. Au surplus, les noms n'y font rien. Que je sois assuré de vous avoir fait bien comprendre la manière dont travaillent tous ces objets-là, et puis, appelez-les comme vous voudrez.

Tenez-vous bien maintenant. Nous sommes sur la route des grands appartements, et nous allons voir le maître, ce fameux maître de la maison, dont les gens ne peuvent approcher qu'après tant de cérémonies.

LETTRE VIII

L'ESTOMAC

Une fois dans l'œsophage (vous vous rappelez que c'est le nom du tuyau qui conduit à l'estomac), la bouchée n'a plus qu'à se laisser faire. Tout le long du tuyau est une rangée de petits anneaux élastiques, qui se ressorrent derrière elle pour la pousser en avant, et s'élargissent devant elle pour lui faire le passage libre. Ils se la repassent ainsi, de proche en proche, jusqu'à ce qu'ils l'aient amenée à l'entrée de l'estomac, où le dernier anneau la jette, en se refermant sur elle.

Avez-vous quelquefois regardé marcher un ver, une sangsue? Vous voyez toute la surface du corps se gonfler à mesure, en se portant en avant, comme si quelque chose roulait à l'intérieur, de la queue à la tête. C'est un mouvement tout à fait semblable que vous observeriez à la surface de l'œsophage si vous pouviez le voir fonctionner, et on lui a donné le nom de *mouvement vermiculaire*, à cause de sa ressemblance avec celui d'un ver qui marche.

Ici j'appellerai votre attention sur quelque chose de très-important, à savoir que ce mouvement-là n'est plus de la même nature que celui de votre pouce, quand vous pressez la bouchée, de la mâchoire, quand vous la broyez entre les dents, de la langue et du reste, quand vous l'avalez. Tous ces mouvements vous appartiennent en quelque sorte; ils sont sous votre direction; vous pouvez les faire, ou ne pas les faire, à volonté. Entre eux et vous il y a des rapports de chaque instant, et vous les avez reconnus tout de suite, quand je vous en ai parlé. Mais ici nous entrons dans un autre monde, qui vous est tout à fait inconnu, et qui ne vous connaît pas. C'est le trou noir, comme je disais. Les petits anneaux de l'œsophage vont leur train tout seuls, et vous n'y êtes pour rien. Non-seulement ils marchent sans vous, mais il vous prendrait fantaisie de vouloir les arrêter, que ce serait absolument comme si vous disiez : Mon bel ami. Nous reparlerons plus tard, dans une autre histoire, de ces impertinents qui ne reconnaissent pas votre autorité, et auxquels nous allons maintenant avoir constamment affaire jusqu'à la fin de l'histoire du manger. Votre corps, voyez-vous, est comme un petit royaume dont vous seriez la reine, mais reine seulement des frontières. Les bras, les jambes, les lèvres, les paupières, toutes les parties extérieures, sont vos très-humbles sujettes; au moindre commandement, les voilà en mouvement ou en repos; là, votre volonté fait loi. Mais l'intérieur ne sait pas qui vous êtes. Il y a au dedans de vous une petite république, qui s'administre elle-même, et se passe de vos ordres, dont elle se moquerait, si vous vouliez lui en donner.

Cette république, c'est, pour me servir d'une autre image, la cuisine du corps. C'est là qu'on fait le sang, comme on l'entend, et qu'on le met à toutes sauces, pour votre usage, c'est vrai, mais sans votre aveu. Vous êtes dans la position d'une maîtresse de maison, à qui ses gens auraient fermé la porte de la cuisine au nez, pour y travailler à leur fantaisie, et qui ne pourrait plus commander qu'au cocher et aux femmes de charge. C'est humiliant peut-être de n'être pas plus maîtresse que cela chez soi; mais qu'y voulez-vous faire, ma petite reine à moitié? Arrangez-vous pour bien gouverner, si vous pouvez, les sujets qu'on a laissés sous vos ordres. Avec le reste, donnez-vous la seule satisfaction qui vous soit permise, celle de regarder dans la cuisine, par le carreau, pour savoir au moins ce qui s'y passe.

L'estomac est le maître cuisinier, le président de la république intérieure : c'est lui qui tient les fourneaux, qui porte le poids des affaires, et veille au salut commun. La Fontaine vous l'a déjà appris dans sa fable de *Messer Gaster*[1] que vous connaissez sans doute, une fable qui est bien jolie, mais qui le serait encore plus si La Fontaine avait appris l'histoire naturelle, quand il était petit. Puisque nous en parlons, il faut que je me donne le plaisir de vous expliquer en quoi elle pèche, et ce ne seront pas, je crois, des paroles perdues, car je me rappelle fort bien qu'elle a été longtemps mon seul document sur l'estomac, alors que j'avais votre âge, et bien après. Relisez-la, avant d'aller plus loin, pour m'épargner la peine de la reprendre d'un bout à l'autre.

1. *Gaster* est le mot grec qui signifie estomac. C'est pour cela qu'on dit une *gastrite*, quand les dames ont mal à l'estomac.

Comme vous le voyez, le bon La Fontaine est entièrement de l'avis de Ménénius, dans la querelle du peuple romain avec les gros bonnets du sénat, et il y avait pourtant, historiquement parlant, quelque chose à dire à l'avantage de notre estomac, dont il n'a pas l'air de se douter. Quand vous en serez à l'histoire romaine, vous y apprendrez que le sénat romain était un estomac gros et gras, qui fournissait bien de la nourriture aux membres, mais qui en gardait le meilleur pour lui, soit dit sans l'offenser, maintenant qu'il est mort depuis longtemps. Notre estomac, à nous, est ce qu'il y a de plus mince, de plus maigre et de plus frêle dans tout notre corps. C'est tout à fait un maître dans le sens de ce qui est dit dans l'Évangile : « *Que le premier parmi vous soit le serviteur des autres.* » Il reçoit tout, mais il rend tout, et ne garde rien, ou presque rien pour lui. Entre nous, Ménénius, l'avocat du Sénat, avait bien mauvaise grâce à venir parler aux pauvres diables de Rome, d'un administrateur aussi modeste de la fortune publique. Il aurait dû prendre son point de comparaison dans la famille des oies, des canards, des animaux qui n'ont pas de dents. Ceux-là ont des estomacs robustes et bien nourris, de vrais sénats romains, dont l'embonpoint est en raison du travail qu'on leur donne à faire. Mais l'homme envoie au sien la besogne toute mâchée, quand il a l'esprit de mâcher, bien entendu ! et ce n'était pas là que Ménénius devait aller chercher son apologue si vanté, qui n'est qu'une mauvaise plaisanterie.

Vous ne vous attendiez guère, ma chère enfant, à tomber dans une petite leçon d'histoire romaine, à propos de l'estomac. Mais l'étude des œuvres de la nature touche à tout, sans en avoir l'air, et je n'étais pas fâché de vous donner en passant cette preuve de la lumière inattendue qu'elle jette, chemin faisant, sur mille questions qui paraissent à cent lieues d'elle. Voilà, par exemple, cet apologue de Ménénius! Depuis deux mille ans et plus qu'il est en circulation, des armées d'historiens, de poëtes, d'orateurs, d'écrivailleurs de toutes les espèces, se le transmettent de bouche en bouche, sans s'être donné la peine d'étudier auparavant les lois de la nature sur l'estomac; et pas un, que je sache, ne s'est avisé de ce petit détail, si grave au fond, qui saute aux yeux du premier apprenti naturaliste venu.

Mais c'est assez parler des Romains, revenons au maître, au maître cuisinier, si vous voulez.

Je vous disais tout à l'heure qu'il tient les fourneaux, et vous aurez cru que je faisais encore des comparaisons, selon mon habitude. Point du tout; c'est pour de bon qu'il fait cuire; et dites-moi un peu, je vous prie, où il prend son feu, ou plutôt qui le lui donne, pour être mieux dans la vérité?

Vous voilà bien embarrassée : voyons, je vais vous aider.

Dans le château dont nous avons parlé, il y a déjà quelque temps, à qui devrait s'adresser celui qui aurait besoin d'avoir du feu?

— A l'intendant, je me le rappelle bien; mais est-ce que le sang a aussi du bois dans ses poches?

Du bois? oui, et du vrai bois, qui plus est, comme nous le verrons bientôt; mais ce n'est pas de bois qu'il s'agit maintenant. Le sang a mieux que du bois, il a de la chaleur toute faite dans ses poches. Quand l'estomac veut travailler, il appelle à lui le sang, qui accourt de toutes les parties du corps et le chauffe si bien qu'il fait cuire réellement ce qui s'y trouve. C'est pour cela qu'on se sent comme un petit frisson dans le dos, quand on donne beaucoup de travail à la fois à son estomac, parce que le sang appelé à grands cris est obligé d'arriver par gros bouillons, et qu'il emporte avec lui la chaleur du reste du corps. C'est pour cela aussi qu'il est si dangereux de se baigner au moment où l'estomac travaille, parce que le froid de l'eau chasse tout à coup le sang accumulé autour de la petite casserole, et cela fait dans le corps une révolution telle qu'on en meurt bien souvent.

Ne me demandez pas aujourd'hui d'où vient cette chaleur du sang : cela sera pour un peu plus tard. Seulement je puis déjà vous dire que notre cher intendant n'est pas plus malin que les autres sur ce chapitre-là, et qu'il fait sa chaleur comme le dernier des mortels, en brûlant son bois. Ne vous inquiétez pas comment : il le brûle comme nous et par le même procédé.

Enfin, d'une façon ou d'une autre, le maître cuisinier a son feu sous la main. Vous savez déjà ce qu'il doit faire cuire. C'est la bouillie, commencée dans la bouche, et qu'il est chargé de mettre à point. Or, regardez faire un cuisinier qui tient de la bouillie sur le feu.

Il la tourne et la retourne, et secoue de temps en temps la casserole, pour que la pâte se mêle mieux : l'estomac n'y manque pas non plus. Tout le temps que dure la cuisson de sa bouillie, il se resserre et s'élargit alternativement, à la facon de ces anneaux de l'œsophage, la refoulant sans cesse d'un bord à l'autre, de manière à la pétrir en quelque sorte.

Le cuisinier y ajoute de l'eau de temps en temps. L'estomac verse constamment sur la sienne un liquide qui contient aussi beaucoup d'eau, et qui découle d'une foule de petits trous, creusés dans ses minces parois.

Quoi encore?

Le cuisinier y met un peu de sel. L'estomac n'a garde de l'oublier, allez; c'est un cuisinier qui sait son métier. Dans le liquide dont je vous parle, il y a sinon du sel, comme on en voit sur la table, au moins la partie la plus active du sel, celle qui a au plus haut degré la propriété de fondre en pâte tout ce que nous avons mangé; et que direz-vous si j'ajoute que c'est là la raison véritable pour laquelle nous trouvons un goût si fade aux aliments préparés sans sel? Comme le sel contient un principe nécessaire au travail de l'estomac, il a bien fallu imaginer un moyen de nous engager à lui en donner, et ce moyen, le portier d'en haut l'a fourni. Il fait la grimace à tout ce qui se présente sans un peu de sel, comme pour lui dire :

— Avec quoi veux-tu, camarade, qu'on t'accommode là-bas comme tu dois l'être?

Moyennant quoi, les hommes ont été avertis dès le commencement; et si haut qu'on puisse remonter dans l'histoire, on trouve qu'ils ont toujours salé leurs aliments sans savoir au juste pourquoi. Les animaux au surplus ne le savent pas non plus, ce qui ne les empêche pas d'aimer le sel, comme vous le diront ceux qui élèvent des bestiaux, parce que leur estomac fait sa cuisine avec les mêmes assaisonnements que le nôtre, et que par conséquent leur portier a reçu la même consigne.

Il n'y a pas que du sel dans le liquide de l'estomac. Les savants, en regardant bien, y ont trouvé une substance également énergique, qui est contenue dans le lait. Aussi le fromage, qui renferme à la fois et cette substance et le sel, est-il tout à fait à sa place à la fin du dîner. Il apporte du renfort à l'estomac pour sa cuisine, et voilà pourquoi vous entendez si souvent dire aux gens qu'un peu de fromage aide la digestion.

La digestion! c'est là le mot par où j'aurais dû commencer. C'est le nom réel de toute cette cuisine, après laquelle je vous défierais aussi bien de reconnaître les jolis gâteaux que vous avez mangés, qu'à votre maman de reconnaître ses belles pommes dans la marmelade qu'elle a laissée deux heures sur le feu. L'estomac, comme vous le voyez, est fort occupé pendant tout ce temps-là, et s'il faut avoir bien soin, quand on est sorti de table, de ne pas le déranger trop brusquement dans son travail, il faut aussi, pendant qu'on est à table, ne pas lui tailler étourdiment plus de besogne qu'il n'en peut faire. Tout maître qu'il est, c'est un personnage assez chétif, ainsi que je vous l'ai fait observer. Il travaille pourtant en conscience, parce qu'il sait que toute la vie du corps en dépend.

Quelques-uns même prétendent qu'en dépit de sa maigreur, il se dépouille à chaque digestion, de sa peau intérieure qu'il sacrifie à son œuvre, et dont les débris vont grossir, en l'améliorant, la bouillie qui lui a été confiée. Il faut penser à cela, mademoiselle, quand il vous prendra quelque accès de gourmandise, et bien vous dire qu'un fonctionnaire public aussi désintéressé a droit à des égards.

Il y a d'ailleurs un danger sérieux, toute injustice à part, à l'écraser de travail. Si vos jambes sont trop fatiguées, vous pouvez rester au lit. Si votre bras souffre, vous pouvez le laisser en repos. Mais votre estomac est comme ces pauvres gens qui ont une famille à nourrir avec le travail de chaque jour. Il travaille pour les autres; il n'a pas le droit de se reposer, pas le droit d'être malade par conséquent, et quand il se met à traîner, on en a pour longtemps.

Les petits enfants qui ne savent rien s'en moquent; mais vous, chère petite, voici que vous commencez à savoir. Science oblige. Elle oblige aujourd'hui à ne plus être gourmande, demain à autre chose, et toujours comme cela jusqu'à ce que l'on soit devenu un enfant tout à fait raisonnable. J'en suis bien fâché pour vous si cela vous contrarie, mais vous avez voulu savoir : science oblige. Je vais vous le dire en confidence, c'est là la meilleure raison de ceux qui ne veulent rien apprendre. Ils ne savent pas où cela pourrait les mener, et quel dommage de ne pouvoir plus être gourmand, plus méchant, plus égoïste! Où en serions-nous?

LETTRE IX

L'ESTOMAC (SUITE)

Nous avons parlé fort au long de l'estomac, la dernière fois, et je m'aperçois d'une chose, ma chère enfant, c'est que j'ai oublié de vous dire comment il est fait.

Avez-vous vu quelquefois des joueurs de cornemuse, de ces gens qui ont sous le bras des espèces de grosses poches d'un brun noirâtre, qu'ils remplissent d'air, à force de poumons, et qu'ils font souffler ensuite à leur place dans un tuyau, en les pressant légèrement avec le coude? Si vous n'en avez jamais vu, c'est dommage : d'abord parce que la cornemuse était l'instrument national de nos ancêtres les Gaulois, religieusement conservé par les montagnards écossais et les paysans bretons, deux débris de cette race illustre dont je vous recommande de bien apprendre un jour l'histoire ; ensuite, et c'est là ce qui nous intéresse le plus présentement, parce que cette grosse poche, la pièce principale de l'instrument, vous donnerait une idée très-exacte de votre estomac, par la bonne raison que c'est purement et simplement un estomac, l'estomac d'un animal dont la conformation intérieure ressemble beaucoup, mais beaucoup, à la vôtre.

Et quel est, s'il vous plaît, cet audacieux animal qui se permet d'être bâti au dedans comme une jolie petite fille?

Hélas! chère enfant, j'ai honte de le nommer, et il ne faudra pas m'en vouloir. C'est... c'est le cochon. Ce n'est pas précisément flatteur pour vous; mais nous en sommes tous là, et si cela vous contrarie par trop, il faut aller vous plaindre au bon Dieu, qui a voulu que les choses fussent arrangées ainsi; seulement le cochon, qui ne pense qu'à manger, a l'estomac bien plus vaste que nous, et c'est toujours une consolation.

Placez la paume de la main droite sur ce qu'on appelle le creux de l'estomac, en dirigeant l'extrémité des doigts du côté du cœur; votre main couvrira à peu près l'emplacement qu'occupe habituellement l'estomac, et vous pouvez vous le figurer comme une poche arrondie et allongée, plus grosse en haut qu'en bas, dessinant une courbure en dedans très-prononcée, en descendant du cœur au creux de l'estomac; quelque chose d'assez semblable à une de ces longues poires, dites de bon-chrétien, qu'on aurait pu courber par le milieu, et dont le gros bout serait placé du côté du cœur.

Quant à la taille exacte de cette poche, je ne saurais pas vous la dire. Cela dépend. C'est une poche complaisante, comme vous voudriez bien en avoir à vos robes; mais non, vous finiriez par y mettre trop de choses. A mesure qu'on l'emplit, elle s'étale et s'élargit, comme une vessie en caoutchouc, de la taille d'un œuf, qui deviendra grosse comme la tête, si vous la gonflez d'air avec force. Puis à mesure qu'elle se vide, elle revient sur elle-même, et se rapetisse en se plissant.

Quand on reste trop longtemps sans manger, on a, comme on dit, des tiraillements d'estomac. C'est que l'estomac se vidant à la longue entièrement, et se faisant toujours plus petit, les parties environnantes, qui s'appuyaient sur lui, cessent d'être soutenues, et tiraillent leurs attaches, obligées de porter tout leur poids. Les négligents, qui n'y pensent pas, sont avertis par ces tiraillements qu'il est temps de manger, comme un domestique qui s'oublie est rappelé à l'ordre par la sonnette dont son maître a tiré le cordon.

Avec vous, chère petite, ces avertissements-là sont bien vite écoutés, et même vous ne les attendez pas toujours. Mais il y a des malheureux qui ont beau être avertis, ils ne peuvent obéir au maître qui demande sa ration, parce qu'ils n'ont rien à lui donner; et quand cette désobéissance forcée se prolonge trop longtemps, ils finissent par en mourir. Eh bien! chez les pauvres gens qui meurent de cette cruelle façon, on trouve l'estomac si resserré qu'il n'est plus que de la grosseur du doigt, à peu près.

En revanche, un jour un homme est mort étouffé par l'excès de nourriture, à la suite d'un de ces repas de campagne qui durent quatre heures, six heures, huit heures, on ne sait plus combien au juste à la fin, et les médecins qui l'ont examiné lui ont trouvé l'estomac si prodigieusement agrandi qu'il remplissait, à lui seul, plus de la moitié du ventre.

Comme vous le voyez, l'estomac n'a pas de taille, à proprement parler. Sa taille se règle sur ce qu'il y a dedans. Il est comme ces hommes dont l'attitude hausse et baisse avec la fortune, qui font les grands, quand ils se sentent le gousset bien garni, et qui sont tout petits, quand la bourse est vide. Il y a pourtant entre eux cette différence, que ces gens-là sont des sots, parce qu'ils sont des hommes, et non des poches; au lieu que l'estomac est une poche d'esprit, remplissant avec intelligence les conditions de son rôle de poche. Nous sommes encore trop heureux qu'il veuille bien changer de taille, selon les caprices de notre appétit, et les couturières feraient peut-être bien de s'inspirer de lui pour aviser au moyen de perfectionner leur système de poches, qui n'a pas dû coûter grands frais d'imagination à l'inventeur.

La façon dont se vide cette poche merveilleuse n'est pas moins curieuse que le reste. Tant que dure la digestion, l'estomac est exactement fermé aux deux bouts, en haut par le dernier anneau de l'œsophage, en bas par un autre anneau du même genre, mais plus fort, gardien vigilant du passage qui conduit aux intestins. Cet anneau s'appelle le *pylore*.

Pour cette fois, nous trouvons un nom en harmonie avec notre manière d'étudier la machine humaine, et ce nom-là, j'ai du plaisir à vous l'apprendre, bien qu'il soit grec aussi. *Pylore,* en grec, veut dire *portier;* et notre anneau est bien un portier aussi, comme celui dont nous avons déjà tant parlé, et que j'appelais, la dernière fois, *le portier d'en haut,* sentant approcher son collègue.

Le portier d'en haut préside à l'entrée, celui d'en bas à la sortie, et son procédé est le même : il goûte.

Voilà par exemple qui va vous étonner, que vous ayez au dedans de vous un dégustateur qui ne vous rende compte de rien, et qui perçoive des sensations que vous ignorez, dont il vous est même impossible de vous faire une idée! C'est pourtant ainsi. Le pylore goûte réellement la pâte contenue dans l'estomac, et tant qu'elle n'est pas à son goût, c'est-à-dire tant que le travail de la digestion ne l'a pas suffisamment transformée, il demeure impitoyablement fermé.

Le portier d'en haut a mille goûts différents. Il tire le chapeau aux meringues, et le cordon aux ailes de poulet. Frits, rôtis, bouillis, mous et croquants, sucrés et salés, à l'huile, au beurre, au vinaigre, il a des amis de toutes sortes, qu'il accueille à tour de rôle; et bien nous en prend, car il nous fait part de ses réjouissances.

Le portier d'en bas, qui travaille pour lui seul, obscur et ignoré au fond de son trou noir, le portier d'en bas n'a qu'un goût, il ne connaît qu'un ami, c'est une pâte grisâtre, demi-liquide, d'une odeur fade toute particulière, assez peu régalante pour tout autre que lui, que l'on appelle *le chyme*, je ne sais pas trop pourquoi, et en laquelle se transforment invariablement tous les aliments, quels qu'ils soient, les délicats comme les grossiers. La poularde truffée du grand seigneur fait le même chyme, il ne s'en faut guère, que le pain noir du charbonnier, et si le palais du premier est mieux partagé que celui du second, leurs deux pylores goûtent à la même sauce. L'égalité se retrouve de bonne heure, comme vous le voyez.

Pous avoir droit au passage, il faut donc que les substances contenues dans l'estomac soient amenées à l'état de chyme, le seul qui puisse trouver grâce devant le pylore; et comme, dans l'immense variété de nos aliments, les uns se changent en chyme bien plus vite que les autres, il s'ensuit qu'en vertu de ce tact particulier, auquel il n'est pas facile de donner le change, le pylore laisse passer les uns, et renvoie les autres, jusqu'à ce qu'ils se soient faits chyme. D'une bouchée de pain et de viande, par exemple, avalée d'un seul coup, le pain est déjà loin depuis longtemps que la viande est encore à se morfondre dans l'estomac, attendant cette transformation sans laquelle le pylore demeure fermé pour elle.

Cela doit vous donner à réfléchir sur le danger d'avaler à l'étourdie des objets qui, de leur nature, ne sont pas destinés à se changer en chyme, surtout s'ils sont trop gros pour pouvoir, comme fait un noyau de cerise, se dissimuler dans la pâte, et passer en cachette devant le pylore, sur lequel nous ne pouvons rien, n'oubliez pas cela. Le pylore leur ferme sans façon la porte au nez. L'estomac se trouverait condamné à les garder indéfiniment, si, à force de tentatives et de supplications, ils ne parvenaient à fléchir à la longue le farouche gardien, qui finit par s'habituer à eux, et veut bien, dans un moment d'abandon, les laisser passer en contrebande, comme un douanier des frontières, qui ferme parfois les yeux sur le paquet de tabac du paysan son camarade. Mais que de souffrances pour le propriétaire de l'estomac, avant que la connaissance soit faite, et que le douanier se soit laissé séduire !

Je me rappellerai toute ma vie l'histoire dramatique d'un noyau de pêche qui m'a été racontée en 1831. J'étais alors la moitié d'un grand garçon au collége Stanislas, et, la révolution de juillet aidant, on venait de découvrir à la fin qu'il était bon pourtant d'enseigner les lois de la nature aux enfants. En conséquence, pour la première fois, depuis le commencement des colléges, un professeur d'histoire naturelle venait faire concurrence à la version grecque et aux vers latins. Je vous laisse à penser si nous étions tout oreilles à ses leçons. Or, arrivé au pylore, dont ni moi ni les autres nous n'avions jamais entendu parler, et nous exposant, comme je le fais maintenant, le danger de ces gloutonneries imprudentes, il nous cita l'exemple d'une dame qui avait avalé par mégarde un noyau de pêche. Pendant plus de deux ans, elle fut tourmentée de douleurs d'estomac qui ne lui laissaient ni repos ni trêve. Le malheureux noyau, repoussé par les parois de l'estomac que son contact irritait, venait donner à chaque instant de la tête contre l'entrée du pylore, et toujours en vain. Se changer en chyme, il n'y avait pas moyen d'y penser, il était bien trop dur pour cela ; et sa course éternelle allait toujours, et, avec elle, les souffrances sans cesse renouvelées de la malade, qui dépérissait à vue d'œil. Les médecins, qui ne savaient plus qu'y faire, et dont tous les médicaments s'étaient trouvés impuissants, comme vous pouvez bien le penser, commençaient à désespérer de ses jours, quand un beau matin, tout à coup, elle se trouva délivrée de son mal comme par enchantement. Le noyau de pêche venait de séduire le portier, devenu familier avec ce vieux camarade de deux ans. Il avait franchi la terrible passe; et la pauvre dame était sauvée. Mais il était temps!

Je doute, chère petite, que cette histoire, très-capable assurément de vous guérir à tout jamais de la fantaisie d'avaler des noyaux de pêche, vous fasse la même impression qu'elle m'a faite, il y a vingt-cinq ans. C'est presque involontairement que l'idée m'est venue de vous la raconter. Elle m'a reporté à l'époque où, comme vous aujourd'hui, j'ouvrais mon intelligence à la révélation des merveilles mystérieuses qui sont cachées en nous; et vous saurez plus tard avec quel charme on revient par la pensée à ces premiers épanouissements de la vie intellectuelle, à cette délicieuse enfance de l'esprit en nourrice, plus riche encore en souvenirs, et plus intéressante mille fois que l'enfance du corps. C'est un plaisir que je me suis donné cette fois, et si j'ai été assez heureux jusqu'à présent pour vous faire plaisir de temps en temps, il ne faut pas me chicaner sur celui-là.

A cette heure, nous avons, comme mon noyau, franchi la passe. Nous voilà hors de l'estomac; mais tout n'est pas fini, et nous en verrons bien d'autres en avançant.

LETTRE X

LE TUBE INTESTINAL

J'ose espérer, ma chère enfant, que le jour se fait davantage dans votre esprit, à mesure que nous avançons dans notre petit voyage. Vous devez commencer à comprendre de quelle façon les aliments broyés et dissous dans la bouche, cuits, pétris, décomposés dans l'estomac, transformés en pâte molle et claire, vont bientôt se trouver en état de se mêler au sang, pour réparer les pertes qu'il fait continuellement dans sa course continuelle à travers toutes les parties du corps.

De poularde truffée devenir chyme, c'est tomber bien bas, avez-vous pensé. Pas si bas pourtant, puisque c'est le chemin à prendre pour devenir homme. Il fallait d'abord que les substances destinées à l'honneur de s'incorporer à notre machine brisassent les liens qui les retenaient à l'état de poularde et à l'état de truffe, pour devenir disponibles et acquérir le droit de s'engager dans de nouveaux liens, comme un homme qui veut entrer dans une nouvelle patrie doit rompre d'abord avec l'ancienne. Ces aliments, dont nous parlions la dernière fois, qui font tant de façons, qui se laissent prier si longtemps avant de se changer en chyme, et que nous appelons indigestes, parce qu'ils fatiguent l'estomac plus que les autres, sont précisément ceux dont les substances, retenues par des liens plus solides, s'obstinent à rester comme elles sont, et ne veulent pas consentir à une dissolution, condition première de leur transformation glorieuse.

Le spectacle auquel vous assistez aujourd'hui, vous le retrouverez désormais partout, si loin qu'il vous plaira de suivre l'étude de la nature. Dieu n'a qu'une façon de travailler dans ses œuvres, du moins nous n'en connaissons qu'une. Il détruit pour refaire, construit ce qui sera avec les débris de ce qui a été, fabrique la vie avec la mort, si je puis m'exprimer ainsi, et ce qui se passe en petit dans notre estomac se passe en grand dans le monde entier.

Les sociétés humaines n'échappent pas plus que le reste à cette loi universelle, et ce n'est pas toujours un avantage pour elles de ne pas vouloir se laisser digérer dans le grand estomac du temps.

Tenez, pendant que nous en sommes là, et pour vous faire voir une fois de plus combien cette petite histoire du manger, racontée tranquillement en famille, peut étendre ses griffes à droite et à gauche sans sortir de son terrain, savez-vous pourquoi la France est aujourd'hui un pays si fort et si vivant, tenant tant de place dans le monde, et forçant ses jaloux eux-mêmes à regarder sans cesse de son côté? C'est que les mille petites sociétés dont elle se composait au moyen âge ont consenti de bonne grâce à se laisser digérer, à se dissoudre et à périr, pour revivre toutes ensemble d'une vie mille fois plus belle et plus grande. Et savez-vous aussi pourquoi l'Allemagne, la terreur des petits enfants qui apprennent la géographie, avec une population plus nombreuse, plus éclairée sans contredit et plus morale, avec des légions d'hommes éminents en tout genre, ne marche qu'après la France en définitive, bien qu'elle en dise? C'est que l'Allemagne est un composé de petites sociétés indigestes, qui ont tenu bon jusqu'à présent contre tous les efforts du temps pour les dissoudre; c'est que chacune veut garder sa forme à elle, et qu'elles se débattent toutes pour ne pas se fondre en ce chyme nourricier qui seul peut fournir la force et la vie au cœur d'un peuple.

Revenons bien vite au pylore, si nous ne voulons pas être grondés. Aussi bien vous allez trouver à la fin que je vous sers aujourd'hui une nourriture dont la digestion sera un peu difficile pour vous, mais il ne faut pas non plus ne donner que des échaudés à votre esprit : je ne vois pas de mal à ce que de temps en temps il s'exerce à mordre dans quelque chose qui le fasse un peu travailler.

Donc le pylore livre passage aux aliments quand ils sont devenus chyme, c'est-à-dire quand ils ont perdu leur forme et leur existence première.

Les voilà morts! comment vont-ils revivre?

Derrière le pylore, s'étend un long conduit rond, un tube, si vous aimez mieux, si long, si long qu'il a sept fois la longueur du corps entier : aussi est-il replié bien des fois sur lui-même de manière à former comme un gros paquet qui remplit tout le ventre, ou, comme on dit encore, l'abdomen. Ce paquet a un nom que tout le monde connaît : l'intestin; et on le divise en deux parties : l'intestin nommé *grêle*, c'est-à-dire mince et effilé, qui commence au pylore et forme à lui seul tous les replis du paquet; et le *gros intestin*, plus court, mais plus gros, comme son nom l'indique, qui fait en quelque sorte bande à part, bien qu'il ne soit en réalité que la continuation du premier. Il part du bas de l'abdomen, tout près de la hanche droite, remonte en droite ligne jusqu'à la hauteur de l'estomac, sous lequel il passe en faisant un grand coude en avant de l'intestin grêle, et redescend par la gauche jusqu'au bas du tronc, où il se termine.

Vous me demanderez comment s'y prend le chyme pour grimper dans les replis de ce tube tant de fois contourné, qui remonte et descend à chaque instant. Ne vous inquiétez pas, il n'a qu'à se laisser faire. Ce mouvement vermiculaire que nous avons vu dans l'œsophage, que l'estomac nous a présenté ensuite, nous le retrouvons encore ici. Il règne, pour bien dire, d'un bout à l'autre de notre machine intérieure à manger, que j'appellerai maintenant avec votre permission le *tube intestinal,* parce que c'est le nom que lui ont donné les savants. Il prend l'aliment au sortir de la bouche et ne le quitte plus, jusqu'à ce qu'il l'ait amené tout doucement au bout du gros intestin.

Si vous aviez un ventre de verre, à travers lequel on pût regarder travailler l'intestin, il vous semblerait voir comme un grand, un immense ver roulé en paquet sur lui-même, et remuant constamment de tous ses anneaux à la fois. Vous ne vous seriez pas doutée de ce mouvement, et pourtant il dure depuis que vous êtes au monde et ne cessera qu'avec votre vie. Rien ne dort, voyez-vous, au dedans de votre corps, même quand vous dormez. C'est un atelier en permanence, où l'on travaille pour vous sans relâche le jour comme la nuit; et, pour vous le dire en passant, c'est un bel exemple que le dedans donne au dehors. Vous vous rappelez ce que je vous disais l'autre jour de la république intérieure, et des provinces que vous gouvernez. Ce serait bien honteux pour le petit royaume de rester à ne rien faire, pendant que la petite république travaille si bien; et une reine qui entend son métier doit se piquer d'honneur pour chasser la paresse de ses États personnels : on ne connaît pas ce mot-là chez ses voisins.

Le chyme, une fois engagé dans ce conduit mouvant,

est si peu en danger d'y demeurer stationnaire, qu'il y avait plutôt à craindre qu'il ne fît le voyage trop lestement : vous saurez tout à l'heure pourquoi. Mais on y a pourvu. Sur tout le trajet et principalement au commencement, il rencontre de distance en distance des espèces de panneaux élastiques, qui lui barrent le passage, et qu'il ne peut dépasser qu'après s'être accumulé à leur pied, jusqu'à ce qu'il se trouve enfin de force à les pousser devant lui. De cette façon, il se voit arrêté à chaque instant, et pendant ce temps s'accomplit sur lui à loisir un travail de la plus haute importance.

Il faut vous dire d'abord que les substances dont se composaient les aliments, détruits dans l'estomac, ne sont pas toutes appelées à entrer dans notre sang. Nos aliments sont un peu comme ces pierres que les chercheurs d'or de la Californie réduisent en poussière, pour en retirer les parcelles d'or qu'elles contiennent. L'or des aliments, c'est la partie dont le sang peut faire son profit : le reste n'est bon qu'à jeter : et ceci vous explique pourquoi une petite tranche de viande vous nourrit davantage que toute une assiette de salade. La viande est une pierre toute remplie d'or, la salade en a quelques veines à peine par-ci par-là : de ce qu'elle apporte dans l'intestin il faut jeter presque tout.

Or, c'est au commencement de l'intestin grêle, dans la partie que l'on appelle *duodénum*, d'un mot latin qui signifie douze, parce qu'elle a à peu près la longueur de douze travers de doigt, c'est là que se fait le triage entre les parties qui doivent aller au sang, et les parties de rebut qui ne peuvent servir à rien. C'est une opération importante, comme vous pensez bien, et si le chyme avait traversé l'intestin grêle au galop, l'or courait risque d'être emporté avec le rebut.

Après la station dans l'estomac, les substances font encore une halte dans le duodénum, qui se serait trouvé bien embarrassé pour les loger, mince et fluet comme il est, quand vient le moment du grand passage, une heure ou deux après le repas, si ses parois ne jouissaient pas de la propriété de s'étaler, à tel point qu'il se gonfle, dans les grandes occasions, jusqu'à la taille habituelle de l'estomac. Aussi quelques-uns l'ont-ils considéré comme un second estomac. Et de fait, l'opération dont il est le siége lui donne bien quelque droit à ce titre honorable. C'est lui qui met la dernière main à l'œuvre de l'estomac, et l'on peut dire que, sans lui, il n'y aurait rien de fait.

Au-dessus du duodénum, cachée derrière l'estomac, est une espèce d'éponge, du genre de celles que nous avons observées dans la bouche. On lui a donné le nom assez ridicule de *pancréas;* je dis ridicule, parce qu'il vient de deux mots grecs qui signifient *tout chair;* or le pancréas, qui est aussi une sorte d'éponge dans le genre des glandes salivaires, offre l'aspect d'un paquet grisâtre et granuleux, qui n'est rien moins que charnu. Quoi qu'il en soit de son nom, notre éponge communique avec le duodénum par un petit canal, au moyen duquel elle y verse en abondance, quand le chyme s'y accumule, un liquide tout à fait semblable à la salive de la bouche.

Tout à côté de l'endroit où le canal du pancréas débouche dans le duodénum, en arrive un autre qui apporte aussi son liquide : celui-là vient du foie, où se fabrique la bile, une vilaine liqueur d'un vert jaunâtre, dont vous devez connaître déjà le nom, et qui joue un grand rôle dans la transformation des aliments.

La bile et le foie sont trop importants pour que ce soit assez d'en dire deux mots : ma prochaine lettre commencera par eux. Pour ne pas vous laisser plus longtemps l'esprit en suspens, je puis bien vous dire cependant que le triage de l'or et du rebut se fait de lui-même dans le chyme, dès qu'il a reçu les deux liquides fournis par le foie et le pancréas. De quelle façon, par exemple? Je vous avouerai à ma honte que je ne me charge pas de vous l'expliquer. Il se passe là un travail chimique : un peu plus tard, j'aurai l'occasion de vous expliquer ce mot-là. Mais le bon Dieu est un plus grand chimiste que nous, et nous n'avons pas encore découvert son secret.

Du reste, chère enfant, il faut vous préparer d'avance à rencontrer bien d'autres mystères encore, si nous poussons jusqu'au bout notre étude de ce petit morceau de chair et d'os qui fait le corps de l'homme. Je me rappelle en ce moment ce mot sur Saint-Just, qui *portait sa tête comme un Saint-Sacrement,* à ce que disait Camille Desmoulins : on vous apprendra plus tard aussi qui étaient ces deux hommes-là. Je ne veux pas vous dire précisément d'en faire autant, parce qu'on se moquerait de vous; mais à un certain point de vue, il n'avait peut-être pas tout à fait si tort. Notre corps est vraiment un temple où Dieu réside, non pas inactif, et dérobant sa présence, mais vivant et sans cesse agissant, veillant pour nous à l'accomplissement mystérieux des lois éternelles qui conduisent le soleil dans le ciel, et font ramper le chyme dans l'intestin. Nous mangeons, nous autres, mais c'est Dieu qui nous nourrit.

LETTRE XI

LE FOIE

Est-ce que nous ne nous ennuyons pas un peu, ma chère enfant, de rester si longtemps enfermée dans ce vilain tube intestinal, où ce qui avait si bonne mine sur l'assiette n'est plus reconnaissable, et où il n'est question que de chyme, de bile et de pancréas, de toutes sortes de choses qui ne plaisent pas du tout à l'œil, et pas beaucoup à l'oreille?

Que voulez-vous? c'est un peu l'histoire de tout ce qui est utile. Les gens qui vous font vivre en ce monde ne sont pas toujours les plus beaux, et dans le petit monde que vous portez au dedans de vous, c'est encore la même chose.

Du reste, encore un peu de courage! nous touchons à la fin. Bientôt nous allons suivre la partie nourrissante des aliments dans son voyage pour aller rejoindre le sang, et nous verrons de nouveaux pays.

Auparavant, parlons un peu du foie, votre fabricant de bile, et d'abord de l'emplacement qu'il occupe.

L'intérieur de notre corps est partagé en deux grands compartiments, placés en étage l'un au-dessus de l'autre, la poitrine et l'abdomen. Ce sont deux appartements tout à fait distincts, ayant chacun sa classe particulière de locataires : dans le premier habitent le cœur et les poumons, dont nous allons bientôt voir le métier ; dans le second, l'estomac, les intestins, et tout ce qui travaille avec eux à la digestion. Ces deux étages d'appartements sont séparés, comme les nôtres, par un plancher établi un peu au-dessus du creux de l'estomac. C'est un grand muscle, mince et plat, tendu, comme une toile, dans toute la largeur du corps, et qu'on appelle *le diaphragme*. Encore un mot bien difficile ! mais n'importe, il faut à toute force le retenir, car nous en aurons grandement besoin quand nous en serons aux poumons. C'est bien dommage du reste que vous ne soyez pas une petite Grecque, car il vous paraîtrait tout simple. Il veut dire en grec : séparation. C'est comme si vous disiez : la cloison de séparation, ou, selon mon expression de tout à l'heure : le plancher.

Tout ceci est pour arriver à vous dire que le foie est accroché dans l'abdomen au diaphragme. C'est un très-gros personnage qui remplit, à lui seul, tout le côté droit de son compartiment, depuis le haut jusqu'à l'endroit où finissent les os qui protégent l'abdomen de chaque côté, et que l'on appelle *les fausses côtes*. Mettez-y la main, vous n'aurez pas de peine à les trouver.

Tout gros qu'il est, le foie ne tient à rien qu'à un point du diaphragme, et il ballotte dans le ventre au moindre mouvement que nous faisons. C'est en partie pour cela que l'on n'aime pas généralement à dormir sur le côté gauche, surtout quand on a bien mangé, parce que dans cette position le foie vient tomber sur l'estomac, et l'écrase de son poids, comme un gros homme qui dort dans une diligence vient écraser son voisin, dès que la voiture penche un peu de côté. Le foie fait alors en dedans le même effet qu'un chat qui viendrait se coucher sur le creux de votre estomac, et cela vous donne bien souvent le cauchemar.

Le foie est d'un rouge très-foncé. C'est un amas de petits grains excessivement fins, dont la réunion forme une masse assez compacte, et à l'intérieur de chacun desquels est une petite cellule, invisible à l'œil nu, où s'accomplit mystérieusement une opération du plus haut intérêt pour nous. Elle paraît bien simple, et cependant personne encore n'a pu l'expliquer. Écoutez bien cependant. Expliquée ou non, la chose en vaut la peine, et nous allons la reprendre d'un peu haut.

Je vous ai parlé de ces mille ouvriers qui travaillent sans cesse dans toutes les parties de notre corps, et qui disent toujours au sang : « Apporte, apporte. » C'est même uniquement, s'il vous en souvient bien, pour mettre le sang en état de toujours apporter, que nous mangeons. Ceci bien convenu, il n'est plus difficile de s'expliquer pourquoi l'on grandit. Le difficile serait plutôt d'expliquer pourquoi l'on ne grandit pas davantage.

Calculez un peu, par exemple, tout ce que vous avez mangé depuis un an. Figurez-vous, rassemblés sur une table, tous les morceaux de pain, les petits et les gros, toute la viande, tous les légumes, tous les fruits, tous les gâteaux, etc., etc. Mettez tout le lait d'un an dans une grande terrine, toute la confiture dans un grand pot, toute la soupe dans une grande soupière, et voyez quel gros tas tout cela va faire ensemble. Puis cherchez à vous rappeler de combien ce tas a fait grandir votre corps, dans lequel il est entré cependant. Mais, à ce compte-là, en supposant que les petits ouvriers n'aient employé que la moitié ou même le tiers du tas, et que le reste soit allé au rebut, vous devriez vous baisser maintenant pour passer sous la porte. Et pour votre papa, c'est encore bien plus fort! Son tas, à lui, serait bien plus gros que le vôtre, et il n'a pas grandi du tout.

Voilà pourtant qui est curieux, et je gagerais bien que vous n'aviez pas réfléchi à cela.

Connaissez-vous déjà une certaine Pénélope, qui était la femme d'Ulysse, un roi grec très-célèbre, dont on parle sur la terre depuis 3000 ans, grâce à un poëte nommé Homère, qui lui a fait l'honneur de s'occuper de lui? Le mari de Pénélope était parti depuis bien longtemps pour aller faire la guerre, et comme il ne revenait pas, on la pressait de se remarier. Pour avoir la paix, elle avait promis de le faire, quand elle aurait achevé une pièce de toile, à laquelle elle travaillait toute la journée. On croyait la tenir bientôt; mais, en épouse fidèle, résolue d'attendre son mari jusqu'à la fin, elle défaisait pendant la nuit ce qu'elle avait fait pendant le jour. Je vous laisse à penser de combien la toile avançait dans un an.

Eh bien! chacune des parties de notre corps est une petite toile de Pénélope, avec ceci de particulier qu'ici c'est la toile elle-même qui se défile par un bout, à mesure que le travail avance à l'autre bout. A mesure que les petits maçons mettent des briques neuves à la maison d'un côté, les vieilles briques s'éboulent d'un autre. De cette façon, le travail peut toujours aller, sans que la maison monte; et, en revanche, la maison est toujours bâtie à neuf. Les gens qui aiment à bâtir, comme on en trouve quelquefois, seraient tout à fait à leur aise avec une maison de ce genre-là.

A votre âge, chère petite, il tombe un peu moins de briques qu'il n'en arrive, et voilà pourquoi vous grandissez un peu chaque année. A l'âge de votre papa, il en tombe juste autant qu'il en arrive, et voilà pourquoi sa taille demeure toujours la même, bien qu'il avale dans son année trois fois plus lourd que lui. Quand je dis trois fois plus, croyez bien que je ne lui fais pas affront, et que je ne le suppose ni trop petit homme, ni trop grand mangeur, vu qu'il y a 365 jours dans l'année, et qu'un litre d'eau pèse 2 livres : je n'ai pas besoin de vous en dire davantage.

— Mais alors que deviennent donc tous les plâtras de cette démolition perpétuelle?

Ce qu'ils deviennent? Et notre intendant? C'est un gaillard plus actif encore que je ne l'avais dit. A l'entreprise de la fourniture générale il joint celle du balayage universel. Seulement pour celui-là il se fait aider. Partout où il passe se pressent des nuées de petits balayeurs, comme lui toujours à l'œuvre, et pendant qu'il allonge en courant la brique neuve au maçon, le petit balayeur escamote la vieille brique et l'emporte plus loin. C'est encore une histoire bien curieuse que celle de ces balayeurs, et nous aurons aussi à en parler un peu plus tard. Ce sont de petits canaux répandus par tout le corps, qu'ils enveloppent comme d'un fin réseau. Ils communiquent tous ensemble, et finissent par verser ce qu'ils contiennent dans un seul grand canal, qui le verse à son tour dans le grand courant du sang. Figurez-vous tous les égouts de Paris venant aboutir à un seul égout qui se jetterait dans la Seine, vous aurez une idée très-juste de ce qui se passe là. De même que la Seine emporte en définitive tout ce qui entre dans les égouts de Paris, de même le sang pour les égouts du corps, et c'est lui le grand balayeur.

Et le sang, que fait-il de tout cela?

Ah! Nous voilà enfin revenus au foie.

Vous avez compris tout de suite que les poches de notre cher intendant ne seraient pas longtemps à s'encombrer s'il les remplissait toujours de ces vieux matériaux usés, dont ses ouvriers ne veulent plus, sans avoir un moyen de les vider. Aussi le bon Dieu lui a-t-il ménagé, à droite et à gauche, dans le corps, des amas de petites chambres, où il dépose, en passant, tous les plâtras qu'il a ramassés, et qui de là sortent du corps, tantôt d'une façon, tantôt de l'autre. Or, les cellules du foie figurent au nombre de ces chambres de décharge. On peut même les compter au nombre des plus importantes.

Quand le sang a fait sa ronde dans le compartiment d'en bas, je veux dire dans l'abdomen, il se réunit de partout, et vient s'engouffrer dans un large canal qu'on nomme *la veine porte*, et qui l'amène au foie. A peine entré dans le foie, ce canal se divise et se subdivise en tous sens, tout à fait à la façon des branches d'un arbre, en partant du tronc. Bientôt le sang finit par se trouver disséminé dans une infinité de petits canaux, dont les dernières extrémités, mille fois plus fines que le plus fin de vos cheveux, viennent plonger dans les petites cellules du foie. Là, chacune des imperceptibles gouttelettes, admises dans ces imperceptibles chambrettes, se débarrasse (comment? nous n'en savons rien) d'une partie des balayures qu'elle traînait avec elle. Cela fait, les gouttelettes de sang enfilent d'autres petits canaux, aussi fins que les premiers, et qui se réunissant toujours les uns aux autres, comme les branches d'un arbre, en allant vers le tronc, forment à la fin un seul grand canal, par où le sang s'échappe du foie, les poches nettes, et prêt à recommencer.

— Mais, allez-vous me dire, que me fait toute cette histoire des balayures du sang? C'était de la bile que vous deviez me parler, de cette liqueur si nécessaire à la transformation des aliments; c'est d'elle que nous avons besoin pour sortir du tube intestinal, comme vous me l'avez promis.

Chère petite impatiente, c'est l'histoire de la bile que je viens de vous raconter, et voilà surtout ce qu'il y a d'admirable ici. Vous avez peut-être entendu parler de ces chiffonniers en gros, qui se font des millions avec les balayures de la rue, en s'arrangeant pour faire sortir une foule de produits utiles des tas d'ordures. Le foie est le maître chiffonnier du corps. Sa bile, cette substance si précieuse pour nous, c'est avec les ordures du sang qu'il la fabrique. Ce n'est pas autre chose que le dépôt laissé par les petites gouttes de sang dans ses innombrables chambrettes. Voyez comme tout cela a été ingénieusement combiné, et comme le bon Dieu sait faire d'une pierre deux coups dans ses inventions !

Maintenant vous connaissez la généalogie de la bile et le double métier du foie, bienfaiteur du sang par ce qu'il lui prend, bienfaiteur du chyme par ce qu'il lui donne, et bienfaiteur à bon marché dans les deux cas, puisqu'il donne précisément ce qu'il a pris. C'était là surtout ce que je tenais à vous apprendre : le reste ira vite.

La bile ne fait pas long séjour dans les petites cellules. Elle s'échappe de son côté par des canaux semblables à ceux qui emportent le sang, sa toilette une fois faite, et se réunissant comme eux les uns aux autres. Le tout vient aboutir à un seul canal communiquant avec une petite poche, placée tout contre le foie, où la bile s'accumule, comme en provision, entre les digestions, pour couler ensuite plus abondamment dans le duodénum, quand il a besoin d'elle. La première fois que la cuisinière videra un poulet, demandez-lui qu'elle vous montre cette petite vessie verdâtre qu'elle appelle l'*amer*, et qu'elle a si grand soin de ne pas crever, parce qu'il en coulerait une liqueur *amère*, qui donnerait un goût détestable à tout le poulet. C'est précisément notre poche à bile : aussi c'est contre le foie du poulet qu'on la trouve, et vous pourrez vous convaincre là que la petite provision y est toujours en réserve.

Nous avons en nous une foule de petits télégraphes électriques qui transmettent toutes les nouvelles d'un bout du corps à l'autre, d'une façon encore plus merveilleuse que les nôtres, et dont nous verrons l'histoire un jour. Par leur moyen, la petite poche du foie est avertie en un clin d'œil de l'entrée du chyme dans le duodénum, et sur-le-champ elle renvoie la bile dans le canal qui la lui a confiée et qui aboutit au duodénum. Le nom de ce canal, je vous en fais grâce : il est trop laid. S'il vous intrigue par trop, vous pourrez le demander au médecin, quand vous le verrez, et il sera de mon avis que ce n'est pas un joli nom en français; en grec, je ne dis pas.

Le foie, averti de son côté, redouble alors d'activité, et la bile coule à flots dans le duodénum, où elle se mélange en arrivant avec le courant qui vient du pancréas, comme la Seine avec la Marne à Charenton. Ainsi mélangées, les deux liqueurs roulent sur le chyme qu'elles imbibent de toutes parts, et dès lors, ainsi que je vous l'ai dit, le travail du tube intestinal est terminé. Ce qui est bon pour le sang se trouve séparé de ce qui ne peut servir à rien : il ne reste plus qu'à le faire sortir des intestins. Il est vrai qu'en leur qualité de tubes, ceux-ci sont fermés de tous les côtés; mais ne soyez pas inquiète, il se trouvera bien un moyen.

Avant de vous quitter, il faut que je me débarrasse d'un remords. Je ne vous ai pas dit ce qu'il y avait dans la bile, ni quelle espèce d'ordures le sang laissait dans le foie, et pourtant, puisque vous faites tant que d'apprendre à lire dans le livre trop dédaigné de la vie, il serait bon de savoir cela.

C'est qu'il est aussi bien difficile, chère enfant, de vous conduire par la main à travers tant de merveilles, où tous les secrets de la nature sont en jeu à la fois, et de vous les expliquer, chacune à la place où nous la rencontrons. Elles se tiennent toutes, et marchent ensemble, comme les flots de la mer, qu'une seule haleine soulève tous en même temps.

Quand nous aurons causé des poumons, nous reparlerons du foie.

LETTRE XII

LE CHYLE

Aujourd'hui, mademoiselle, nous allons, pour commencer, faire connaissance avec un mot nouveau. Je vous en aurais fait grâce volontiers, car il n'est ni beau, ni bien fait; mais c'est impossible.

Vous savez que les parrains inconnus de tout ce qu'il y a dans notre corps ont donné à la pâte qui sort de l'estomac le nom assez saugrenu de *chyme*. Nous en avons assez parlé, et vous le connaissez de reste, celui-là. Il paraît que sa tournure leur a plu, car ils y sont revenus, avec un tout petit changement, quand il s'est agi de baptiser la quintessence du chyme, la partie utile qui doit aller rejoindre le sang, ce que nous avons appelé entre nous : l'or des aliments; et ils ont dit : le *chyle*. Je vous donne le mot comme on me l'a donné, et je m'en lave les mains.

Je vous avais dit qu'il se trouverait un moyen pour faire sortir le chyle du tube intestinal. Ce moyen est bien simple. Un gros bataillon de ces petits balayeurs dont nous avons parlé la dernière fois est rangé en bataille tout le long de l'intestin grêle, et surtout aux alentours du duodénum. Là, mille petits canaux viennent percer en tous sens la tunique de l'intestin, et sucent, comme autant de petites gueules toujours béantes, les gouttes de chyle, à mesure qu'elles se forment. On les a nommés *vaisseaux chylifères,* ou porte-chyle, comme on dit : *calorifère,* ou porte-chaleur, du mot latin *fero*, qui veut dire : je porte. Je vous ai dit qu'il y avait à l'intérieur de l'intestin des panneaux élastiques qui barrent le passage au chyme et l'obligent à faire des haltes à chaque instant. Il y en a même une si grande quantité, et la peau qui tapisse en dedans le tube intestinal fait tant de plis et de replis, que si on l'étalait bout à bout sur une grande table, elle tiendrait pour le moins autant de place que cette autre peau bien connue de vous, qui recouvre en dehors le corps entier. Eh bien! les vaisseaux chylifères se glissent dans tous ces plis et replis. Ils arrivent ainsi au cœur même de la pâte chymeuse, et pas une pauvre petite goutte de chyle ne peut leur échapper. Ils travaillent si bien, que le nettoyage est fait bien avant que la pâte arrive au gros intestin, et quand elle a forcé la porte qui en défend l'entrée, et qui l'empêche ensuite de revenir sur ses pas, le chyle est déjà bien loin. Il s'est faufilé dans les petits canaux, et grimpant toujours de proche en proche, il s'est mis en route vers le cœur où on l'attend.

— Et le reste, que devient-il?

Le reste, ma chère enfant, n'a pas d'histoire. C'est le sort, la punition, si vous voulez, de tout ce qui ne sert à rien. C'est ce qui arrive aussi à tous ces gens oisifs à la fois, et de la tête, et des bras, et du cœur, qui passent dans le monde sans lui rien donner. Inutile et honteux fardeau de la terre, la nature les expulse de son sein quand l'heure est venue, et voilà tout; l'on n'en parle pas autrement. Mais celui qui a fourni sa part, si petite qu'elle soit, à la vie commune de l'humanité; celui qui a enrichi d'une découverte, d'un procédé utile, d'un bon exemple, d'une idée juste, ce patrimoine universel que les hommes se repassent les uns aux autres de génération en génération; celui qui a mis la main au triomphe d'une vérité, frappé sur une injustice, éteint une haine, allumé dans une âme le feu sacré de l'étude et de l'honneur, celui-là ne sort pas ainsi du monde, qui a reçu quelque chose de lui. Si les livres ne parlent pas toujours de sa personne, perdue dans la foule des actifs de tous les temps et de tous les pays, il a été l'un des ouvriers de l'histoire humaine, et cette histoire-là, c'est la sienne, que son nom y figure ou non.

Suivons donc les destinées de ce brave chyle, qui s'est mis en état d'alimenter la vie du corps, et dont chaque goutte va devenir du sang, de ce sang qui fait battre notre cœur, nourrit nos membres et met en jeu les fibres de notre cerveau. Quant au reste, laissons-le achever obscurément un voyage au bout duquel il n'y a rien.

Il faut vous dire d'abord que le chyle, au sortir de l'intestin, est à peu près semblable à du lait. C'est un suc blanc un peu gras, offrant, quand on le regarde de bien près, l'aspect d'une sorte de petit-lait dans lequel nagent une foule de globules, ou de petites boules, si vous aimez mieux, d'une petitesse infinie. Des curieux, de ces gens qui veulent tout savoir, et à tout prix, y ont mis le bout de la langue, et, grâce à eux, je puis vous apprendre qu'il a un petit goût salé, si cela peut vous faire plaisir.

Tel qu'il est là, c'est du sang déjà né, si je puis m'exprimer ainsi, mais dont l'éducation n'est pas encore faite, pour continuer la comparaison. Tous les éléments du sang s'y trouvent déjà, mais pêle-mêle et mélangés ensemble, de sorte qu'on ne peut les reconnaître encore. Chose merveilleuse! et dont je n'ai pas d'explication à vous donner, parce que c'est encore là un de ces nombreux mystères qui s'accomplissent silencieusement en nous, l'éducation de ce sang nouveau-né commence toute seule dans les canaux qui l'apportent. Ses éléments se mettent en ordre, et se groupent d'eux-mêmes dans le trajet. Bref, le chyle, au moment de sortir des vaisseaux chylifères, ressemble déjà bien plus au sang que lorsqu'il y est entré, sans qu'on puisse dire au juste comment cela s'est fait. Son blanc s'est même déjà coloré d'une teinte rosée, et, si on le met alors à l'air, on le voit rougir légèrement, comme pour avertir l'observateur de ce qu'il allait devenir.

Vous savez déjà que tous nos balayeurs, en se réunissant les uns aux autres, finissent par aboutir à un seul grand canal qu'on appelle le *canal thoracique*. Les balayeurs du chyle y arrivent comme leurs compagnons, et là, notre pauvre ami se trouve confondu un moment avec toute l'écume du corps, comme cela arrive quelquefois parmi les hommes à ceux qui se dévouent pour les autres. Mais c'est une épreuve d'un instant. A quelques pas plus loin, le canal thoracique verse le tout ensemble dans une grosse veine située près du cœur, et le sang n'a pas de peine à reconnaître ce qui est à lui.

—

Ici, chère petite écolière, nous arrivons à la fin de la première partie de notre histoire. Manger, c'est se nourrir, je veux dire c'est fournir à toutes les parties du corps les substances dont elles ont besoin pour s'acquitter de leurs fonctions. Ces substances, la bouche les reçoit à l'état brut, et le tube intestinal les prépare : le sang les distribue.

Après l'histoire de la préparation vient naturellement celle de la distribution.

La première s'appelle la DIGESTION. C'est l'histoire du chyle, qui commence entre l'index et le pouce, alors qu'il est encore invisible et caché dans les mille prisons de nos aliments, qui finit au canal thoracique, quand dégagé de ses liens, purifié, raffiné, par les épreuves de la vie intestinale, il s'élance dans le sang qu'il vient rajeunir.

La seconde s'appelle la CIRCULATION. C'est l'histoire du sang, ce coureur infatigable, qui *circule* constamment, en décrivant un cercle (les Latins disaient *circulus*), à travers le corps, c'est-à-dire en revenant sans cesse sur ses pas, sortant du cœur pour y revenir, y rentrant pour en sortir de nouveau, et toujours ainsi jusqu'à la mort.

L'histoire de la digestion, que nous venons de faire, se poursuit tranquillement d'un bout à l'autre, sans complication.

L'histoire de la circulation que nous allons faire se complique d'une autre histoire, dont on ne peut guère la séparer, en racontant, bien qu'elles soient toutes les deux très-distinctes au fond.

Le sang décrit deux cercles, pour bien dire : 1° un grand, qui va des extrémités du corps au cœur, et du cœur aux extrémités; 2° un petit, qui va du cœur aux poumons, et des poumons au cœur. En circulant dans les poumons, il y rencontre l'air que nous respirons, et là se passe, entre l'air et lui, une des choses les plus curieuses qu'on puisse s'imaginer, et sans laquelle le sang ne pourrait pas nourrir le corps cinq minutes. On lui a donné le nom de RESPIRATION, qui s'explique de lui-même.

Digestion, circulation, respiration, les trois histoires réunies n'en forment qu'une seule : la NUTRITION, ou l'acte de nourrir.

C'est ce que j'ai appelé *manger*, en débutant, pour ne pas vous effaroucher dès l'abord avec des mots trop solennels; mais maintenant que nous commençons à devenir savante, il faut nous habituer aux mots dont se servent les savants, surtout quand ils ne sont pas plus terribles que ceux-là.

Nous verrons donc, à la prochaine fois, la circulation, et nous commencerons par le cœur, qui est à la circulation ce que l'estomac est à la digestion, c'est-à-dire le maître. C'est un grand personnage que le cœur, je n'ai pas besoin de vous l'apprendre. Les plus ignorants n'en parlent qu'avec respect, et je suis sûr d'avance que son histoire vous intéressera.

—

Êtes-vous comme moi, chère enfant? Je me sens tout heureux de vous avoir amenée jusqu'ici, et de pouvoir faire avec vous une halte à la porte du pays nouveau où nous allons entrer, comme un voyageur qui s'asseoit sur une borne frontière. Que de chemin nous avons déjà fait depuis le jour où je vous ai prise par la main pour vous conduire à l'intérieur de ce petit corps, dont vous vous serviez sans le connaître! Que de choses nous avons déjà apprises, et combien il nous en reste encore à apprendre, dont vous ne vous doutez pas! Savez-vous bien même que je serais presque effrayé, en regardant devant moi, si je ne me fiais à mon désir de vous instruire, et à la tendresse que je me sens au cœur pour vous? Aimer les gens, voyez-vous, c'est une grande force, et quand je m'arrête embarrassé par quelque explication, qui ne vient pas assez claire, il me suffit de me remettre sous les yeux cette petite tête rieuse, où sommeille une âme qui va bientôt s'éveiller, pour que le jour se fasse dans la mienne.

Et faut-il vous le dire? ce n'est pas pour vous seulement que je travaille. Nous sommes tous sur la terre pour penser les uns aux autres, et en m'efforçant de faire descendre la lumière dans votre intelligence, et les bons sentiments dans votre cœur, je pense aussi à ceux auxquels vous rendrez plus tard le même service, si j'ai le bonheur de réussir avec vous. Il faudra le faire, n'est-ce pas? Vous tiendrez un jour à compter parmi ceux-là qui ne vivent pas seulement pour eux-mêmes, et qui donnent quelque chose au monde, en le traversant. Croyez-moi, notre journée d'aujourd'hui aura été bien employée si, plus tard, cette histoire du chyle n'est pas perdue pour vous.

LETTRE XIII

LE CŒUR

Il y avait une fois un financier, riche, non pas à millions, mais à centaines de millions et plus, riche à ne savoir que faire de son argent, ce qui n'était encore arrivé à personne.

Il s'était mis en tête de faire bâtir un palais comme on n'en avait jamais vu. Les marbres, les tapisseries, les dorures, les tentures de soie, les tableaux mêmes et les statues, tout ce luxe banal qu'on rencontre à profusion dans le palais du premier roi venu, ne suffisaient pas à ses prétentions. C'était un homme intelligent, qui comprenait fort bien tout le respect dû à son argent, et l'ordinaire des rois lui semblait trop mesquin pour loger sa dynastie, qu'il mettait bien au-dessus de toutes les familles couronnées. En conséquence il avait fait venir des quatre parties de la terre les plus illustres savants, les ingénieurs les plus habiles, les ouvriers les plus consommés en tout genre, et, leur donnant carte blanche pour la dépense, il leur avait commandé d'enrichir son palais de toutes les merveilles de la science et de l'industrie humaines.

La science et l'industrie humaines! et, par-dessus le marché, de l'argent à volonté : on va loin avec cela. Aussi n'était-il bruit à cent lieues à la ronde que de cette habitation magique, dont je ne vous ferai pas la description, parce que cela m'entraînerait trop loin. Il me suffira de vous dire que jamais empereur de la Chine, calife de Bagdad, ni grand Mogol, n'avait été logé comme notre financier; et c'était justice, car il était trois fois plus riche que jamais aucun de tous ces gens-là.

Quand tout fut fini, on s'aperçut d'une petite chose, juste la même que Louis XIV avait rencontrée à Versailles : l'eau manquait. Un dénicheur de sources, appelé sur les lieux, ne put découvrir qu'une rigole souterraine, une façon de boyau en zig-zag, pratiqué par la nature entre deux couches d'argile, et dans lequel les eaux de pluie du voisinage s'amassaient comme dans une sorte de puisard. L'eau n'était ni bien claire, ni bien abondante, comme vous pouvez vous le figurer, et le savant, chargé d'en faire l'examen, ayant commencé par y goûter, déclara, avec une grimace, que ce n'était pas la peine d'aller plus loin, vu qu'elle avait un petit goût de croupi, qui ne plairait certainement pas à Monseigneur.

A la stupéfaction générale, Monseigneur fit un saut de joie en apprenant la fâcheuse nouvelle. On lui proposait de faire venir l'eau d'une rivière qui coulait à quelques lieues de là, toujours comme à Versailles; mais il ne voulut pas en entendre parler. Ce qu'il lui fallait, c'était du nouveau, de l'inattendu, de l'impossible; il avait là justement son affaire. Il prit une plume, et rédigea, séance tenante, le programme suivant qui fit ouvrir de grands yeux à nos pauvres savants :

« 1° On prendra l'eau sur place;

« 2° Elle coulera nuit et jour dans toutes les pièces du palais à la fois;

« 3° Il y en aura assez et elle sera bonne. »

On se regarda quelque temps sans parler, et le plus grave des savants, dont la fortune et l'éducation étaient faites depuis longtemps, ouvrit l'avis de planter là Monseigneur, avec ses écus, pour lui apprendre à se moquer des gens.

Les jeunes gens, moins faciles à décourager, se récrièrent tout d'une voix. Ils déclarèrent que l'honneur de la science était engagé, et qu'il fallait rendre impertinence pour impertinence, en exécutant de tout point ce programme insolent. Enfin, après bien des paroles échangées, après bien des propositions faites en désespoir de cause, et rejetées l'une après l'autre, une inspiration subite traversa le cerveau d'un ingénieur qui n'avait encore rien dit, et voici ce qu'il proposa.

Ce qui manquait à l'eau de la rigole pour être bonne à boire, c'était le mouvement et l'air. Il s'agissait donc d'établir une pompe à mille petits tuyaux, qui irait la chercher dans tous les replis du long boyau où elle croupissait, et qui la refoulerait ensuite dans un tuyau, terminé en pomme d'arrosoir, d'où elle jaillirait pour retomber en pluie fine dans un réservoir en plein air. Là, un autre jeu de pompe viendrait la reprendre, bien aérée, pour la refouler encore une fois dans un gros tuyau à mille ramifications, venant aboutir à toutes les pièces du palais.

Jusque-là tout allait bien ; mais le plus fort n'était pas fait. La grande difficulté, c'était de suffire à cette consommation prodigieuse avec le mince filet d'eau dont on disposait. Notre homme y avait pourvu par un trait de génie. Sous chacun des robinets, toujours ouverts, dispersés du haut en bas du palais, il plaçait une petite cuvette du fond de laquelle partait un tube communiquant avec le corps de la pompe d'appel, qui aspirait l'eau de la rigole. De la sorte, l'eau qui coulait des robinets était reprise aussitôt, et retournait alimenter le réservoir en plein air, d'où elle repartait ensuite pour retourner aux robinets, et toujours ainsi, la même eau faisant continuellement la navette, comme on dit. Avez-vous vu quelquefois, à Franconi, de grandes armées représentées par une centaine de figurants, qui défilent en colonnes serrées devant le public, sortent par un côté de la scène et rentrent par l'autre, toujours à la queue les uns des autres, indéfiniment? C'était par un artifice du même genre que l'ingénieur transformait sa maigre source en fontaine intarissable. Ce qui arrivait de la rigole à chaque aspiration de la pompe suffisait largement à compenser l'eau consommée au passage par les habitants du palais. Enfin, comme il pouvait arriver que lesdits habitants se lavassent parfois les mains sous les robinets, l'eau des cuvettes traversait à son retour une série de petits filtres destinés à la débarrasser de toutes les impuretés qu'elle aurait ramassées en route. Toujours en course, toujours limpide, elle perdait bientôt jusqu'aux dernières traces de son origine et pouvait défier l'eau de toutes les rivières du monde.

Un concert unanime de félicitations accueillit ce plan à la fois si simple et si hardi, et nos savants se croyaient hors d'affaire; mais ils n'étaient pas au bout de leurs embarras. Quand il fut question d'établir la machine, naturellement très-compliquée, qui devait mettre en jeu ce quintuple système de tuyaux, tuyaux de la rigole à la pompe, tuyaux de la pompe au réservoir, tuyaux du réservoir à la pompe, de la pompe aux robinets et des robinets à la pompe, notre financier, qui se piquait au jeu, les conduisit à un petit cabinet noir de quelques pieds carrés, perdu dans un coin des grands appartements, et leur dit en riant qu'il n'avait pas d'autre place à leur donner. Du reste, en raison du voisinage, il entendait bien qu'il ne serait question ni de grille à coke, ni de chaudière à vapeur : il détestait également la fumée de charbon de terre, les incendies et les explosions; ni d'ouvriers employés à la machine : il n'était pas décent qu'on les vît circuler par l'escalier d'honneur; ni surtout de ces affreuses roues d'engrenage toujours grinçant et criant, de ces lourds pistons montant et descendant avec un fracas à donner la migraine : c'était lui-même qui dormait à côté, et le plus léger bruit était fatal à son sommeil. Disant cela, l'homme aux millions leur tira cavalièrement sa révérence.

Pour le coup, nos gens s'avouèrent vaincus. Ils arrivaient tout fiers de leur invention, et voilà qu'au lieu de tomber en extase, on leur répondait par de nouvelles exigences, encore plus ridicules que les premières. Décidément, on les mystifiait. Déjà ils se préparaient à faire leurs paquets, furieux et jurant leurs grands dieux qu'ils n'exposeraient plus la science à se voir la servante bafouée d'un malotru, gonflé d'écus, quand une bonne fée, grande amie des savants, vint heureusement à passer par là. Elle leva du bout du doigt sa baguette enchantée, et tout à coup une petite fille en haillons apparut au milieu de nos savants ébahis. Sans leur donner le temps de se reconnaître l'enfant mit la main dans son pauvre petit corsage tout rapiécé et en tira un objet arrondi, de la grosseur de son poing environ, auquel pendait une infinité de tubes qui s'éparpillaient dans toutes les directions.

— Tenez, dit-elle, voici la machine que votre financier vous demande.

Figurez-vous un petit sac fermé, s'allongeant en pointe par le bout et séparé en deux compartiments bien distincts par une toile qui le traversait à l'intérieur du haut en bas : tel était l'objet apporté par la petite fille. De chacun des compartiments partait un gros tube se ramifiant à l'infini, et ils étaient surmontés chacun d'une espèce de poche où venait aboutir un autre tube du même genre que les premiers. Tout cela se remuait à part, et continuellement, se gonflait et se dégonflait à tour de rôle; et en examinant bien le jeu silencieux de cette singulière machine, dont le pouvoir magique de la fée rendait les parois transparentes pour les assistants, la docte assemblée put se convaincre en quelques minutes qu'elle remplissait toutes les conditions absurdes exigées par le fantasque richard.

Tout marchait à la fois, vous ai-je dit; mais commençons par un bout.

Le compartiment de droite et sa poche représentaient la première pompe, la pompe chargée d'aspirer du même coup l'eau de la rigole et celle des robinets. On distinguait parfaitement les deux systèmes de tuyaux, qui se réunissaient au moment d'arriver à la petite poche. Quand celle-ci se gonflait, il se faisait au dedans d'elle un vide, rempli à l'instant par le liquide du tube qui venait y aboutir (ne demandez pas pourquoi ni comment, je vous expliquerai cela bientôt). Quand elle revenait sur elle-même, le liquide qui venait d'entrer ne pouvait plus revenir sur ses pas, grâce à une disposition très-simple et très-ingénieuse qui demande une petite explication.

Otez la serrure de la porte de votre chambre, qui s'ouvre en dedans, et de la chambre de votre mère poussez-la avec votre épaule : vous entrerez sans difficulté. Mais une fois entré, essayez de pousser encore la porte avec votre épaule pour retourner dans la chambre de votre mère, vous ne pourrez plus passer, parce qu'elle ne s'ouvre pas de ce côté-là.

C'était ce qui arrivait au liquide de la poche.

La porte du côté du tube ne s'ouvrait qu'en dedans, et pressé de tous les côtés à mesure que la poche se resserrait, il se trouvait forcé d'enfiler une autre porte toute semblable, qui conduisait au grand compartiment. Ici, le même jeu recommençait : le compartiment qui s'était gonflé pour le recevoir se resserrait à son tour, et le liquide trouvant le chemin encore barré derrière lui, enfilait, bon gré, mal gré, le tube du réservoir à air. Là commençait le rôle de la seconde pompe, du compartiment de gauche. La petite poche en s'étalant appelait le liquide du réservoir, et le refoulait ensuite dans le grand compartiment, toujours en vertu du même procédé. Celui-ci le chassait par un brusque mouvement sur lui-même dans le grand tube de conduite chargé du service de la distribution universelle. Au bout de celui-là, il était réaspiré par la pompe de droite, etc., etc., etc.

Ainsi que vous le voyez, tout le mécanisme reposait sur deux petites choses, les plus simples du monde, des portes d'entrée ne s'ouvrant que d'un côté, et des enveloppes élastiques s'agrandissant ou se repliant à volonté. Il n'y avait rien de joli à voir comme ce petit sac tout modeste, travaillant ainsi tout naturellement, sans avoir l'air de se douter qu'il venait de résoudre un problème devant lequel tant d'hommes, si fiers de leur science, avaient jeté leur langue aux chiens. Celui-là certes ne faisait pas de bruit. Une fois installé dans son cabinet noir, il aurait fallu mettre la main dessus pour savoir s'il marchait. Monseigneur pouvait en toute sûreté dormir à côté.

— Combien veux-tu de cela? dirent-ils à la petite pauvresse. Fais ton prix, n'aie pas peur; on te le paiera ce que tu voudras.

— Je ne peux pas vous le donner, répondit l'enfant, j'en ai trop besoin : C'EST MON CŒUR. Maintenant que vous l'avez vu, faites-en autant, si vous le pouvez. — Et elle disparut.

On prétend que l'ingénieur, qui tenait à voir son idée exécutée, se fit fort de construire une machine semblable avec du caoutchouc et des fils de fer, et de la faire marcher au moyen de l'électricité. Mais l'histoire ne dit pas qu'il ait réussi, et nous sommes encore à nous demander si l'homme le plus riche de la terre, servi par les premiers savants du monde, aura pu se faire cadeau de la petite merveille que l'enfant déguenillée avait eue pour rien du bon Dieu.

LETTRE XIV

LES ARTÈRES

Si vous avez bien compris la petite histoire de l'autre jour, ma chère enfant, elle vous a dévoilé tout le mystère de la circulation du sang, et vous voilà plus avancée que tous les savants du moyen âge et de l'antiquité, qui ne s'en doutaient pas.

Cela vous paraîtra drôle peut-être que les hommes aient attendu 5 ou 6000 ans avant de s'aviser d'une chose qui les touchait de si près, et qu'il était si facile de deviner. N'est-il pas inouï que tant de cœurs aient battu si longtemps, sans que leurs propriétaires aient éprouvé le besoin de savoir au juste pourquoi? C'est pourtant comme cela. Il n'y a pas beaucoup plus de deux cents ans que l'on connaît le jeu du cœur et la marche du sang, et l'homme qui a attaché son nom à cette grande découverte mérite bien que nous en disions un mot.

Il s'appelait Harvey. C'était un Anglais, médecin du roi Charles Ier qui fut décapité en 1648, et quand il osa enseigner publiquement pour la première fois que le sang circulait sans cesse d'un bout du corps à l'autre, en revenant toujours sur ses pas, ce fut un grand scandale dans le monde. On le traita d'extravagant, de novateur téméraire, de cerveau brûlé. Il ébranlait les anciennes doctrines; il eut pour sa récompense toutes les gentillesses que les hommes prodiguent si volontiers à qui vient leur dire du nouveau, parce que cela les contrarie, voyez-vous, d'être dérangés dans leurs habitudes.

Harvey n'est pas le seul dans l'histoire des hommes qui ait eu le tort d'avoir raison contre les opinions de son époque. La postérité tient compte ensuite des efforts de génie qui ont été faits, et inscrit un nom de plus sur sa liste. Mais il faut payer cette gloire-là de son vivant. On ne peut pas tout avoir à la fois.

C'est là, chère petite, une vieille histoire toujours nouvelle, et pour mon compte, c'est, je vous l'avouerai, un de mes plaisirs de m'amuser à réfléchir combien les trois quarts de nos grands hommes d'aujourd'hui prêteront à rire aux petites filles qui vivront dans deux cents ans d'ici. C'est que le temps est un grand vengeur, qui remet bien des choses et des gens à leur place. Et tenez, puisque nous parlons d'Harvey, je serais curieux de savoir ce qu'aurait répondu du haut de ses plumes, de ses rubans et de ses dentelles, un courtisan de Charles Ier, au faquin qui aurait placé le bonhomme Harvey, avec sa folle invention, au-dessus de sa très-gracieuse majesté, le seigneur et roi de toutes les Bretagnes. Et pourtant que vous importe aujourd'hui la très-gracieuse majesté? que lui devez-vous? en quoi vous intéresse-t-elle? tandis que vous ne sauriez plus maintenant entendre prononcer le nom d'Harvey sans vous rappeler que vous lui avez une obligation. Et dans mille ans d'ici, quand l'espèce humaine aura fait les progrès qu'on est en droit d'attendre d'elle, Harvey sera connu de quiconque aura un cœur, alors que Charles Ier d'Angleterre ne sera plus depuis longtemps qu'une ombre éteinte, un souvenir perdu dans les profondeurs de l'histoire.

Notre dette de reconnaissance payée, retournons au cœur, à ce petit sac fermé qui travaille si joliment. Il faut voir maintenant les noms véritables de tout ce qui a figuré dans notre conte.

Les deux grands compartiments portent le nom de *ventricules,* les deux petites poches celui d'*oreillettes,* et on les distingue par leur position à droite et à gauche; ventricule droit, ventricule gauche; oreillette droite, oreillette gauche.

Les portes intérieures sur lesquelles repose tout le jeu de la machine s'appellent des *valvules.* Plus tard, quand on vous expliquera la pompe, et les machines à vapeur, vous retrouverez ces portes perfides, qui ne laissent plus sortir ce qu'elles ont laissé entrer; mais alors on les appellera des *soupapes.*

Le réservoir en plein air, je n'ai pas besoin de vous le nommer, c'est le poumon où le sang vient se mettre en contact avec l'air.

La rigole souterraine, nous en avons parlé assez longtemps, j'espère, c'est l'intestin grêle où se rassemble le chyle, et les tuyaux qui viennent y plonger, ce sont par conséquent les vaisseaux chylifères, les seuls par lesquels il arrive au cœur quelque chose qui n'en soit pas sorti.

Les tuyaux de distribution, qui partent de la machine pour aller partout, s'appellent chez nous les *artères ;* les tuyaux de retour, qui ramènent l'eau à la machine, s'appellent les *veines*.

Enfin, il n'est pas jusqu'à ces filtres, destinés à purifier l'eau des ordures ramassées, chemin faisant, qui n'existent aussi chez nous. Ce sont ces chambres de décharge dont je vous ai déjà parlé, à propos du foie, où le sang se débarrasse des matériaux hors de service, et d'où il sort les poches nettes, pour rappeler la comparaison dont nous nous sommes servi.

Comme vous le voyez, tout se retrouve, et le tour de force que nos savants avaient imaginé pour satisfaire les caprices orgueilleux de leur financier s'exécute de point en point dans votre corps, et mille fois mieux qu'ils n'auraient pu y arriver à eux tous, en mettant toute leur science au bout de tout son argent.

Je vous disais que le plus malin de la troupe s'était tanté de faire un cœur artificiel; mais, par exemple, ce que je l'aurais bien défié d'imiter, en y dépensant toutes ses ressources, c'est l'inimitable construction des artères et des veines, c'est l'incompréhensible délicatesse de leurs innombrables ramifications.

Parlons un peu de ces merveilleux tuyaux, et commençons par les artères, qui jouent le rôle le plus important.

Avez-vous vu quelquefois un médecin tâter le pouls à son malade? Cherchez bien à votre poignet, un peu au-dessous du pouce, vous trouverez l'endroit, et vous sentirez quelque chose qui bat sous le doigt. C'est une artère qui passe là, et ce petit battement que vous sentez, c'est le contre-coup des battements du cœur. A chaque fois que le ventricule gauche, en revenant sur lui-même, chasse le sang dans les artères, celles-ci, dont le tissu est très-élastique, se gonflent tout à coup, puis se dégonflent, pour recommencer quand il arrive un nouveau jet de sang, de sorte que leur mouvement se règle exactement sur le mouvement du cœur. Il est vrai que les deux mouvements sont en sens inverse, c'est-à-dire que l'artère se gonfle quand le cœur se resserre, et se dégonfle quand le cœur s'élargit, mais cela ne fait rien à ce que veut savoir le médecin. Ce qu'il veut savoir, c'est avec quelle force, avec quelle rapidité bat le cœur de son malade, et je vais vous expliquer pourquoi : c'est un point intéressant de l'histoire de la circulation.

Quand vous étiez toute petite, toute petite, ma chère enfant, votre cœur battait de 130 à 140 fois par minute; puis ses battements sont tombés à 100 par minute, puis à un peu moins. Aujourd'hui, je ne vous dirai pas au juste à quel chiffre il en est, peut-être bien à 90. Quand vous serez une grande demoiselle, il battra à peu près 80 fois par minute; quand vous serez une maman, à peu près 75 fois; quand vous serez une grand'maman, si le bon Dieu vous fait cette grâce-là, de 50 à 60 fois, peut-être moins encore. On cite un vieillard de 84 ans dont le cœur ne battait plus que 29 fois par minute.

Notez bien qu'à tous mes chiffres j'ai pris le soin d'ajouter *à peu près*. C'est qu'en effet le cœur est un capricieux qui n'a pas de règle fixe. Il change de marche à toute occasion. La peur, la joie, tous les sentiments qui agitent l'âme, accélèrent ou retardent ses mouvements, et les dérangements de la santé se reconnaissent à ses allures qui sont infiniment variées. Dans la fièvre, par exemple, qui n'est autre chose qu'une course du sang à bride abattue, le cœur des grandes personnes bat aussi vite que celui des tout petits enfants, quelquefois même encore plus vite. Dans certaines maladies, il va par grands bonds précipités, comme un cheval qui galope; dans d'autres, il trottine par petites saccades; en certains cas, il va au petit pas, et ses secousses sont si faibles qu'on ne les sent presque plus.

Il y a donc là pour le médecin des révélations précieuses. Le cœur est pour lui un confident bavard, qui lui vend le secret des maladies, si bien cachées qu'elles se croient dans le fin fond du corps. Quand le médecin met le doigt sur le poignet de son malade, c'est absolument comme s'il lui mettait la main sur le cœur, avec cette différence que c'est bien moins gênant et bien plus tôt fait.

L'artère du poignet est, en somme, un petit cœur, et cela non-seulement parce qu'elle suit tous les mouvements du grand, mais encore parce qu'elle continue son œuvre, et qu'elle contribue aussi à chasser le sang jusqu'aux extrémités des membres, en le refoulant à son tour chaque fois qu'elle revient sur elle-même. Imaginez une pompe à incendie dont les tuyaux se mettraient de la partie, et refouleraient dans toute leur étendue l'eau qui est lancée sur le feu, vous aurez une idée de la merveilleuse machine qui a été mise à notre service.

Aussi n'allez pas croire que l'artère du poignet soit une artère privilégiée, parce que c'est elle qui a été choisie pour causer avec les médecins. Toutes les autres en sont là aussi bien qu'elles, et si elles ne peuvent pas servir toutes à tâter le pouls, c'est qu'elles sont en général logées dans l'épaisseur du corps, et qu'il n'est pas facile d'aller les y chercher.

Regardez bien votre maman, quand elle fait une malle. Ce qu'elle craint le plus de voir abîmé, elle a bien soin de le mettre au milieu, pour qu'il soit moins exposé aux accidents. C'est ce qu'a fait le bon Dieu avec les artères, qui redoutent infiniment les accidents, tandis qu'il a laissé les veines, qui peuvent mieux supporter un malheur, se promener librement sous la peau. Seulement quand les os prennent toute la place et s'avancent jusqu'auprès de la peau, comme cela arrive au poignet, l'artère est bien forcée de s'aventurer bon gré mal gré à la surface, et nous pouvons alors mettre le doigt dessus.

Du reste, il y en a d'autres qui sont dans le même cas, l'artère du pied, par exemple. Mais figurez-vous un peu comme cela serait agréable d'être obligée d'ôter son soulier, pour donner le pied au médecin !

L'artère qui passe à la tempe, tout contre l'oreille, c'est autre chose ! Celle-là pourrait servir, et je vous la conseille même, quand vous voudrez vous tâter le pouls à vous-même. Elle est encore plus facile à trouver que l'autre, et ses battements sont encore plus sensibles. Mais tout posé, il vaut mieux pour le médecin prendre son monde par la main que par la tête. Pure affaire de convenance, comme vous voyez!

Je veux maintenant vous faire connaître les principales artères, et la manière dont elles distribuent le sang dans le corps.

Tout le sang qui est chassé par le ventricule gauche, à chacun de ses resserrements, passe dans un seul grand canal qu'on appelle l'*aorte*. L'aorte s'en va d'abord en montant, puis elle se recourbe sur elle-même, et de cette courbure, qu'on appelle la *crosse de l'aorte* parce qu'elle rappelle assez bien le haut de la crosse d'un évêque, partent à droite et à gauche des rameaux qui portent le sang dans les deux bras et de chaque côté de la tête; ce sont les prolongements de ces quatre rameaux dont nous sentons les secousses avec le doigt aux deux poignets et aux deux tempes.

Une fois le service d'en haut assuré, l'aorte se met à redescendre. Mais vous concevez de quelle importance il était que cette artère-maîtresse, la nourricière du corps entier, fût à l'abri de tout accident. L'aorte coupée, c'est la mort sans rémission; autant vaut qu'on vous coupe la tête : aussi lui a-t-on ménagé la meilleure place, c'est-à-dire la plus sûre. Vous connaissez sans doute ce que l'on appelle l'*épine du dos* et aussi la *colonne vertébrale*, parce que cela fait comme une espèce de colonne, composée d'une série de petits os attachés ensemble, et qu'on nomme les vertèbres. Tâtez un peu pour voir comme c'est solide, et combien il y a peu de dangers à courir quand on est derrière : eh bien! c'est là le rempart qui a été donné à l'aorte. Elle se glisse, en descendant, derrière le cœur, et va se loger tout contre la colonne vertébrale qu'elle suit tout le long du dos, jusqu'à la hauteur des reins. Là elle est pour ainsi dire inattaquable : aussi n'y a-t-il presque pas d'exemples d'une blessure à l'aorte; il faudrait pour l'atteindre un de ces coups, comme on en donnait du temps des Croisades, qui vous partageaient le corps en deux. L'aorte y passait alors naturellement avec le reste, et, ma foi! ce n'était plus beaucoup la peine d'en parler, malheureusement.

Quand vous verrez un poisson sur la table, demandez qu'on vous montre la grande arête du milieu. C'est la colonne vertébrale du poisson, et elle peut vous donner une idée de la vôtre, car elle est construite sur le même plan. Vous apercevrez un filet noirâtre qui court le long de l'arête : c'est l'aorte.

Chemin faisant, l'aorte distribue sur son passage un grand nombre d'artères qui portent le sang dans toutes les parties du tronc. Arrivée aux reins, elle fait la fourche, elle se partage en deux gros rameaux qui continuent à descendre, chacun de son côté, jusqu'à l'extrémité des deux pieds.

Comme vous le voyez, chère petite, cela n'est pas bien difficile à retenir. Une grande fourche dont les deux pointes sont au bout des pieds, dont le manche se recourbe en crosse dans le haut, et de cette crosse quatre branches qui partent pour aller aux deux bras et aux deux moitiés de la tête : voilà toute l'histoire. Mais ce serait tout différent, si je voulais entrer dans le détail des ramifications.

C'est là pour le coup que tous les ingénieurs passés, présents et futurs, sont battus à plate couture!

Choisissez sur votre corps la place que vous voudrez et enfoncez-y l'aiguille la plus fine que vous pourrez trouver, que sortira-t-il de la piqûre?

— Merci de l'invitation! je n'ai pas besoin d'essayer pour savoir qu'il viendra du sang.

— Vous dites cela bien lestement, mademoiselle; mais vous êtes-vous jamais demandé ce que cela veut dire qu'on soit sûr d'avance de faire venir le sang, n'importe où l'on se pique? Cela veut dire qu'il n'y a pas sur votre corps une place de la largeur d'une pointe d'aiguille qui n'ait son petit canal rempli de sang; car s'il y en avait une, l'aiguille passerait sans déchirer le canal et faire sortir le sang. Et maintenant comptez combien il y a de places, du haut en bas de votre charmante petite personne, où l'on puisse faire tenir une pointe d'aiguille, et quand vous aurez compté, n'allez pas croire que vous avez le nombre des canaux du sang. Comparée à eux, l'aiguille est un pieu informe qui en déchire sur son passage, non pas un, mais des milliers.

Cela vous paraît un peu fort, n'est-ce pas? laissez-moi justifier ma hardiesse. Une pointe d'aiguille, c'est bien fin; mais celui qui ne la verrait pas sans lunettes aurait une bien mauvaise vue. Les dernières divisions des canaux du sang, les meilleurs yeux du monde, y compris les vôtres, ne peuvent pas les voir, tant elles sont fines.

Vous vous étonnez : ce n'est rien encore!

Vous avez peut-être entendu parler du microscope, de ce merveilleux instrument avec lequel on aperçoit les objets mille fois, cent mille fois, un million de fois, au besoin, plus gros qu'il ne sont réellement. Avec le microscope, cela va sans dire, on aperçoit ces canaux qui échappaient à la vue. Mais, hélas! on découvre en même temps que ce ne sont pas encore là les dernières divisions. Ces canaux, invisibles pour nous, se subdivisent en d'autres, puis ceux-ci en d'autres encore, puis toujours ainsi, et à la fin.... l'homme au microscope ne voit plus rien, et les subdivisions continuent toujours.

Vous vous seriez volontiers récriée à propos de ces milliers de canaux qu'une aiguille déchire en passant; si j'avais dit des millions, je ne serais pas encore bien sûr d'avoir dit toute la vérité.

Du reste, vous comprenez bien qu'avec le métier que fait le sang, s'il y avait un atome de notre corps où il n'arrivât pas, cet atome ne serait pas nourri ; que dis-je : nourri? je vous ai fait là une supposition inadmissible ; cet atome n'existerait pas, car c'est le sang qui les a tous apportés.

Ces imperceptibles canaux du sang, on les a appelés *capillaires*, du mot latin *capillus*, qui veut dire cheveu, parce que les premiers savants, qui ne se doutaient pas des merveilles que le microscope devait un jour nous révéler, n'avaient rien trouvé de mieux pour donner une idée de leur finesse que de les comparer à des cheveux. Ils croyaient peut-être leur faire beaucoup d'honneur ; mais vos petits cheveux blonds, qui sont bien fins, pourtant, sont des câbles, et de gros câbles, figurez-vous-le bien, comparés aux capillaires qui se promènent dans toutes les parties de votre corps.

Notez maintenant que chacune de ces artères capillaires se compose nécessairement, puisqu'elle est la continuation des grandes, de trois tuniques emmanchées l'une dans l'autre, que l'on distingue parfaitement sur les artères d'un calibre raisonnable; qu'à l'intérieur de ces tuniques il y a du sang, et dans ce sang une trentaine de substances à nous connues, sans parler de celles que nous ne connaissons pas, et vous commencerez à vous faire une idée des merveilles accumulées dans chaque pauvre petite miette de votre corps, si petite que vous puissiez vous la figurer.

LETTRE XV

LA NUTRITION DES ORGANES

C'est à l'extrémité des artères capillaires que notre cher intendant, — et quand je vous disais qu'il était partout à la fois, vous ne vous doutiez pas des prodiges contenus dans ce *partout*, — c'est donc là que notre cher intendant fait sa distribution, et que s'accomplit l'acte mystérieux de la nutrition, une merveille bien plus grande encore que celle dont nous parlions tout à l'heure. Ici, en effet, il ne s'agit plus de divisions mécaniques dont la délicatesse, si admirable qu'elle soit, peut encore se concevoir. Ce qui est plus admirable, ce que nous ne pouvons plus concevoir, c'est cette autre délicatesse de tact, je dirai presque d'instinct, avec laquelle chacun des milliards de milliards de petits atomes dont notre corps se compose puise dans le sang, la nourriture commune, juste l'aliment qu'il lui faut, laissant le reste au voisin, sans jamais se tromper.

Vous n'avez jamais réfléchi à cela, parce que les petites filles se laissent vivre tout tranquillement, comme si c'était la chose du monde la plus simple, et ne se doutent même pas que leur vie est un miracle continuel, ce qui les dispense naturellement de remercier l'Auteur de ce miracle. Et que de gens vivent et meurent petites-filles de ce côté-là !

Mais enfin qu'arriverait-il, je vous le demande un peu, si l'œil allait s'aviser de prendre la nourriture de l'ongle, si les cheveux arrêtaient au passage ce qui est destiné aux muscles, si la langue absorbait ce qui doit aller aux dents, et les dents ce qui doit aller à la langue ? Qui les en empêche? dites-moi un peu. Ils boivent tous à même dans la même tasse ; c'est le même sang qui va les trouver les uns et les autres ; les substances qu'il apporte à l'œil sont les mêmes que celles qu'il apporte à l'ongle, et pourtant l'œil y prend de quoi faire un œil, l'ongle de quoi faire un ongle.

Comment cela se fait-il ? je vous prie.

Quand les médecins vous répondent à cela que chaque organe a sa sensibilité particulière qui lui fait reconnaître et puiser dans le sang telle substance, et non telle autre, ils se trompent joliment, s'ils se figurent avoir répondu à quelque chose ! Ils n'ont fait que reproduire la question avec d'autres mots, car c'est précisément cette sensibilité-là qu'il faudrait expliquer, et répondre qu'elle existe n'explique pas grand'chose. Si vous demandiez pourquoi vous avez mal à la tête, et qu'on vous répondît que c'est parce que la tête vous fait du mal, vous seriez bien avancée!

Chacun de nos organes peut donc être considéré comme un être distinct, ayant sa vie à part et ses amitiés particulières. Ils se comportent vis-à-vis du sang comme des hommes qui reconnaissent et vont prendre par le bras des amis dans la foule, et quand je vous ai dit qu'ils ne se trompaient jamais, j'ai voulu parler de leur jeu régulier, dans les circonstances ordinaires. Comme les hommes, ils se trompent aussi quelquefois, en certains cas, et prennent une substance pour une autre, ou méconnaissent la substance dont ils avaient besoin, preuve sans réplique qu'ils y mettent en d'autres temps une sorte de discernement, et qu'ils n'agissent pas fatalement, comme on serait tenté de le croire.

Voici les os, par exemple. Ils se composent de *gélatine* (ce que les cuisiniers vous servent sous le nom de gelée de viande, et qui serait encore mieux nommée : gelée d'os) et de phosphate de chaux, une sorte de pierre dont on vous a parlé ici, si j'ai bonne mémoire, et dans laquelle réside toute leur solidité. Primitivement le corps de l'os est tout gélatineux, et le phosphate de chaux vient s'y déposer avec le temps, toujours plus abondant à mesure que l'on avance en âge.

En bonne règle, les os n'empruntent au sang que la gélatine et le phosphate de chaux. Mais qu'ils viennent à se briser, leur tissu s'enflamme à la place fracturée ; il change ses goûts, si je puis m'exprimer ainsi, et le voilà qui prend au sang de quoi faire de petits bourgeons charnus qui se rejoignent des deux côtés de la fracture, et recollent l'os brisé. Première exception à la règle.

Dans certaines maladies, les os rompent tout à coup avec le phosphate de chaux, ils ne veulent plus en entendre parler, n'en acceptent plus de nouveau; et comme l'ancien s'en va petit à petit, en raison de la démolition continuelle dont je vous parlais l'autre jour, les os vont toujours s'affaiblissant, et ne peuvent plus bientôt porter le corps. Deuxième exception.

Enfin, quand la vieillesse arrive, les os finissent par être tellement encombrés de phosphate de chaux, qu'ils n'ont plus de place pour loger celui qui est contenu dans le sang. Que fait-il alors? Il va chercher fortune ailleurs, et il se trouve des âmes compatissantes qui, oubliant leurs répugnances instinctives, consentent à lui donner l'hospitalité, au grand préjudice du pauvre vieillard qui n'est plus servi comme auparavant par les imprudents qui se sont laissé séduire; mais on ne le consulte pas. Ce sont les artères surtout, et quelquefois les muscles, qui prennent cette liberté grande, et il n'est pas rare de les rencontrer, chez les vieillards, ossifiés, c'est-à-dire changés en os, grâce au phosphate de chaux dont ils ont bien voulu se charger. Troisième exception, et je vous fais grâce des autres.

Que conclure de tout cela, ma chère enfant? Deux choses. La première que nous n'y comprenons rien, et cela vous met de plain-pied avec le plus grand savant du monde. La seconde que notre corps est un miracle en permanence, un miracle qui boit, qui mange, qui se promène, et que nous ne devons pas pourtant regarder du haut en bas pour cela. Dieu l'habite : j'en reviendrais là à chaque ligne, si je voulais approfondir chacune des choses que j'ai à vous raconter. Chaque bout de cheveu qui vous pousse est un prodige incompréhensible, dont nous ne sortirions pas, si nous n'appelions à notre secours les lois éternelles qui nous ont faits ce que nous sommes, et auxquelles il est bien juste que notre âme obéisse, puisque nous n'existerions pas une seconde, si elles cessaient de se faire obéir dans notre corps.

Réfléchissez un peu à cela, ma chère écolière. Si petite que vous soyez, vous pouvez déjà comprendre par là qu'il y a au-dessus de vous quelque chose qu'il faut respecter. Le bon Dieu que votre maman vous fait prier tous les soirs, en joignant les mains, n'est pas si loin de vous que vous pourriez vous l'imaginer. Ce n'est pas un être fantastique, relégué tout au fond de cet espace inconnu que les hommes ont appelé le Ciel, pour lui donner un nom. Si sa main toute-puissante s'étend ainsi jusque dans les moindres recoins de votre corps, sa voix parle aussi dans votre cœur, et ce qu'elle dit, il faut l'écouter.

LETTRE XVI

LES ORGANES

Contrairement à mon habitude, je me suis servi la dernière fois d'un mot nouveau entre nous, ma chère enfant, sans vous en donner l'explication.

Je vous ai dit : nos *organes,* et nous n'avons pas encore vu ce que c'est qu'un *organe.*

Vous m'aurez compris, probablement, parce que c'est un mot dont on se sert dans la conversation, et que tout le monde comprend à peu près. Mais je tiens à vous en donner une idée plus nette : il en vaut la peine. Si je ne l'ai pas fait sur-le-champ, c'est qu'il y en a un peu long à dire, et cela m'aurait entraîné trop loin de mon sujet.

Organe vient du mot grec *organon,* qui veut dire : instrument. Il servait en particulier à exprimer les instruments de musique, à telles enseignes que notre mot *orgues* vient de là. Nos organes sont donc les instruments, les outils, si vous aimez mieux, qui nous ont été donnés pour accomplir tous les actes de la vie, et comme il n'y a pas une partie de notre corps qui ne nous serve à quelque chose, notre corps n'est, du haut en bas, qu'un composé d'organes. Ainsi la main est l'outil qui nous sert à saisir les objets, organe ; l'œil est l'instrument de la vue, organe ; le cœur est la machine qui fait circuler le sang, organe ; le foie fabrique la bile, organe ; les os sont la charpente qui supporte le poids du corps, organes ; les muscles sont la force qui les met en mouvement, organes ; la peau est la cuirasse qui les protége, organe : tout est organe en nous. S'il y avait un coin de notre corps qui ne fût pas un organe, il ne nous servirait à rien, et nous ne l'aurions pas reçu, parce que Dieu ne fait rien d'inutile.

Là est le mot de ce grand miracle qui s'appelle la vie. Je ne sais si vous allez bien me comprendre, mais ouvrez vos oreilles, comme si on vous expliquait l'addition : ce n'est pas plus difficile.

La vie est en effet le total d'une addition. Chacun de nos organes est un être distinct qui a sa nature particulière et sa fonction spéciale, sa vie à part, par conséquent; et notre vie à nous est le total de toutes ces petites vies, indépendantes les unes des autres, et qui viennent se fondre pourtant, par une combinaison mystérieuse, en une seule vie commune, qui est partout et qui n'est nulle part. Il suit de là que plus un être a d'organes, plus le total est fort, plus la vie, par conséquent, est développée en lui. Rappelez-vous cela quand nous arriverons à l'étude de la vie dans les animaux. A mesure que vous verrez le nombre des organes diminuer, la vie diminuera en même temps, jusqu'à ce que nous arrivions à des êtres qui n'ont plus en quelque sorte qu'un seul organe apparent, et dont la vie est tellement insignifiante que nous avons peine à nous en rendre compte, et que c'est tout au plus si l'on peut appeler cela vivre.

Mais cette comparaison de la vie au total d'une addition est trop sèche; et bien qu'elle ait son côté juste, elle pourrait vous donner une idée fausse de la vie, ce qui arrive toujours quand on veut trancher, par deux et deux font quatre, les questions insaisissables et les mystères cachés.

Essayons de quelque chose de mieux.

Je vous ai dit que le mot grec *organon* s'appliquait particulièrement aux instruments de musique. Eh bien! faisons de nos organes autant d'instruments de musique.

Vous avez, bien sûr, assisté quelquefois à un concert. Chacun des instruments de l'orchestre travaille de son côté, n'est-ce pas? La petite flûte souffle par tous ses trous; la contre-basse fait ronfler ses cordes, le violon, soupirer les siennes; les cymbales se heurtent; le chapeau chinois danse avec ses clochettes : tous y vont à leur manière. Et pourtant, quand tout cela est d'accord, et bien joué, vous n'entendez qu'un seul son; et, pour vous, le résultat de tant de bruits différents, dont aucun n'aurait de sens, isolé, est la musique écrite par le grand artiste que vous ne voyez pas. Il n'y a plus ni flûte, ni contre-basse, ni violon : il y a la symphonie de Beethoven, l'oratorio de Haydn, l'ouverture du *Don Juan* de Mozart.

La vie, c'est cela. Tous les instruments jouent à la fois, et il n'y a qu'une musique, une musique qui a été écrite par Dieu.

Quand je vous dis : c'est cela, entendons-nous. C'est quelque chose comme cela; car de vous dire au juste ce que c'est, je n'aurais garde. Je n'en sais rien, voyez-vous, bien que ce soit un aveu qui coûte à faire quand on a une écolière; mais celui-là ne m'inquiète pas, et je vous laisse libre de faire le tour du monde pour trouver un maître qui sache cela. Je vous ferais cent autres comparaisons qu'elles clocheraient toutes par quelque point. Voulez-vous que je vous dise par où cloche celle-ci? Dans un orchestre, à côté de l'instrument, il y a un musicien. Or, chez nous, nous voyons bien l'instrument, mais nous ne voyons pas le musicien.

Vous allez me demander peut-être, chère petite, pourquoi je perds aujourd'hui tant de papier à vous parler des organes, au lieu de continuer tranquillement notre petite histoire de la circulation. Je vous l'ai dit tout à l'heure, c'est dans les organes qu'est le secret de la vie, et avant d'entamer l'histoire de la vie, j'aurais dû commencer par là. C'est par là aussi que commencent tous les livres qui traitent du sujet que nous étudions ensemble, et si vous en aviez un entre les mains, il vous apprendrait qu'on partage tous les êtres connus en êtres qui ont des organes et êtres qui n'en ont pas, êtres *organiques* et êtres *inorganiques*. (*In* est ici pour non, comme on dit *juste*, *injuste* [1].) C'est là le point de départ de l'étude de la nature, et il y a bien d'autres choses encore que j'aurais dû vous dire avant de commencer. Mais nous sommes partis droit devant nous, sans regarder ce que nous laissions derrière, quitte à faire de temps en temps une échappade pour payer nos dettes.

Et pendant que je fais ma confession, il faut tout vous dire. Peut-être bien ne m'auriez-vous écouté que de la moitié d'une oreille si j'avais commencé par le commencement. Il y a un proverbe qui dit : *L'appétit vient en mangeant*. Ce proverbe-là, je ne vous conseille pas de le prendre toujours au sérieux à table, il pourrait vous mener loin. Mais il est toujours vrai quand il s'agit d'apprendre ; c'est ce que l'on sait déjà qui vous met en goût de mordre plus loin. Si je vous ai fait mordre aujourd'hui

1. Un morceau de fer est le même partout. Chacune de ses parties a les mêmes propriétés et le même usage. Il n'a pas d'organes, c'est un être inorganique. Un rosier a des fleurs qui sont faites différemment que les feuilles, et qui servent à un autre usage, une racine qui pompe les sucs dans la terre, une écorce qui est d'une autre nature que le bois, et qui sert à autre chose. Il a des organes, c'est un être organique : tous les végétaux et les animaux sont des êtres organiques.

sur les organes, qui sont un morceau un peu dur, c'est que j'ai supposé que l'appétit commence à vous venir. Ai-je eu tort?

Revenons au sang qui nourrit les organes.

LETTRE XVII

LE SANG ARTÉRIEL ET LE SANG VEINEUX

C'est à l'extrémité des artères capillaires, avons-nous dit, que s'accomplit ce prodige incompréhensible de la nutrition des organes. Cela fait, il s'agit pour le sang de revenir au point de départ, et là recommencent les merveilles de petitesse dont nous avons déjà parlé. Immédiatement après les artères capillaires, arrivent les veines capillaires, aussi fines, aussi insaisissables que les autres. Elles s'emparent du sang partout à la fois, sans lui laisser un instant de répit, et le voilà en route pour retourner au cœur.

Où commencent nos veines, où finissent nos artères? Nul ne saurait le dire au juste, puisque les dernières ramifications des unes et des autres échappent à la vue de l'homme, si bien secondée qu'elle soit par les admirables instruments que son génie a créés. Et pourtant, sans que personne l'ait jamais vu, il y a une chose que je puis vous dire, c'est que nos petites veines sont la continuation de nos petites artères, et que c'est le même canal qui, en se prolongeant, d'artère devient veine, sans qu'il y ait interruption, les substances destinées aux organes passant à travers ses parois, comme la sueur passe à travers notre peau quand nous sommes en transpiration.

— Mais si personne ne l'a vu, allez-vous dire, comment peut-on le savoir?

Entendons-nous. Sur l'homme et sur les animaux qui se rapprochent le plus de lui, on ne l'a jamais vu ; mais on l'a vu ailleurs. Ceci demande une petite explication; et vous ne me la reprocherez pas, elle a bien son intérêt.

Quand vous mettez la main à votre cou, que sentez-vous? De la chaleur. Quand vous prenez un petit chat, un petit oiseau, que sentez-vous? De la chaleur. Et dites-moi un peu d'où vient cette chaleur? Pour ne pas attendre trop longtemps, je répondrai moi-même. Elle vient de leur sang et du vôtre, qui est chaud, et nous allons voir bientôt pourquoi. Vous ne vous attendez pas à toutes les choses curieuses qui sont contenues dans cette petite phrase. Votre sang est chaud; mais il ne s'est pas chauffé tout seul, mettez-vous bien cela dans la tête.

Maintenant, si vous touchez une grenouille, un lézard, un poisson, que sentez-vous? Du froid. Et pourquoi cela? La réponse n'est pas plus difficile.

C'est qu'apparemment leur sang est froid.

Précisément : et pendant que vous y êtes, vous pouvez ajouter que si leur sang est froid, c'est qu'il n'a pas été chauffé comme le vôtre. Ne vous impatientez pas, nous verrons tout cela en temps et lieu.

Or chez les animaux qui ont le sang froid, serpents, grenouilles, tortues, lézards, poissons et autres espèces, le sang circule comme chez nous, et grâce à une machine semblable à la nôtre, qui plus est. Mais vous concevez bien qu'une machine qui chauffe doit être construite d'une façon plus parfaite qu'une machine qui ne chauffe pas; et de fait, sans vous flatter, d'une grenouille à vous il y a une différence, n'est-ce pas? et il est tout naturel que le corps de la grenouille soit construit plus grossièrement que le vôtre.

C'est l'histoire des pauvres qui ne sont pas logés aussi bien que les riches; et pour laisser les riches et les pauvres, qui sont des hommes aussi bien les uns que les autres, prenez une de ces belles poupées qui marchent, qui remuent les bras et la tête, qui disent : papa et maman, et comparez-la à une poupée de la boutique à 25 sous. Toutes deux sont faites en gros de la même façon; elles ont également deux bras, deux jambes, une bouche, un nez, des yeux, etc., etc.; mais quelle différence dans les détails, et comme la première est faite avec infiniment plus de soin que l'autre!

Eh bien! les animaux à sang froid sont des animaux de la boutique à 25 sous. Ils ont comme nous des artères et des veines, mais on n'y a pas mis tant de façons, et cette finesse prodigieuse des extrémités qui, dans l'homme et les animaux à sang chaud, fait le désespoir de l'observateur, il n'a pas à s'en inquiéter avec eux. Ses yeux n'y suffisent pas encore, il est vrai; mais, avec le microscope, il peut tout voir, extrémités des artères, extrémités des veines, et l'on a vu là ce que je vous disais tout à l'heure, à savoir que le bout de l'artère se changeait en veine, sans interruption. Ce sont ces mêmes observations faites sur les poissons et les grenouilles, qui ont fini par donner gain de cause aux idées d'Harvey sur la circulation du sang, dont s'étaient tant moqués les savants de son temps. Il était mort alors, c'est vrai, comme cela n'arrive que trop souvent; mais ne le plaignons pas trop. Celui qui a eu cette bonne fortune insigne de mettre la main sur une vérité, et de la lancer dans le monde, celui-là est assez payé d'avance. S'il lui faut avec cela le murmure flatteur de l'approbation des hommes, et le joujou de la réussite, ce n'est qu'un enfant, indigne du rôle dont Dieu lui a fait cadeau.

Un enfant! Chère petite, vous allez me trouver bien malhonnête, et, pour ma punition, vous allez me rappeler que, selon ma mauvaise habitude, me voilà encore une fois bien loin de mon sujet.

Ne me grondez pas, j'y retourne.

A quoi distingue-t-on, me demanderez-vous, une artère d'une veine, pour déterminer ainsi ce qui est veine et ce qui est artère?

A bien des choses. D'abord une artère, comme je vous le disais dernièrement, se compose de trois tuniques, dont la principale, celle du milieu, est résistante, élastique; ce qui permet à l'artère de refouler le sang à son tour, et rend en même temps les coupures d'artères si dangereuses, parce qu'alors le petit tuyau reste tout grand ouvert soutenu par la tunique du milieu, qui permet au sang de s'écouler indéfiniment. Cette tunique-là manque dans les veines, dont les parois s'affaissent sur elles-mêmes, quand il y a coupure, et il est alors bien plus facile d'arrêter l'écoulement du sang.

De plus, les veines sont munies de distance en distance

de petites portes, semblables à celles que nous avons vues à l'entrée des oreillettes et des ventricules du cœur. Vous vous rappelez ces fameuses valvules, sur lesquelles repose tout le mécanisme, qui permettent au sang de passer dans un sens, et l'empêchent de revenir sur ses pas : les petites portes des veines, qu'on appelle aussi des valvules, jouent absolument le même rôle. Elles s'ouvrent dans la direction du cœur pour laisser passer le sang, mais il les trouve fermées s'il veut aller en arrière, de sorte qu'à mesure qu'il a franchi un passage, il n'y a plus pour lui espoir de retour, et que, de proche en proche, il arrive ainsi au cœur sans pouvoir échapper. Rien de pareil dans les artères que le sang parcourt d'un seul bond, sous l'impulsion qu'il a reçue du cœur.

Enfin, et c'est là l'important, le sang que l'on trouve dans les veines n'est plus le même que celui qui remplit le cœur.

Plus le même, bon Dieu! Mais nous avons donc deux sangs dans le corps?

Assurément, ma chère enfant, et vous ne vous en seriez pas doutée; car, quand il vous arrive de vous piquer, ou de vous couper, ou de saigner du nez, c'est toujours le même sang que vous voyez, ce sang d'un beau rouge que tout le monde connaît. C'est qu'alors le sang sort à la fois des petites artères et des petites veines, et c'est le mélange des deux que vous voyez. C'est le même mélange qui sort de toutes les blessures, petites ou grandes, et c'est à cause de cela que les gens sont unanimes à dire que le sang est rouge, ce qui n'est vrai ni du sang des veines, ni du sang des artères. Le premier est noir, comme vous pourriez vous en assurer, si vous en aviez le courage, la première fois qu'on saignera quelqu'un autour de vous.

C'est toujours une veine qu'on ouvre en pareil cas : vous comprendrez facilement pourquoi, après ce que je vous ai dit des artères. Vous verriez alors s'élancer de la piqûre un jet d'un noir rougeâtre, bien plus noir que rouge : c'est le sang veineux. Quand, par accident, une artère vient à être coupée, ce qui en sort est tout différent. C'est un sang rosâtre, écumeux, presque semblable à du lait dans lequel on aurait délayé du carmin, et qu'on aurait battu avec des verges : on l'appelle le sang artériel.

Rien n'est plus simple, comme vous le voyez, que de distinguer une artère d'une veine : il n'y a qu'à regarder ce qui est dedans. Quand le sang arrive à nos organes pour les nourrir, il est donc artériel ; quand il s'en retourne après les avoir nourris, il est devenu veineux. Que va-t-il faire au cœur, vers lequel il se remet en route? Il va chercher une nouvelle impulsion qui le lancera dans les poumons où il redeviendra artériel, c'est-à-dire propre à nourrir de nouveau les organes. Là est tout le secret et le pourquoi de la CIRCULATION.

C'est bientôt dit, cela, chère petite ; mais gageons que vous n'y comprenez rien. N'en soyez pas honteuse. Il n'y a pas moyen d'y rien comprendre avant d'avoir appris ce que c'est que la RESPIRATION, et nous voilà arrêtés court.

Donc, à la prochaine fois, pour entamer cette troisième partie de la nutrition ; et si les deux premières vous ont amusée, j'espère bien que celle-là ne vous ennuiera pas.

LETTRE XVIII

LA PRESSION ATMOSPHÉRIQUE

Quand on a bien travaillé, ma chère enfant, et qu'on veut se donner un moment de repos, on se dit : *Respirons!* parce que respirer, cela se fait tout seul, et qu'on n'a pas besoin de s'en occuper.

Mais si cela se fait tout seul, cela ne s'explique pas tout seul ; et de vous dire : *Respirons maintenant,* ce ne sera pas, il s'en faut, un moment de repos pour moi, qui me suis chargé de vous expliquer la respiration.

Si vous étiez de ce pays-ci, je vous rappellerais ce qui arrive quand on met la fourchette à un plat de choucroute. Vous voudriez n'en piquer qu'un peu ; mais les maudits brins sont entortillés les uns dans les autres ; ils arrivent à la suite sans qu'on les demande, et c'est une montagne que vous apportez sur votre assiette.

Cette affaire de la respiration est un peu comme la choucroute, pardon de la comparaison. J'aurais voulu vous servir une petite assiettée, une assiettée d'enfant ; mais je sens venir les explications, accrochées les unes après les autres ; bon gré, mal gré, il va falloir que je vous traite comme une grande personne, et que nous renoncions pour cette fois à nos jolies dînettes du commencement.

M'est avis que vous n'y perdrez rien, si vous voulez faire attention ; car, à propos de ce pauvre petit souffle qui va et vient sur vos lèvres mignonnes, il y a plus de choses à apprendre que vous n'en avez apprises jusqu'à présent. Comme je le disais tout à l'heure, ce sera toute une montagne sur votre assiette. Bon appétit !

Pour ne pas nous embrouiller, nous partagerons la chose en deux. Je vais donc vous expliquer d'abord *comment l'on respire*, une question très-curieuse, vous verrez ! Et nous examinerons ensuite *pourquoi l'on respire*, ce qui est encore plus intéressant.

Il faut vous dire d'abord que l'air est pesant, et très-pesant, mille fois plus lourd que vous ne le pensez. L'air que nous respirons, à travers lequel nous allons et venons, l'air est quelque chose, bien qu'on ne le voie pas ; et quand il fait du vent, c'est-à-dire quand l'air est en mouvement, comme une eau qui court le long d'une pente, nous sommes bien forcés de convenir que l'air est quelque chose, puisque nous le voyons renverser les plus grands arbres et emporter les plus gros vaisseaux. Sans aller si loin chercher nos exemples, essayez, vous qui courez si bien, de courir deux minutes contre un grand vent ; vous me direz tout de suite si l'air est quelque chose ou rien. Si l'air est quelque chose, il doit avoir un poids, car tous les corps en ont un, le papier aussi bien que le plomb, avec cette seule différence que le poids du plomb est plus considérable que celui du papier. Or, une feuille de papier, c'est bien léger, n'est-ce pas ? et vous seriez embarrassée peut-être pour dire ce que cela pèse. Mais beaucoup de feuilles de papier mises les unes sur les autres finissent par faire un gros livre qui a bien son poids, et si l'on vous empilait sur la tête un tas de gros livres comme vous avez pu en voir dans la bibliothèque de votre papa, on pourrait bien à la fin vous écraser.

De même, un peu d'air, ce n'est pas bien lourd; mais beaucoup d'air entassé, vous concevez que cela peut finir par peser beaucoup. Maintenant mettez-vous dans la tête que nous sommes, ici à la surface de la terre, tout au bas d'une immense pile d'air, qui s'en va à 12 ou 15 lieues au-dessus de nos têtes. Mettons 12 pour être plus sûr, car les savants n'ont pas encore pu calculer la hauteur à un pouce près, et je trouve, moi, que c'est déjà bien joli d'en être arrivé là.

Vous figurez-vous ce que cela fait 12 lieues de haut? Je vais vous aider un peu.

Une lieue a 4 kilomètres; 1 kilomètre c'est 1,000 mètres, et 1,000 mètres font 3,000 pieds. Une lieue a donc 12,000 pieds, et 12 lieues représentent 144,000 pieds. Or, les tours Notre-Dame à Paris, dont vous avez bien sûr entendu parler, si vous ne les avez pas vues, ont quelque chose comme 200 pieds de haut. 12 lieues de haut, cela représente donc les tours Notre-Dame mises 720 fois bout à bout. Je vous laisse à juger ce que pèserait une pile de papier de cette taille-là.

Vous pouvez donc bien m'accorder que cette pile, ou si vous l'aimez mieux, cette colonne d'air (c'est le mot consacré), doit avoir un poids respectable. La chose est, du reste, d'autant plus positive que cette colonne, on l'a pesée, et que je puis vous en dire le poids si vous voulez bien entendu qu'il sera en raison de la largeur de la colonne, car vous concevez bien qu'une colonne large comme une des tours Notre-Dame doit peser autrement qu'une colonne large comme un verre.

Tenez, j'ai là sous les yeux une grammaire française que je viens de mesurer. Vous pourrez facilement suivre mon calcul sur la vôtre ; elles ont toutes à peu près la même taille. Sa couverture a 11 centimètres de large sur 17 centimètres de long. Un centimètre, vous devez connaître cela : c'est la centième partie d'un mètre, et votre maman doit avoir un mètre quelque part pour mesurer l'étoffe de vos robes. Il y a donc sur la couverture de ma grammaire 11 rangées de 17 centimètres chacune, en tout 187 centimètres placés les uns contre les autres. Mettez la vôtre à plat sur votre main : la différence n'en sera pas grande, et vous n'avez au surplus qu'à la mesurer. Savez-vous ce que pèse la colonne d'air de 12 lieues de haut que supporte la couverture de votre grammaire, en supposant qu'elle ait exactement la taille de la mienne?... 193 kilogrammes, autrement dit 386 livres, et quelque chose avec, dont je vous fais grâce. Si vous voulez avoir le compte juste, mettez que chacun des 187 centimètres supporte une petite colonne pesant 1 kilogr. 33 grammes, et faites la multiplication.

Parions que vous ne saviez pas être aussi forte que cela, car je vous vois d'ici faire danser comme une plume cette pauvre grammaire si horriblement chargée.

Rassurez-vous : il n'y a pas de diablerie là-dessous. Si un homme très-fort vous poussait d'un côté, pourriez-vous lui résister? Non, sans doute. Mais si un autre homme d'égale force vous poussait en même temps du côté opposé, qu'arriverait-il? Vous resteriez fort tranquillement en place, sans vous inquiéter de l'un plus que de l'autre, leurs deux forces se détruisant mutuellement. Eh bien! c'est le cas ici. Pendant que l'air qui est au-dessus de votre grammaire pèse sur elle, par en haut, d'un poids de 386 livres, l'air qui est au-dessous pèse sur elle, par en bas, d'un poids égal, qui détruit l'effet de l'autre. Qui de 386 ôte 386, reste rien. La grammaire ne porte plus rien, et vous la faites danser comme vous voulez, sans y avoir grand mérite.

—Qu'est-ce que vous me racontez là? allez-vous dire. Si je mets une pierre sur ma main, je sens fort bien son poids; mais si je mets ma main sur la pierre, je ne sens plus rien. Comment l'air qui est au-dessous de la grammaire peut-il peser sur elle? Puisque vous parlez de colonne, ce serait joli, par exemple, si les gens qui montent dans la colonne Vendôme en avaient le poids sur le dos quand ils sont en haut!

Bien dit, chère petite, et votre objection me rappelle un raisonnement qui ne voulait pas me quitter, alors que, déjà grand garçon, j'ai entendu pour la premiere fois expliquer la pesanteur de l'air par un brave homme qui ne s'inquiétait pas trop de mettre les points sur les *i*, comme nous le faisons ensemble. On m'avait dit que la surface du corps d'un homme ordinaire représentait à peu près un mètre carré, tout compris. Comme il y a 100 rangées de 100 centimètres, en d'autres termes 10,000 centimètres dans un mètre carré, on m'avait donc dit qu'un homme de taille moyenne supportait, réparti sur toute la surface de son corps, le poids énorme de 10,330 kilogrammes, ou 20,660 livres, toujours à raison de 1 kilogramme 33 grammes par centimètre carré. Or, je me demandais toujours comment il se faisait qu'en entrant dans une maison on ne se sentait pas débarrassé de cette charge fabuleuse, puisque le toit de la maison s'interposait naturellement entre la colonne de 12 lieues de haut et l'homme, qui n'avait plus que quelques pieds d'air au-dessus de la tête. Le toit devait porter le reste, c'était clair. Et d'où venaient donc alors les 20,660 livres qui ne cessaient pas de peser apparemment, puisque du seuil de la porte, encore sous la protection du toit, à deux pas plus loin, au grand air, sous la terrible colonne de 12 lieues de haut, on ne se sentait pas plus léger de la valeur d'une feuille de papier? Il y avait là une difficulté dont je ne sortais pas.

Plus tard, j'ai fini par avoir le mot de l'énigme, et il est bien simple.

L'air, en effet, ne *pèse* pas à la façon d'un poids de 50 livres qui ne demande qu'à descendre, et ne dit rien à tout ce qui est au-dessus de lui. Il *presse* comme un ressort qui a été refoulé et qui cherche à reprendre sa position naturelle avec une force égale à celle qui l'a refoulé. Demandez à voir un ressort de montre, pour mieux comprendre. Chaque petit brin d'air est un ressort d'une élasticité incomparable, que rien ne peut casser, qui ne se fatigue jamais, qu'on peut toujours rapetisser, à la condition de disposer d'une force suffisante, et qui est toujours prêt à s'étaler indéfiniment, à mesure que diminue la force qui le comprime.

Voilà donc la colonne d'air qui est devant la porte; il y a là une pile de petits ressorts de 12 lieues de haut. Ceux qui sont au bas portent tous leurs camarades qui les compriment en raison de tout leur poids réuni, et les voilà qui font des efforts désespérés pour repousser cette épouvantable pression, et s'étaler à leur guise. Ils cherchent à s'échapper en tous sens, à droite, à gauche, en haut, en bas; mais pris entre la terre qui ne cède pas, et la masse compacte de toutes les colonnes d'air qui enveloppent le globe en tous sens, et dont le bas est également comprimé partout, ils luttent sans cesse, mais en vain, infatigables, mais impuissants. Vous vous trouvez au milieu des petits lutteurs, et naturellement vous portez la peine du tort qu'on leur a fait. Ils vous pressent comme tout le reste, devant, derrière, de tous les côtés, avec une force égale à celle qui les a comprimés eux-mêmes, je veux dire le poids sous lequel ils sont horriblement ratatinés; de sorte que ce poids, vous le supportez, vous, non plus seulement sur le haut de la tête et des épaules comme il semblerait d'abord, mais aussi bien le long du corps et des membres, sous les bras, sous le menton, dans le creux du nez, partout.

Maintenant vous entrez dans la maison; qu'y trouvez-vous? L'air du dehors, entré de son côté par la porte, par la fenêtre, par toutes les petites fentes du mur. La colonne qui est au-dessus du toit ne pèse plus sur lui; mais, la belle avance! il est entré tout comprimé, et les petits ressorts feront rage, cela va tout seul, tout aussi bien de ce côté-ci de la porte que de l'autre. Le toit protecteur y fait si peu, que s'il n'était pas protégé lui-même par l'air du dehors dont la pression le maintient en place, l'air du dedans le ferait sauter en mille éclats dans ses efforts pour se détendre.

Vous riez! Attendez un peu.

Je prends une toute petite maison, pour vous faire la partie plus belle, 15 pieds de long, 15 pieds de large, et un toit plat, ce qu'il y a de plus économique en fait de place. 15 pieds cela fait 5 mètres, et la table de Pythagore nous disant que 5 fois 5 font 25, notre toit aura donc 25 mètres carrés : ce n'est pas trop, et vous n'en trouverez pas beaucoup d'aussi petits.

Voulez-vous calculer la force avec laquelle les millions et les milliards de petits lutins emprisonnés sous ce pauvre malheureux toit le pousseront devant eux? Nous avons dit que ce qu'il en tenait contre un centimètre carré était de force, en s'y mettant tous, à pousser devant soi 1 kilogramme 33 grammes. Tout ce qui peut tenir contre 1 mètre carré, surface 10,000 fois plus grande, pousse 10,000 fois plus, c'est-à-dire 10,330 kilogrammes. Multipliez cela par 25, vous aurez 258,250 kilogrammes, rien que cela! Et dites-moi un peu quel toit de maisonnette a jamais été construit pour tenir tête à une poussée de cette force-là?

Vous ne saisissez peut-être pas bien quel poids cela fait 258,250 kilogrammes? Eh bien! l'obélisque de Luxor, pour aller chercher du premier coup un terme de comparaison un peu imposant, l'obélisque de Luxor ne pèse que 250,000 kilogrammes, 8,250 de moins que ce que nos lutins pourraient enlever. Je n'ai pas besoin de vous dire que si c'était l'air du dedans qu'on supprimât, l'air du dehors aplatirait le toit et la maisonnette avec la même facilité qu'un hercule de foire aplatit un œuf vide d'un coup de poing. Pour mieux vous en rendre comme, enlevez l'obélisque de Luxor de dessus son bloc de granit, campez-le-moi en guise de tuyau de cheminée sur le toit de notre maisonnette, et rangez-vous un peu de côté pour voir ce qui arrivera.

Voilà, mademoiselle la rieuse, ce que c'est que la pesanteur de l'air, ou la pression atmosphérique, comme on appelle cela, parce que c'est la force avec laquelle notre atmosphère presse tout ce qui est à la surface du globe. Ce n'est pas une plaisanterie, comme vous le voyez, et il y a là de quoi vous faire réfléchir.

Il me reste à vous prouver que je ne me suis pas moqué de vous avec mes chiffres, et que le poids de l'air est bien ce que je vous ai dit, sur un centimètre carré.

Il y aurait un moyen bien simple de connaître votre force à vous, par exemple, et de dire en chiffres ce qu'elle vaut. Ce serait de vous mettre quelque chose sur les bras, une pile de livres, si vous voulez, et d'ajouter, d'ajouter jusqu'à ce que les petits bras se refusent à en porter davantage. Pesant alors ce qu'ils auraient porté, si l'on trouvait 10 livres, 30 livres, je ne peux pas bien savoir au juste d'ici, on dirait, sans avoir peur de se tromper : « La force de cette demoiselle est égale à 10 livres, 20 livres, 30 livres, ou, en d'autres termes, elle représente un poids de 10, 20, 30 livres. »

C'est comme cela qu'on s'y est pris pour connaître la force de l'air, ou le poids qu'elle représente. On a pesé ce qu'il était en état de porter.

Je vous disais dans ma dernière lettre que toute la surface de la terre était couverte d'une immense armée de petits diablotins, autrement dit de petits ressorts, comprimés par la masse gigantesque de leurs camarades d'en haut, qu'ils portent tous sur leur dos, et qui cherchent sans cesse à se défendre, en refoulant tout ce qui se rencontre devant eux.

Figurez-vous le fond d'un puits. Nos diablotins y sont installés en permanence, cela va sans dire, et, nez à nez avec l'eau, ils la refoulent à qui mieux mieux, sur tous les points à la fois. Comme la pression est égale partout, et toujours la même, rien n'y paraît.

Maintenant faites entrer dans l'eau le bout d'un tube, fermé en bas par un bouchon, qui remplisse exactement l'intérieur, et qu'on puisse faire remonter dans le tube, au moyen d'une barre de fer, ou de bois, qui le traverse. On appelle cela un piston, pour vous l'apprendre en passant.

Quand le piston montera dans le tube, il chassera devant lui l'air qui le remplissait, et qui ne peut pas se glisser le long des parois du tube, puisque le piston vient se coller exactement contre eux. Au-dessous du piston, il y aura donc une place dans l'eau où l'air ne parviendra pas, et à cette place-là, elle ne sera plus foulée par rien.

Qu'arrivera-t-il?

C'est que foulée avec force par l'air sur tous les autres points, comme une souris, traquée par les chats, qui trouve un petit trou, elle s'élancera par celui-là, et montera dans le tube derrière le piston.

Jusqu'ici tout va bien; mais si le tube est très-long et

que le piston monte un peu haut, arrivé à 32 pieds au-dessus du niveau de l'eau, celui-ci continue son voyage tout seul. L'eau lui fausse compagnie, et s'arrête tranquillement au beau milieu du tube.

Qu'est-ce que cela veut dire?

Cela veut dire que la force qui, hors du tube, pèse sur l'eau du puits et la pousse ainsi en l'air, que cette force en a assez, et que nos diablotins refusent d'en porter davantage. Cette eau, qui montait dans le tube, a un poids bien entendu, et, de ce poids, elle pèse, comme de juste, sur l'eau qui reste en bas. A mesure que le piston monte, la colonne d'eau qui le suit va toujours en grandissant, et naturellement son poids va aussi en augmentant. Arrive à la fin un moment où ce poids devient tel, que la pression qu'il exerce sur l'eau d'en bas est égale à celle qu'exercent les diablotins de l'air sur l'eau du puits. Dès lors ils ont beau pousser, rien ne monte plus. Ils en sont où ils en étaient quand leurs camarades, chassés par le piston, pressaient, comme eux, sur ce même point, rendu libre un moment; et cette colonne d'eau de 32 pieds les tient en bride, ni plus ni moins que les gaillards qu'elle remplace.

Rien de plus facile maintenant que de calculer, à un gramme près, la force de pression de l'air. On sait le poids de l'eau, Dieu merci! et il se trouve que notre colonne d'eau pèsera juste 1 kilog. 33 grammes, si le tube a un centimètre carré de largeur. Vous comprenez, après cela, qu'il pourrait avoir telle largeur qu'il vous plaira d'imaginer, sans qu'il y ait rien de changé dans la hauteur de la colonne. Plus il sera large, plus d'une part la colonne d'eau sera lourde, et plus d'autre part il y aura de diablotins mis à la porte : cela revient tout à fait au même.

S'il pouvait vous rester quelque doute sur la valeur de ce raisonnement, vous n'avez qu'à recommencer l'expérience dans un puits plein de mercure, par exemple. Demandez à voir du mercure, ce qu'on appelle aussi du *vif-argent*, parce qu'on dirait de l'argent fondu, toujours prêt à remuer : il y en a dans beaucoup de maisons. Le mercure pèse 13 fois et demi plus que l'eau : il en faudrait donc, à notre compte, 13 fois et demi moins pour mettre à la raison nos petits pousseurs. Cela ne manquera pas non plus, et vous verrez la colonne de mercure s'arrêter net dès qu'elle aura atteint le poids sacramentel de 1 kilog. 33 grammes par centimètre carré, c'est-à-dire à une hauteur de 76 centimètres.

En revanche, prenez de l'éther. Vous savez, cette liqueur qui sent si fort, qui fait froid quand on en met sur la main, et qu'on fait respirer aux personnes qui se trouvent mal. L'éther pèse un quart de moins que l'eau. Dans un puits d'éther vous verriez donc quelque chose de tout différent, et votre colonne monterait, sans se faire prier, à quelque chose comme 42 pieds, juste au point où, elle aussi, pèserait, comme les autres, 1 kilog. 33 grammes par centimètre carré. L'air ne se remplace pas moins.

C'est donc bien là la mesure de sa force, ou nos balances sont des menteuses.

LETTRE XIX

LE JEU DES POUMONS

J'espère vous en avoir dit assez, ma chère enfant, pour que vous puissiez vous rendre suffisamment compte de la force avec laquelle l'air presse tous les corps qui sont à la surface de la terre, et le nôtre aussi, par conséquent.

Cela compris, rien n'est plus aisé que de comprendre comment l'air va et vient dans nos poumons.

Quand la cuisinière veut allumer son charbon avec deux ou trois petites braises rouges, que fait-elle?

— Elle prend le soufflet.

— Et quand elle n'a pas le soufflet sous la main?

— Elle souffle dessus de toutes ses forces.

Ah! ah! nous sommes donc un soufflet vivant, que nous pouvons remplacer au besoin le soufflet de cuir et de bois? et, si nous sommes en état de faire la besogne du soufflet, serait-ce par hasard parce que nous avons en nous une petite machine faite comme le soufflet?

Précisément, et cela va me donner l'occasion, pour vous faire comprendre le jeu des poumons, de vous expliquer celui du soufflet que tout le monde a dans les mains, et que les trois quarts de ceux qui s'en servent n'ont jamais cherché à s'expliquer.

Le soufflet, comme vous le savez, se compose de deux planchettes, pouvant s'éloigner et se rapprocher à volonté.

et réunies par un morceau de cuir disposé de façon à se replier sur lui-même quand les planchettes se rapprochent, de sorte que l'entre-deux forme comme une espèce de boîte bien fermée, dont la capacité augmente ou diminue à chaque mouvement des planchettes.

Nous décrochons le soufflet, les planchettes sont l'une contre l'autre, et la boîte est toute petite. Qu'y a-t-il dedans?

— Rien, elle est vide.

— Ah! vous croyez cela? Vous croyez aussi que les verres sont vides, quand on a bu ce qui était dedans, et que les pots de confitures sont vides quand la confiture est mangée? Il n'y a pas tant de choses vides que vous le pensez, ma chère enfant. Vous oubliez l'air, ce brutal qui veut toujours s'étaler, et qui pousse tout devant lui. C'est un monsieur qui n'est pas gêné, et toutes les places qu'on quitte il les prend; à chaque cuillerée que vous ramenez dans votre assiette, il prend la place de la confiture qui part; à chaque gorgée que vous buvez, il prend la place de l'eau qui s'en va. Quand vous croyez que le verre et le pot sont vides, ils sont pleins d'air. Vous ne le voyez pas, mais il y est, vous pouvez y compter.

Il y a donc de l'air dans la boîte du soufflet, puisqu'il y en a partout où il ne trouve rien qui puisse lui disputer la place. Il n'y en a qu'un peu, par exemple; car la boîte est petite, et elle ne peut pas en contenir beaucoup.

Mais voici que j'écarte les planchettes, et que la boîte qui était petite devient grande. Pour le coup, voilà une boîte qui va être vide, au moins en partie, car il vient de s'y créer par enchantement une place où positivement il n'y a rien, puisqu'elle n'existait pas auparavant.

Oui; mais regardez au milieu de la planchette d'en haut. Vous voyez bien ce petit trou, et, dessous, un petit morceau de cuir qui a l'air de le fermer? C'est une soupape, une de ces portes comme nous en avons vu dans le cœur, et comme il y en a au surplus dans toutes les maisons, qui laissent passer les gens d'un côté, et pas de l'autre. Celle-là s'ouvre quand on la pousse du dehors, et ne laisse plus sortir quand on est entré.

L'air qui est dehors, avons-nous dit, pousse toujours et partout. Il pousse donc naturellement la soupape, et comme il n'y a rien derrière pour la soutenir, à mesure qu'il se fait de la place à l'intérieur de la boîte, il entre et la remplit.

Mais bientôt il se trouve pris entre les planchettes, quand on vient à les rapprocher. Elles l'invitent poliment à déguerpir, à la façon de ces lignes de factionnaires qui se déploient, à l'heure de la retraite, dans le Luxembourg et les Tuileries, chassant les promeneurs devant elles, jusqu'à ce qu'ils aient trouvé le chemin de la porte. L'air ne peut plus s'en retourner par où il est venu : la porte est fermée. Comme il faut sortir, bon gré, mal gré, il enfile le tuyau qui est au bout de la boîte, et c'est par là qu'il arrive en courant sur le feu.

Quand il est parti, les planchettes s'écartent de nouveau et la manœuvre recommence indéfiniment.

Eh bien, c'est là ce qui se passe dans notre poitrine.

Votre poitrine, chère petite, est une boîte qui s'élargit et se rapetisse alternativement, laissant à l'air, dans le premier cas, une place dont elle le chasse dans le second. C'est un soufflet, ni plus ni moins, mais plus simple que celui des cuisinières. Le tuyau de sortie sert en même temps de porte d'entrée, et il n'y a qu'une planchette au lieu de deux.

Le tuyau de sortie, c'est le larynx, dont nous avons déjà parlé quand il a été question d'avaler de travers, et qui communique à la fois avec l'air du dehors par la bouche et par le nez, ce qui nous permet de respirer par l'une ou par l'autre, comme nous voulons.

Quant à la planchette, je vous en ai dit un mot à l'occasion du foie. C'est le diaphragme, cette cloison de séparation, ce plancher jeté entre les deux étages du corps, le ventre et la poitrine.

Mais c'est ici surtout qu'éclate, dans toute sa grandeur, l'infinie supériorité des inventions du bon Dieu sur nos pauvres petites inventions.

A un soufflet qui devait avoir l'honneur d'entretenir en nous ce feu miraculeux, le feu sacré par excellence, qui s'appelle la vie, il fallait mieux qu'une planchette ordinaire. Aussi bien celle-ci est-elle une merveille admirable, dont je veux vous raconter l'histoire en détail. Quand vous l'aurez lue, je me figure que ce vilain mot de *diaphragme* ne vous fera plus tant faire la grimace.

Jetons d'abord un coup d'œil sur la construction du soufflet.

De chaque côté de la colonne vertébrale, depuis le cou jusqu'aux reins, partent, l'un au-dessous de l'autre, douze os plats, pliés en forme d'arcs, qu'on appelle les *côtes*. Les sept premières paires de côtes viennent s'appuyer et comme se rejoindre en avant sur un os nommé *sternum*, que vous pouvez suivre avec le doigt jusqu'au creux de l'estomac : arrivé là, le doigt enfonce tout à coup, il n'y a plus de sternum, et les cinq dernières côtes de chaque rangée ne se rejoignent plus avec celles de la rangée opposée. On les appelle, à cause de cela, les *fausses côtes*. En revanche elles se réunissent entre elles par le bout, au moyen d'une bande de substance assez ferme, mais pourtant flexible et un peu élastique, qu'on nomme *cartilage*. Regardez bien la première fois qu'on vous servira à table un petit os de veau, vous verrez au bout quelque chose de blanc qui croque sous la dent : c'est un cartilage.

Tout cela fait la charpente de notre soufflet que vous pouvez vous représenter comme une sorte de cage, évasée par en bas, et s'en allant en pointe dans le haut, car les arcs formés par les premières côtes sont plus petits que les autres; le tout se termine par une espèce d'anneau, à travers lequel passent côte à côte l'œsophage et le larynx.

L'entre-deux des côtes est occupé par des muscles qui vont de l'une à l'autre, et l'ouverture du bas est fermée par le diaphragme, cette merveilleuse planchette, dont je vous ai promis l'histoire.

Le diaphragme, vous ai-je dit dans le temps, est une cloison, un plancher, qui partage notre corps en deux étages. C'est, s'il vous en souvient, un grand muscle mince et plat, tendu comme une toile entre la poitrine et l'abdomen. Il s'attache, par une infinité de petits fils qu'on appelle des fibres, au bord inférieur de la cage que je viens de vous décrire; et il semblerait d'abord qu'il est incapable de bouger puisqu'il est fixé d'une manière invariable tout autour du corps.

Il bouge cependant, mais pas à la manière des planchettes de nos soufflets.

Priez votre frère de tenir deux coins de votre mouchoir; prenez les deux autres et tournez le mouchoir du côté du vent. Les quatre coins resteront bien en place, n'est-ce pas? mais le milieu, gonflé par le vent, va se courber et s'arrondir en avant, comme une voile de vaisseau, qui n'est qu'un grand mouchoir, après tout. Ramenez le mouchoir fortement à vous, chacun de votre côté, il reviendra sur lui-même et se mettra à plat. Cédez un peu, il se courbera de nouveau par le milieu, et vous pourrez recommencer la manœuvre tant que vous voudrez.

Cette manœuvre-là, le diaphragme l'exécute continuellement à lui tout seul.

Dans sa position naturelle, il monte en s'arrondissant par le milieu, comme une toile gonflée par le vent, et occupe ainsi une partie de la poitrine, aux dépens des poumons. Quand il s'agit de faire une place à l'air, il roidit ses fibres, qui le ramènent à plat, comme vous le faisiez tout à l'heure avec le mouchoir, votre frère et vous. Tout l'espace qu'occupait sa courbure est rendu ainsi aux poumons, qui s'étalent aussitôt, car ils sont élastiques : l'air accourt par le nez et la bouche, et remplit à mesure le vide formé par l'agrandissement des poumons, absolument comme pour le soufflet.

Bientôt les fibres du diaphragme se relâchent. Il remonte dans son ancien domaine, refoulant devant lui les poumons; et l'air, qui se trouve alors de trop, s'en va par où l'autre est entré. Je dis : l'autre, faites bien attention, car il n'est plus le même en sortant qu'en entrant, et c'est là tout le secret du : *Pourquoi l'on respire*, comme ce mouvement de va-et-vient du diaphragme est toute l'explication du : *Comment on respire.*

Comme vous le voyez, le mécanisme de ce soufflet-là est des plus simples, des plus ingénieux par conséquent, et il laisse loin derrière lui tous ceux que nous avons imaginés.

Ah ça! me direz-vous, est-ce là tout? Et les merveilles que vous m'aviez promises? Vous aurez beau dire, avec votre mouchoir qui se gonfle et se raplatit, je ne vois rien de si merveilleux, et ce n'était pas la peine de me faire venir comme cela l'eau à la bouche.

Un peu de patience, mademoiselle. Nous n'avons vu que la machine; mais il y a dedans un lutin, et voici le conte de fées qui va commencer.

Il y a dans quelques familles de ces vieux serviteurs, qui font partie de la maison plus que les maîtres en quelque sorte. Ils les ont élevés, enfants, et les servent jusqu'à la mort; ils ne vivent que pour eux, et savent si bien ce qu'ils ont à faire, le jour comme la nuit, qu'on n'a pas besoin de leur rien commander. Et non-seulement l'on n'a pas besoin de commandement avec eux, mais le plus souvent c'est peine perdue. Ils sont là si bien chez eux qu'ils n'en font guère qu'à leur tête. Si vous voulez les déranger de leurs habitudes, c'est à peine s'ils vous obéissent un instant, pour retourner aussitôt à l'ancien pli : ils savent mieux que vous ce qu'il vous faut.

J'étais tout petit que je lisais déjà, dans les livres d'histoires a mon usage, des plaintes amères sur la disparition de cette race de serviteurs du bon vieux temps. Vous aussi, on vous aura fait lire probablement qu'il n'y en a plus ; et il y en aura encore après vous, croyez-le bien, dans les familles qui sauront les faire et les garder, bien entendu. Bon vieux temps ou non, il n'y en a jamais eu que là.

Toujours est-il que j'en ai un comme cela, moi qui vous parle, et votre maman en a un aussi, et vous aussi, qui plus est, et tout le monde, ce qui est encore plus fort. Ce serviteur du bon vieux temps, qui ne disparaîtra jamais (pour celui-là, il n'y a pas à dire), c'est le diaphragme.

Quand vous veniez au monde, ma chère enfant, et que vous n'étiez qu'un pauvre petit morceau de chair, sans force, sans intelligence, sans volonté, incapable de donner n'importe quel ordre à vos organes que vous ne connaissiez pas encore, votre diaphragme a commencé tout tranquillement son service, sans vous rien demander, et, avec votre première respiration, votre vie a commencé. Depuis, il marche toujours, que vous fassiez attention à lui ou non, et son dernier effort sera votre dernier soupir.

Quand vous vous endormez, insoucieuse de tout ce qui va se passer jusqu'au réveil, infatigable à son poste, il travaille pour vous, et ce léger souffle qui entr'ouvre en passant vos petites lèvres roses, ce léger souffle que vient épier votre heureuse mère, c'est son ouvrage. Minuit sonne, une heure, deux heures ; tout est plongé autour de vous dans le sommeil : lui veille toujours. Il sait bien que s'il s'endormait avec vous, vous ne vous réveilleriez plus.

Ce protecteur de chaque instant, ce gardien fidèle de votre vie, c'est votre serviteur cependant. Occupez-vous de lui, il obéira à vos ordres. Vous pouvez le faire aller au grand pas, au petit pas, à volonté, l'arrêter même tout à fait, si la fantaisie vous en prend ; mais pas pour longtemps, par exemple. Le serviteur du bon vieux temps est têtu dans l'accomplissement de ses devoirs. Il vous cédera pour des misères ; mais n'essayez pas de lui faire violence, quand cela devient grave. J'ai lu quelque part qu'un gaillard déterminé, garrotté dans un cachot, s'était fait mourir en arrêtant sa respiration. Je ne l'ai jamais cru. Maître diaphragme ne permet à personne de pousser la révolte jusque-là.

Mais nous ne sommes pas au bout, et vous ne savez pas encore combien est juste la comparaison que je vous ai faite.

Qu'il arrive à son maître un malheur, un chagrin, seulement une contrariété quelquefois, le bon serviteur s'en affecte avec lui, autant que lui, et même plus que lui. Parfois le maître est déjà consolé qu'il ne l'est pas encore.

Et le diaphragme? me direz-vous.

Le diaphragme fait précisément de même, chère petite, le vôtre en particulier prend part à vos chagrins, à un tel point qu'il n'est vraiment pas toujours raisonnable. L'autre jour, quand votre maman ne voulait pas vous emmener avec elle à la campagne, il s'est tellement affecté pour vous qu'il en a eu des convulsions, et vous avez sangloté, sangloté, qu'il a fallu vous dire : « Viens, méchante enfant. » Vous embrassiez votre mère, déjà tout heureuse, qu'il n'était pas encore apaisé, et votre petite poitrine a été soulevée encore plus d'une fois par ses dernières convulsions.

Le sanglot, voyez-vous, est tout simplement une convulsion, une grande secousse du diaphragme. C'est pour cela qu'il fait tant sauter la poitrine.

Pour la joie, c'est la même chose. La joie du maître fait danser le serviteur, et le diaphragme aussi. Ses petits sautillements sont alors en nous ce que nous appelons le rire, une chose que vous connaissez bien. Mettez la main sur votre poitrine, la première fois que vous rirez, et j'aime à croire que ce sera bientôt, vous verrez comme elle danse, grâce au diaphragme qui bondit de joie de vous voir en belle humeur.

Notez bien que rien de tout cela n'est de commande. Il part de lui-même, le bon garçon, sans se demander seulement si vous en saurez quelque chose. De fait, vous n'en saviez rien jusqu'à présent.

Que dites-vous maintenant du diaphragme, chère petite ? N'est-ce pas que c'est un joli nom ? Vous ne vous attendiez guère à trouver là, sous vos poumons, un si bon serviteur, si attaché à votre petite personne, si semblable en tout point au meilleur que nous connaissions parmi nous autres hommes. Encore, nous ne sommes pas au bout, et je vous gardais pour la fin un nouveau trait de ressemblance qui vous fera ouvrir de grands yeux.

Le vieux serviteur est grondeur et bourru quelquefois.

Si quelque chose ne va pas à sa guise dans la maison, il ne se gêne pas pour le dire, et sa façon de le dire est parfois un peu rude. On a beau s'impatienter et lui imposer silence, il n'écoute rien : c'est son privilége. Mais qu'il survienne à son maître quelque accident imprévu, qu'il le voie ému fortement, voilà toute sa colère tombée! Il se remet silencieusement à l'ouvrage, rappelé à l'ordre mille fois mieux par l'émotion de son maître que par toutes ses impatiences.

Vous vous demandez où je veux en venir. Eh! chère enfant, c'est l'histoire du hoquet que je vous fais là, l'histoire du hoquet, ni plus, ni moins.

Il faut vous dire d'abord que le diaphragme est en relations très-intimes avec son voisin d'au-dessous, l'estomac. A chaque fois qu'il monte dans la poitrine, l'estomac monte derrière lui, et non-seulement l'estomac, mais aussi ses compères les intestins. Tous les employés préposés à la digestion font régulièrement le voyage avec lui, pour descendre comme pour monter. Mettez la main sur le ventre et respirez fortement : vous aurez le contre-coup de tous les mouvements du diaphragme.

Or, quand les choses vont de travers là-dedans, quand on a donné trop de besogne aux employés, ou une besogne qui leur déplaît, ou bien encore quand on les a dérangés dans leur travail, il arrive de temps en temps que le diaphragme prend fait et cause pour ses camarades de l'abdomen. Il s'emporte alors, et secoue le maître, qui n'en peut mais. Vous devez connaître ces secousses-là, qui deviennent si fatigantes quand elles se prolongent. Le diaphragme est alors tout à fait fâché. On a beau lui demander grâce et se roidir contre lui, il va son chemin, sans rien écouter, bousculant tout à tort et à travers; et vous savez le seul moyen vraiment efficace pour le calmer d'un coup. Ce moyen-là m'a mis assez de fois en admiration, quand j'étais petit. Une peur subite, un soubresaut déterminé à l'improviste par une main amie qui s'est glissée en cachette derrière vous, en voilà assez: désarmé par le bouleversement que vous avez éprouvé, le méchant muscle récalcitrant vous pardonne, et vous êtes guérie.

Puisque je me suis étendu si au long sur cette ressemblance vraiment miraculeuse entre les allures de deux sortes de personnages que personne, à ma connaissance, ne s'est jamais avisé de comparer entre eux, il faut cette fois, chère petite, que je vous donne la clef de toutes ces comparaisons, si bizarres au premier abord, et si frappantes au fond, qui arrivent, comme d'elles-mêmes, sous ma plume, au milieu des explications que j'ai entrepris de vous donner. Bien des gens, qui n'en voudront pas pour eux-mêmes, diront que c'est trop fort pour une petite fille; mais je trouve, moi, qu'il n'en coûte pas plus à l'œil de voir une montagne que de voir une mouche, et que les grandes idées ne sont pas plus difficiles à saisir que les petites. Ce sont les myopes, ce ne sont pas les enfants, qui ne peuvent pas voir loin devant eux.

Qui a fait le ciel et la terre? C'est Dieu, vous dit votre catéchisme. Le même Dieu, n'est-ce pas? nous n'en connaissons pas deux. Si c'est le même Dieu qui a tout fait, la main de l'ouvrier universel doit se retrouver partout, et, du haut en bas de son œuvre, c'est la même pensée qui doit se manifester sous mille formes différentes. Ce n'est pas seulement non plus chaque homme, un a un, qui est l'œuvre de Dieu. Le genre humain tout entier est aussi l'œuvre de Dieu, pris en bloc, et les lois d'après lesquelles la société humaine, ce grand corps du genre humain, cherche à s'organiser pour vivre, sont les mêmes indubitablement que les lois qui ont présidé à l'organisation du corps de chacun de nous. Il n'y a dès lors plus rien d'étonnant si, à chaque détail de la vie du corps humain, nous retrouvons autour de nous, dans la vie de la société humaine, un détail correspondant, ou du moins qui s'en rapproche. Ce qui serait étonnant, ce serait que l'humanité fût faite autrement que l'homme, et que la société humaine eût d'autres conditions de vie régulières que chacun de ses membres. Aussi bien, pendant que j'y suis, donnerais-je volontiers le conseil à ceux qui veulent s'occuper de ce qu'on appelle la politique, c'est-à-dire de la vie de la société, de commencer leurs études sur le corps social par l'étude du corps humain. Ils apprendraient là plus que dans les journaux.

Mais ceci ne vous regarde plus du tout. Pour le moment, prenez note seulement d'une chose, à savoir que la main du même Dieu a passé partout, et qu'il n'y a ni grande audace ni grand mérite à trouver des termes de comparaison entre les différentes parties de son œuvre. Ces comparaisons-là ne sont pas un simple jeu de l'esprit : elles existent toutes faites dans le fond des choses.

Descendons un peu de ces hauteurs pour revenir à nos poumons. Il y a bien longtemps que je vous en parle, et je ne vous ai pas encore dit comment ils sont faits.

Je voudrais bien pouvoir vous en montrer; mais votre bonne vous en montrera quand vous voudrez. Le *mou* qu'elle donne au chat, c'est un morceau de poumon. Risquez le petit bout d'un doigt pour y toucher, vous sentirez quelque chose de mou (les cuisinières ne lui ont pas donné son nom pour rien) qui plie sous le doigt, et se relève ensuite comme une éponge. De fait, le poumon, comme l'éponge, est composé d'une infinité de petites cellules, dont les parois élastiques peuvent se rapprocher et s'écarter à volonté. Ce sont comme autant de petites chambres dans chacune desquelles l'air et le sang entrent en courant, chacun de son côté, pour se dire bonjour, se toucher la main et se sauver ensuite aussi lestement qu'ils sont venus. Que le mou du chat provienne d'un bœuf, d'un porc ou d'un mouton, vous pouvez le regarder de confiance; votre poumon est fait absolument de même. Vous ne verriez pas autre chose si vous pouviez regarder dans votre poitrine.

Voilà pour la substance même du poumon. Quant à sa forme, figurez-vous deux grands paquets allongés, aplatis en dedans, descendant à droite et à gauche dans la poitrine, et portant au milieu le cœur, qui est suspendu entre les deux. L'extrémité de chaque paquet descend plus bas que le cœur, et c'est dans l'intervalle qui les sépare que la courbure du diaphragme exécute son mouvement de va-et-vient.

Je vous ai dit que l'air arrivait dans les poumons par le larynx. Le larynx, dont nous parlerons plus au long quand je vous expliquerai une autre curiosité bien précieuse aux petites filles, la voix, ce larynx est un tube composé de cinq cartilages (vous savez maintenant ce que c'est qu'un cartilage), dont le tissu résistant le maintient toujours ouvert. Après ces cinq cartilages, il en vient d'autres, et le tube continue toujours; mais il prend alors le nom de *trachée-artère*.

A son entrée dans la poitrine, la trachée-artère se divise en deux branches qu'on appelle *bronches*, et dont l'une se rend au poumon droit, l'autre au poumon gauche. Vous entendez quelquefois parler de *bronchite*. C'est une inflammation de ces bronches, qui sont à deux doigts des poumons. Il faut alors bien prendre garde, et faire bien exactement ce que prescrit le médecin, parce que, un pas de plus, et l'inflammation gagne des bronches dans les poumons, avec lesquels il n'est pas prudent de plaisanter.

Arrivées aux poumons, les bronches se subdivisent en rameaux, qui se ramifient à leur tour, comme les branches d'un arbre, et le tout se termine par d'imperceptibles petits canaux, dont chacun aboutit à une de ces petites chambres dont je vous ai parlé. C'est par là que l'air y arrive.

Le sang veineux, qui part du cœur, arrive de son côté par un seul grand canal, débouchant du ventricule droit, et qu'on appelle l'*artère pulmonaire*. Pour le dire entre nous, pendant qu'il n'y a pas là de savant qui pourrait se fâcher, c'est un nom assez mal choisi, puisque c'est du sang veineux qui coule dans cette prétendue artère. C'est que MM. les médecins ont décidé qu'on appellerait *artères* tous les vaisseaux qui partent du cœur, et *veines* tous ceux qui y retournent, quelle que soit la nature du sang qu'ils renferment. Nous n'y pouvons rien, puisque toutes ces choses-là sont à eux; mais alors ce n'était pas trop la peine de venir nous parler de sang artériel et de sang veineux. Mieux valait dire tout simplement : le sang rouge et le sang noir.

Quoi qu'il en soit, le sang veineux arrive donc du ventricule droit par l'artère pulmonaire. Celle-ci se partage, à l'instar des bronches, en mille et mille petits canaux, dont les extrémités viennent ramper le long des parois des petites chambres en question.

C'est alors qu'a lieu, entre l'air et le sang, ce commerce mystérieux, dont je vous fais attendre le mot depuis si longtemps, et à la suite duquel le sang noir devient rouge, ou de veineux devient artériel, comme on voudra. J'ai dit : commerce, et c'est bien réellement le mot, car cette transformation du sang s'accomplit au moyen d'un échange. L'air donne au sang, et le sang donne à l'air; donnant, donnant : c'est comme au marché.

Avec votre permission, chère enfant, nous en resterons là aujourd'hui. C'est ici le marché au charbon : il y fait un peu noir.

LETTRE XX

LE CARBONE[1] ET L'OXYGÈNE

Nous voici donc arrivés, ma chère enfant, à l'explication du grand mystère, au *pourquoi* de la respiration.

1. *Carbone* est le nom savant du charbon.

Tenez-vous bien, car nous entrons dans un monde où tout va être nouveau pour vous.

C'est ici le *marché au charbon,* vous ai-je dit la dernière fois, et vous aurez cru sans doute que j'allais encore vous faire une comparaison.

Eh bien, non, ce n'est pas là une comparaison! C'est la chose elle-même, pure et simple : un *marché,* puisqu'il s'agit d'un commerce, d'un échange, comme je vous l'ai dit; *au charbon,* car c'est bien positivement du charbon qui est l'objet essentiel et principal de ce commerce.

Quoi! me direz-vous, du vrai charbon? du charbon comme la cuisinière en met dans son fourneau? Mais nous n'en avons pas dans le corps : on n'en mange pas.

Oui, mademoiselle, du vrai charbon! Et vous en mangez, ne vous en déplaise; vous en mangez même tous les jours; que dis-je! vous n'avalez pas une seule bouchée qui ne contienne sa provision de charbon

Vous riez : attendez un peu.

Quand on vous fait griller de trop près les petites tranches de pain que vous mettez le matin dans votre tasse de café au lait, qu'arrive-t-il?

— Elles deviennent toutes noires.

— Quand on laisse trop longtemps les côtelettes sur le feu, qu'arrive-t-il?

— Elles deviennent toutes noires.

— Quand on oublie les pommes qu'on a mises à cuire sur la plaque du poêle, qu'arrive-t-il?

— Elles deviennent toutes noires.

— Toujours noires, n'est-ce pas? et d'un beau noir de charbon, si vous avez bien regardé, absolument comme les petits gâteaux qui ont brûlé, les marrons trop rôtis, et les pommes de terre en robe de chambre qui ont roulé sur la braise.

Et tranches de pain, côtelettes, pommes, gâteaux, marrons, pommes de terre, n'y a-t-il pas un terme commun pour exprimer le malheur arrivé à toutes ces bonnes choses-là ?

— Mon Dieu, oui, on dit : « Les voilà charbonnées ! »

— Charbonnées ! Je vous attendais là. Les voilà donc réduites en charbon ! Or, il est probable que ce charbon-là n'est pas sorti du fourneau pour entrer dans les côtelettes, les gâteaux, les marrons, et le reste ; et croyez bien qu'il s'y trouvait déjà, quand on les a mis sur le feu. Seulement sa vilaine couleur noire échappait aux regards, parce qu'il était là en belle et bonne compagnie, et qu'il se cachait derrière les autres, comme une aiguille perdue dans une botte d'allumettes. Mettez le feu aux allumettes, et il ne vous restera bientôt plus que l'aiguille, qui vous sautera aux yeux. De même ici : le feu a emporté les autres ; et le charbon, resté seul, s'est trouvé mis à découvert à point nommé pour convaincre les petites filles incrédules qu'il y avait bien réellement du charbon dans ces pommes et ces gâteaux qu'elles auraient mangés de si bon cœur, si le vilain était resté plus longtemps caché derrière ses camarades.

Le charbon, chère petite, est un corps bien plus répandu que vous ne l'avez cru jusqu'à présent. Celui que vous voyez dans le panier de la cuisine vient du bois des arbres, où il se trouve en plus grande quantité que partout ailleurs ; mais il n'y a pas un morceau, gros comme l'ongle, d'un végétal ou d'un animal quelconque, qui ne contienne du charbon. Dans le sucre que vous croquez, il y a du charbon ; dans le vin que vous buvez, il y a du charbon ; et j'en trouverais même dans votre eau, en cherchant bien. Il y en a dans la plume d'oie que je tiens en ce moment, et dans ce papier sur lequel j'écris, et dans ce mouchoir qui est dans ma poche : que je les approche tous trois de ma bougie, je les verrai bientôt noircir, et trahir sa présence. Il y en a dans la bougie elle-même, comme dans la chandelle, comme dans l'huile de la lampe, et si je mets un morceau de verre à plat au-dessus de leur flamme, j'en aurai bientôt recueilli assez pour noircir le bout du nez à qui voudrait en douter. Il y en a dans l'air ; il y en a dans la terre ; où n'y en a-t-il pas ? Toutes les pierres dont Paris est bâti en sont remplies du haut en bas. Le charbon est un des grands seigneurs de ce monde. Son domaine est si étendu qu'on pourrait faire le tour de la terre sans en sortir : c'est encore pis que le marquis de Carabas.

Après cela, je l'espère, vous ne viendrez plus me dire que vous ne mangez pas de charbon, et vous seriez bien embarrassée au surplus pour y échapper. De tout ce qui paraît sur la table, il n'y a que la salière où l'on ne trouverait pas de charbon, et encore je parle ici du sel, car dans la salière elle-même, tout clair et limpide que soit son cristal, il y en a.

Notre corps est donc plein de charbon. Tout ce que nous mangeons en introduit d'énormes quantités qui viennent se loger dans tous les recoins de nos organes. C'est un des principaux matériaux de ce vaste ensemble de constructions dont je vous parlais en commençant ces lettres, et dont le sang, l'intendant du corps, est l'entrepreneur universel. Si vous vous rappelez bien ce que je vous disais alors, ces constructions-là se démolissent d'elles-mêmes, au fur et à mesure que les ouvriers y travaillent, et le sang qui vient d'apporter les matériaux neufs, en arrivant des poumons et du cœur, emporte les décombres en s'en retournant. Or, de tous ces décombres, le vieux charbon est un de ceux qui tiennent le plus de place, comme le charbon nouveau tenait aussi une grande place dans les matériaux neufs. Le sang qui s'en retourne en a les poches toutes bourrées, et s'il ne travaillait pas à s'en débarrasser au plus vite, il ne pourrait plus faire rien qui vaille.

C'est dans les poumons qu'il s'en débarrasse. Il le cède à l'air, qui en a besoin pour un travail très-intéressant dont je vous parlerai plus tard ; et, en revanche, l'air lui donne une chose indispensable, sans laquelle le sang n'oserait pas retourner aux organes, car on ne reconnaîtrait plus son autorité.

Ainsi le charbonnier s'en va au marché avec son charbon, et reçoit en échange de l'argent. S'il retournait à la maison sans argent, sa femme le recevrait avec des sottises.

Mais quelle est cette chose indispensable ?

Retenez bien son nom : c'est l'Oxygène.

Il faut en parler avec respect, car il s'agit ici d'un haut et puissant personnage, bien supérieur encore au charbon. Si le charbon est un des grands seigneurs du monde, l'oxygène est le roi du monde.

Il y a un corps, ma chère enfant, dont bien des gens ne savent pas le nom, surtout parmi les petites filles, et qui forme, à lui tout seul, la bonne moitié de tout ce que nous connaissons de notre globe.

Ce corps, c'est celui que je viens de vous nommer, c'est l'**Oxygène**.

Élevez-vous dans l'air aussi haut qu'il va, c'est-à-dire à douze ou quinze lieues du sol, comme nous l'avons dit : l'oxygène fait la cinquième partie de cet immense océan aérien qui entoure le globe de tous les côtés. Là, il est libre, il est lui-même, si je puis m'exprimer ainsi ; il est à l'état de gaz, c'est-à-dire qu'il échappe aux regards, bien qu'il soit facile de s'assurer qu'il est là, quand on sait s'y prendre.

Descendez dans les profondeurs de la mer. Il y a des gens qui croient avoir de bonnes raisons pour lui donner une profondeur d'une lieue en moyenne, ce qui fait un joli chiffre en kilogrammes pour le poids total de la mer, si l'on veut se donner la peine de regarder la place qu'elle tient sur une mappemonde. Je néglige les lacs, les rivières, les ruisseaux, l'eau des nuages, toute l'eau éparpillée à l'intérieur et à la surface des continents, y compris celle avec laquelle vous vous débarbouillez tous les matins.

L'oxygène entre pour les huit neuvièmes dans la composition de cette masse presque incalculable. Les huit neuvièmes, entendez-vous bien, c'est-à-dire presque tout, puisque dans 9 livres d'eau il y a 8 livres d'oxygène. Le reste est pour un autre corps, dont nous aurons à parler tout à l'heure, et qui s'appelle l'*hydrogène*.

La terre que vous foulez aux pieds est toute pétrie d'oxygène. Si avant qu'on ait pénétré jusqu'ici dans l'intérieur du globe, on l'a trouvé partout, caché sous mille formes, associé à une foule de corps dont aucun n'existerait sans lui, emprisonné dans mille combinaisons, toujours prêt à reparaître dans son état naturel, si l'on démolit sa prison. Toute la surface de la terre, plaines, montagnes, villes, déserts, champs cultivés, tout ce que vous apercevriez, si, par un ciel pur, vous pouviez vous élever assez haut en ballon pour embrasser le globe d'un coup d'œil, tout cela peut donc être considéré comme un immense réservoir d'oxygène d'où on le verrait s'échapper par flots gigantesques, si quelque chimiste surhumain s'avisait de mettre notre pauvre petit globe dans une cornue du genre de celles dont se servent nos chimistes à nous. Pour vous en donner un exemple, les pierres des maisons de Paris, où nous avons déjà trouvé du charbon, sont faites presque à moitié d'oxygène. Dans une pierre qui pèse 100 livres, il y a 48 livres d'oxygène, et le premier chimiste venu les en fera sortir quand il voudra, en s'y prenant un peu adroitement.

Je vous énumérais la dernière fois tous les corps où l'on rencontre du charbon; mais cette fois il faut renoncer à faire une liste : tout le dictionnaire y passerait. Touchez tout ce qui vous tombera sous la main, dans votre chambre, dans la maison, partout où vous irez, je vous défierais presque, si nous mettons les métaux hors de jeu, de mettre la main sur un corps qui ne soit pas bourré d'oxygène. Votre corps lui-même, pour finir par lui, se réduirait à si peu de chose que vous en seriez bien étonnée, si l'on en retirait tout ce qu'il contient d'oxygène.

Quand je vous disais que l'oxygène était le roi du monde, je ne m'avançais pas beaucoup, n'est-ce pas? Aussi, entre nous, est-ce une grande misère que l'ignorance dans laquelle on vit complaisamment à l'égard de ce corps universel qui tient à tout, qui intervient partout, auquel nous avons affaire à chaque seconde de notre existence, qui est nous-même en quelque sorte, puisqu'il forme plus des trois quarts de notre corps, et dont le nom ferait faire la moue, j'en suis bien sûr, à plus d'une jolie petite bouche, si on le prononçait dans un salon. C'est en vérité comme cela. Il y a des demoiselles qui sont fières de savoir ce que c'est que Pharamond, et qui se croiraient déshonorées si elles savaient ce que c'est que l'oxygène. Il est convenu que les femmes ne doivent pas savoir ces choses-là, probablement parce que les enfants ne respirent pas, et qu'elles n'ont pas besoin d'y veiller.

Ceci me rappelle que nous sommes en train d'expliquer la respiration, car je l'avais presque oublié en vous soulevant le coin du voile derrière lequel la nature cache ses meilleurs secrets aux ignorants.

C'est donc de l'oxygène que le sang remporte triomphalement de son entrevue avec l'air dans les cellules du poumon; et, par parenthèse, c'est grâce à cet oxygène qu'il s'en retourne, des poumons au cœur, puis du cœur aux organes, avec cette belle couleur rouge rosé qui distingue le sang artériel du sang veineux.

Or, cet oxygène, le sang le dépense à chaque voyage, et sa course perpétuelle des poumons aux organes, et des organes aux poumons, a pour but essentiel de renouveler sans cesse cette précieuse provision, sans cesse consommée.

A quoi sert-elle? Le sang la laisserait-il par hasard dans nos organes, et serait-ce là un des matériaux que notre intendant fournit continuellement aux petits ouvriers du corps pour leurs constructions?

Non, ma chère enfant. Le proverbe : *On ne vit pas de l'air du temps,* est parfaitement juste, bien qu'on ne puisse pas vivre sans l'air. L'air ne nourrit pas nos organes; il les mange tout au contraire, et ce que nous mangeons sert précisément à contenter à mesure son insatiable appétit. Quand nous cessons de manger, pour une raison ou pour une autre, il continue toujours, lui, et voilà pourquoi les gens qui meurent de faim sont si maigres. L'air les a mangés en dedans.

Vous ne vous attendiez pas à cela; mais préparez-vous maintenant à marcher de surprise en surprise. Et, pour commencer, il faut que je m'arrête là, et que je vous explique, avant d'aller plus loin, devinez quoi?... Le feu.

Il n'y a pas beaucoup de rapport, allez-vous dire, entre le feu et la respiration.

Eh bien! c'est ce qui vous trompe. C'est tout à fait la même chose. Je vous montrerai cela la prochaine fois.

LETTRE XXI

LA COMBUSTION

Ne vous êtes-vous jamais demandé, ma chère enfant, l'hiver, en chauffant vos petits pieds à la cheminée, ce que c'est que le feu, ce grand bienfaiteur des hommes; le feu, sans lequel une partie de la terre serait presque inhabitable pour nous, un bon tiers de l'année; le feu, sans lequel nous ne pourrions pas faire un morceau de pain, et nous mangerions la viande crue; le feu qui nous éclaire la nuit, et sans lequel il faudrait nous coucher avec les poules; le feu qui dompte les métaux, et sans lequel nous n'aurions ni le fer, ni le cuivre, ni l'argent, ni rien de tout ce qui se fabrique avec eux; le feu sans lequel, en un mot, l'industrie humaine ne serait pas de beaucoup au-dessus de celle du singe et du castor?

Nous sommes si habitués au feu, nous autres, que nous n'y faisons pas grande attention, et nous nous persuaderions volontiers que les allumettes chimiques ont existé de toute éternité. Mais les premiers hommes, plus voisins de cette grande découverte, par laquelle a commencé tout le reste, les premiers hommes traitaient le feu avec plus de respect que nous. C'était pour eux une des grandes choses qui fussent au monde. Les anciens Persans en avaient fait un Dieu, et ils racontaient que Zoroastre, leur prophète, était allé le chercher au ciel, en passant par le sommet de l'Himalaya, la plus haute chaîne de montagnes du globe. Les anciens Grecs prétendaient que Promethée l'avait dérobé aux dieux pour en faire cadeau aux hommes, ce qui revenait à peu près au même que le récit des Persans. Les Romains avaient leur *feu sacré*, que les fameuses Vestales étaient chargées d'entretenir perpétuellement, sous peine de la vie pour celle qui l'aurait laissé éteindre. Aujourd'hui nous n'y mettons pas tant de façons, et nous nous chauffons tout bonnement les pieds sans en demander davantage. Mais vous verriez une terrible révolution sur la terre, si quelque Prométhée au rebours nous le dérobait un beau matin pour le reporter à ses anciens propriétaires : tout s'arrêterait dans l'industrie humaine, comme par enchantement, et il ne faudrait pas beaucoup d'années pour que nos pauvres petites sociétés, dont nous sommes si fiers, changeassent de face du haut en bas.

Heureusement que je puis vous rassurer là-dessus. Le feu n'est pas un cadeau fait à l'homme qu'on puisse lui reprendre à volonté. Nous en savons sur son compte plus long que les anciens. C'est une loi de la nature qui existait avant l'espèce humaine, et qui existera encore, sans le moindre doute, alors qu'elle aura disparu. L'existence du feu est liée de la manière la plus intime à celle de ce grand roi du monde, dont nous parlions la dernière fois, de l'oxygène.

Le feu, c'est la FÊTE DU MARIAGE de l'oxygène avec les autres corps.

Quand les rois se marient, quelles réjouissances ! quel tapage ! quelles illuminations ! N'était-il pas juste que le roi du monde eût aussi des réjouissances et des illuminations pour célébrer ses mariages ? Cela n'a pas manqué non plus. Les réjouissances, c'est la chaleur qui nous réjouit ; les illuminations, c'est la flamme qui nous éclaire. Seulement l'homme est, vis-à-vis de la nature, un sujet impérieux, comme ses rois, à lui, n'en ont pas souvent, heureusement pour eux. Quand il a besoin de chaleur et de lumière, il force le roi du monde à se marier, et il profite de la fête. Ce n'est pas plus malin que cela.

Mais quoi ! me direz-vous, si je voulais faire du feu avec des pierres, ou du fer, je n'en viendrais jamais à bout. Est-ce que l'oxygène ne se marie pas avec ces corps-là, et avec tant d'autres qui ne valent rien pour faire du feu ? Vous m'avez dit que l'oxygène se rencontrait presque partout.

C'est précisément pour cela, ma chère enfant, que tous les corps ne sont pas propres à faire du feu. Quand l'oxygène y est déjà, comme dans les pierres, par exemple, le mariage est fait : la fête ne peut pas recommencer. Les rois sont comme les autres. Ils ne célèbrent qu'une fois les noces d'un mariage. Si vous aviez été là, au moment où l'oxygène a fait son mariage avec les substances dont se composent les pierres, vous auriez vu une fête dont vous me diriez des nouvelles. Je n'étais pas là, moi non plus ; mais les savants sont parvenus dans ces derniers temps à rompre les liens qui unissaient l'oxygène avec les substances primitives, dans quelques fragments de pierres. Ces substances redevenues libres, et par conséquent bonnes à marier, on a pu se donner, en petit, le spectacle des fêtes d'un nouveau mariage. Je puis vous assurer que c'est à faire frémir, quand on se reporte à l'époque où ce mariage-là a dû se faire en grand.

Pour le fer, c'est autre chose.

Vous avez sans doute entendu parler de Louis XIV, ce roi si fier, qui se faisait appeler *le Grand*, et qui s'entendait comparer au soleil, sans sourciller. Il paraît qu'un jour il s'avisa, on ne saurait trop dire comment ni pourquoi, de se laisser marier avec Mme de Maintenon, l'ancienne veuve d'un pauvre poëte paralytique, qui s'appelait Scarron, et qui, en fait de poésies, n'avait guère attaché son nom qu'à des farces. Croyez-vous que, ce jour-là, on ait illuminé Versailles? Oh! que non pas! c'était un mariage honteux, dont personne ne devait rien savoir : la cérémonie s'est accomplie mystérieusement, et sans une chandelle de plus qu'à l'ordinaire.

Je ne prétends pas dire que l'oxygène ait de ces faiblesses, ni qu'il se tienne plus honoré de se marier avec un corps qu'avec un autre. Dans le monde des choses de Dieu, on ne sait rien de nos petits orgueils et de nos petites idées. Toujours est-il que le cher monarque a ses préférences, et que tous ses mariages ne se font pas de la même façon. Laissez sur la fenêtre, pendant deux ou trois jours, vos jolis petits ciseaux, avec lesquels vous seriez bien embarrassée pour faire du feu. Cette vilaine tache rouge, écailleuse, que vous allez trouver, et qu'on appelle de la *rouille*, savez-vous bien d'où elle provient? De l'oxygène qui s'est marié avec le fer de vos ciseaux. Mais c'est le mariage de la veuve Scarron. Il s'est fait sans éclat et sans bruit, et les amateurs de fête, ou de feu, ont dû s'en passer. Il n'y avait là rien pour eux.

La véritable raison de ces mariages *incognito,* je vais vous la dire. C'est que l'oxygène, médiocrement attiré par le fer, qui n'est pas autant que d'autres dans ses bonnes grâces, s'unit trop lentement avec lui, trop languissamment, pour ainsi dire.

Quand vous allumez un morceau de papier, combien de temps met-il à brûler?

— Une demi-minute tout au plus.

— Et votre tache de rouille, qui ne représente peut-être pas la centième partie du papier, combien a-t-il fallu de temps pour la produire?

— Deux ou trois jours.

—Voilà pourquoi vous n'avez pas aperçu les réjouissances et les illuminations. Elles sont en raison de la quantité d'oxygène qui se marie à la fois. Quand cette quantité est trop petite, la fête est trop petite aussi, et nous échappe, comme de petits bouts de fil qu'on vous mettrait délicatement, l'un après l'autre, sur le dos, passeraient tous inaperçus, tandis que vous sentiriez très-bien un gros drap de lit qui vous tomberait sur les épaules. Et pourtant, qu'est-ce que ce gros drap de lit, sinon une grande quantité de petits bouts de fil? Seulement ils vous arrivent tous d'un seul coup, comme les illuminations du mariage dans le papier qui brûle.

Encore un peu de patience, et nous serons au bout.

Qu'y a-t-il donc dans le papier qui plaise tant à l'oxygène, qu'il se marie si promptement et en si grande quantité?

Ce qu'il y a? Deux substances de haut parage, que le rôle important qu'elles jouent dans le monde met réellement à la hauteur d'une alliance royale, l'une que nous connaissons déjà parfaitement, le *charbon*, l'autre que je vous ai seulement nommée, à propos de l'eau, l'**Hydrogène**.

Grâce aux compagnies de gaz d'éclairage, tout le monde connait aujourd'hui l'hydrogène; tout le monde sait du moins son nom. Pour vous le dire en passant, c'est le corps le plus léger que l'on connaisse, et de beaucoup. Il est quatorze fois et demi plus léger que l'air, qui n'est pourtant pas bien lourd, bien qu'en masse il ait aussi son poids, comme nous l'avons vu.

Le véritable domaine de l'hydrogène, c'est l'eau, où il fait ménage avec l'oxygène, dans la proportion d'une livre contre huit, si vous vous rappelez bien ma dernière lettre. Mais hors de là, lui et le charbon sont en quelque sorte deux inséparables, qu'on rencontre invariablement côte à côte dans toutes les substances végétales et animales. Dans le bois, la houille, l'huile, le suif, l'esprit-de-vin, dans tout ce que nous appelons des *combustibles*, parce qu'on a donné le nom de *combustion* à ce mariage de l'oxygène avec les autres corps, l'hydrogène et le charbon se tiennent renfermés, bien sages et bien tranquilles, comme deux enfants qui jouent à la cachette. Vous avez joué quelquefois à la cachette. Si quelque mauvais sujet était venu par derrière avec un tison allumé, qu'auriez vous fait? Bon gré, mal gré, il aurait bien fallu sortir, et se faire prendre. Eh bien! c'est ce qui arrive à nos deux amis, quand vous approchez le papier du feu. La chaleur les force à partir, et l'oxygène, qui est toujours là, dans l'air, met la main sur eux. Crac!... les voilà mariés, et une belle flamme jaillit en l'air, qui dure jusqu'à ce que tout soit parti.

L'hydrogène et le charbon, voilà donc les deux grands combustibles, les deux pères du feu, et comme la nature nous les a prodigués en quantités on peut dire inépuisables, quand vous entendrez les gens se lamenter, et raconter que le bois s'en va, que la houille diminue, que l'espèce humaine finira par ne plus savoir comment se chauffer, ne vous inquiétez pas le moins du monde. Il y a dans un baquet d'eau plus d'hydrogène qu'il n'en faut pour faire un grand dîner. Il y a dans les carrières de Montrouge autant et plus de charbon que dans les houillères de Saint-Étienne; et quand on aura coupé toutes les forêts des montagnes, ce qu'à Dieu ne plaise, savez-vous ce qu'on fera? Eh bien! on brûlera la montagne. Les montagnes du Jura, par exemple, pour prendre celles qui s'y prêtent le mieux, sont de grands amas de charbon, sans qu'il y paraisse. Le tout est de savoir le faire sortir de sa cachette; mais cela se fera quand on voudra : on a fait déjà des choses plus difficiles. Quant à l'oxygène, que le charbon lui vienne d'une bûche ou d'un moellon; que l'hydrogène sorte d'une chandelle, ou d'un verre d'eau, cela lui est parfaitement indifférent. Il ne tient qu'à la personne, et pas du tout à l'origine, et se marie aussi volontiers dans un cas que dans l'autre.

Nous voilà revenus à la respiration à laquelle j'ai toujours l'air de tourner le dos, et devinez comment nous y voilà revenus!

Quand l'oxygène recueilli par le sang dans les poumons arrive avec lui aux organes, savez-vous ce qu'il y trouve?

De l'hydrogène et du charbon.

— Il se marie donc avec eux?

— Oui, ma chère enfant, et il n'entre même dans notre corps que pour cela. Voilà pourquoi, avant de vous expliquer la respiration, il a fallu vous expliquer le feu. Comme je vous le disais, c'est la même chose. Appelez l'air en vous avec le soufflet de la poitrine, ou chassez-le sur le feu avec le soufflet de la cuisine, c'est toujours le roi que vous envoyez à la noce.

LETTRE XXII

LA CHALEUR ANIMALE

Nous tenons donc maintenant le secret de la respiration : l'oxygène se marie dans notre corps avec l'hydrogène et le charbon.

Et pourquoi faire, s'il vous plaît?

— Apparemment pour faire du feu, puisqu'il ne se marie pas sans cela.

— Maintenant, pourquoi fait-on du feu?

Pour avoir chaud, n'est-ce pas?

Eh bien! c'est pour cela que votre corps est chaud, absolument comme le poêle de la salle à manger, où l'oxygène de l'air se marie aussi avec l'hydrogène et le charbon du bois. La nature emploie précisément le même procédé pour chauffer au dedans les petites filles, que l'homme pour chauffer ses maisons pendant l'hiver.

Supposez donc un petit poêle, avec des petits bras, pour puiser à mesure dans le panier au bois, et des petites jambes pour aller le remplir quand il se vide : le feu y brûlera toujours, et il sera toujours chaud.

Ce petit poêle, c'est vous; et votre bouche est la petite porte par où entrent constamment, non pas le bois, ce ne serait pas assez amusant, mais l'hydrogène et le charbon, sous forme de pain, de bouillon gras, de gâteaux, de confitures, et de toutes les bonnes choses que l'homme sait faire avec le *sucre*, la *graisse* et la *farine*. Il y a de l'hydrogène et du charbon, dans tout ce que nous mangeons, comme je vous l'ai déjà dit, mais ces trois corps-là sont, avec le *vin*, ceux qui en contiennent le plus, et qui sont, par conséquent, nos meilleurs combustibles.

— Quoi! le vin est aussi un combustible?

— Oui, mademoiselle. Seulement, dans le vin, ce qui est bon à brûler se trouve mélangé avec beaucoup d'eau, ce qui nous empêche de l'allumer. Mais si l'on retire une partie de cette eau, on a de l'eau-de-vie, qui s'allume déjà très-bien : si l'on retire encore de l'eau-de-vie une partie de l'eau qui y reste, on a de l'esprit-de-vin qui s'allume encore bien mieux. Si vous avez jamais vu une lampe à esprit-de-vin, vous devez en savoir quelque chose. Jugez de là quel feu l'esprit-de-vin doit faire dans le corps, même quand il a beaucoup d'eau à côté de lui, car il est bon de vous dire que votre petit poêle est bien supérieur à celui de la salle à manger, et qu'il va chercher, pour les brûler, les plus petites parcelles de combustible, là où l'autre serait quelquefois bien embarrassé pour les trouver.

Ce n'est pas tout, et j'ai de bien plus grandes merveilles à vous raconter.

Que diriez-vous d'un poêle qui, hiver comme été, la nuit comme le jour, à la pluie comme au soleil, dans les glaces du pôle comme sous le soleil de l'équateur, saurait se maintenir toujours dans le même état, ni plus chaud, ni plus froid une minute que l'autre, qu'on y mette peu ou beaucoup de bois, à un moment donné, et quelquefois sans qu'on y mette rien du tout pendant des jours entiers? Cela vous paraîtrait digne des contes de fées. Le corps de l'homme est pourtant un poêle de ce genre-là.

Mais ceci demande une petite explication préalable.

C'est bien audacieux à moi, pensez-vous, de décider comme cela que d'un bout de l'année à l'autre, et d'un bout de la terre à l'autre, le corps humain ne soit jamais ni plus chaud ni plus froid que ne l'est le mien, par exemple, ici en ce moment. Chaud et froid, c'est bientôt dit; mais du plus au moins la différence exacte n'est pas facile à mesurer, pas facile surtout à conserver dans la mémoire, quand il s'agit de tant de corps répandus sur toute la surface de la terre. Ce qui est chaud pour l'un d'une certaine façon n'est pas toujours également chaud pour l'autre, et en supposant qu'un seul et même savant aille faire son inspection par toute la terre à la fois, qui pourrait jamais se rappeler, au mois de juillet, en touchant le corps d'un nègre, dans le Sénégal, quelle était, au mois de janvier, la chaleur du corps d'un Esquimau, dans le Groënland ?

Rassurez-vous. Je n'aurais pas tranché si cavalièrement la question si l'homme n'avait pas trouvé un moyen infaillible d'apprécier rigoureusement, et toujours de la même façon, quel est le degré de chaleur, ou, en d'autres termes, la température d'un corps.

Voyons d'abord quel est ce moyen. Cela nous détourne un peu ; mais nous y sommes habitués maintenant ; et d'ailleurs, si j'allais tout droit, vous ne pourriez plus me suivre.

Vous rappelez-vous avoir eu jamais bien froid ? Les mamans ont beau *soigner,* comme on dit dans ce pays-ci, *pour* les petites filles, une fois ou l'autre, cela finit toujours par arriver. Ne semble-t-il pas alors que le corps se resserre sur lui-même, et ceux qui grelottent n'ont-ils pas l'air tout ratatinés? Quand il fait bien chaud, au contraire, il semblerait que notre corps s'étale et s'épanouit, et que l'on tient plus de place qu'auparavant. Tous les corps en sont là. La chaleur les étale, ou, pour dire comme les savants, les dilate ; le froid les resserre ou les contracte. Entre tous, le mercure est un de ceux sur qui cette action du chaud et du froid se fait le mieux sentir, et l'on s'est adressé à lui pour faire le *thermomètre,* un instrument bien commode, dont vous entendrez parler tous les jours de votre vie.

Le thermomètre[1], ou le *mesure-chaleur,* consiste en une boule pleine de mercure, et surmontée d'un petit tube de verre très-effilé, dans lequel le mercure peut aller et venir. Quand le thermomètre est exposé au chaud, la chaleur fait tenir au mercure plus de place, et il monte dans le tube. Quand le thermomètre est exposé au froid, le mercure revient sur lui-même et descend dans le tube.

Maintenant, faites fondre de la glace dans une de vos mains, et essayez de tremper le petit bout de l'autre dans une casserole d'eau bouillante. Vous trouverez une belle différence de température entre les deux! Cette différence de température, on est parvenu à la mesurer avec le thermomètre aussi exactement que votre maman mesure une pièce d'étoffe avec son mètre. Voici comment.

On entoure la boule de glace pilée, et, pendant qu'elle fond, on fait une marque au point où s'est arrêté le mercure dans sa descente. On plonge ensuite le thermomètre dans l'eau bouillante. Le mercure monte, monte, et s'arrête enfin à un point qu'il ne dépasse plus. On fait une seconde marque à ce point, et l'on divise tout l'espace compris entre les deux marques en cent parties bien égales, indiquées par autant de petits traits, et que l'on appelle des *degrés.* Supposez un escalier partant de la cave, où est la glace fondante, pour aller au grenier, où est l'eau bouillante, et donnez-lui cent degrés. Le mercure monte et descend cet escalier, selon que la température qu'il rencontre se rapproche de celle de l'eau bouillante,

1. *Thermomètre* vient de deux mots grecs : *thermos*, chaleur, et *metron*, mesure.

ou de celle de la glace fondante, et si vous voulez savoir au juste à quelle distance il est de la cave ou du grenier, vous n'avez qu'à compter les degrés. De là viennent ces expressions que vous entendez bien souvent : haute température, basse température. Cela veut dire : température avec laquelle le mercure monte ou descend son escalier.

Sur le sol même de la cave, là où la glace fond, il n'y a pas encore de degrés; on a mis là : *zéro*. Puis, on compte 1, 2, 3, 4, etc., jusqu'à 100, où l'on arrive au grenier, c'est-à-dire à l'eau bouillante.

Naturellement, si le thermomètre est exposé à un froid plus grand que celui de la glace fondante, le mercure descendra plus bas que la cave. Aussi bien l'escalier s'enfonce-t-il au-dessous, avec des degrés de même taille que les premiers, et l'on compte de nouveau : 1, 2, 3, etc., à mesure qu'il descend, en ajoutant, pour distinguer ces degrés-là des autres : *au-dessous de zéro*. On peut aller comme cela jusqu'à 40; mais là, c'est fini. Le mercure gèle. Il s'asseoit sur son dernier degré, et ne bouge plus.

De même, si le thermomètre est exposé à une chaleur plus grande que celle de l'eau bouillante, le mercure montera au-dessus du grenier. Aussi l'escalier continue-t-il plus haut, toujours avec des degrés de même taille, 101, 102, etc., jusqu'à 350, si l'on veut; mais pas plus loin, par exemple. Si la température haussait davantage, le mercure se mettrait à bouillir, et, ma foi, adieu pour les degrés. Il danserait si bien qu'il n'y aurait plus moyen de rien distinguer, sans compter qu'il s'envolerait.

Maintenant, rien n'est plus facile que de se servir du thermomètre. On le place dans l'endroit dont on veut mesurer la chaleur, et le mercure monte ou descend de lui-même jusqu'à ce qu'il ait atteint le degré qui correspond à la température de l'endroit. C'est bien plus commode que le mètre de votre maman, qu'il faut promener sur l'étoffe, et qui est toujours prêt à glisser, si on ne le tient pas avec soin. Les couturières seraient bien contentes d'avoir un mètre qu'il suffirait de poser sur l'étoffe, et qui se déroulerait tout seul pour s'arrêter juste à la mesure qu'on lui demande. Le thermomètre fait un service de ce genre-là.

Nous sommes aujourd'hui au 30 novembre. Je viens de le porter dehors : le mercure est allé se mettre sur le 2e degré *au-dessous* du zéro. Cela m'apprend qu'il gèle. Mes doigts me l'avaient dit déjà ; mais jusqu'à quel point au juste, ils n'en savaient trop rien. Tout à l'heure, dans la chambre, le mercure était sur le 15e degré *au-dessus* du zéro, grâce au poêle qui brûle tout doucement. Pendant l'été, il monte jusqu'au 25e, au 26e, au 28e degré. Je l'ai vu, l'été dernier, grimper jusqu'au 33e degré, à l'ombre, entendons-nous, car, au soleil, c'est bien autre chose. Ce n'était qu'un cri général contre la chaleur. Les grandes demoiselles auxquelles j'essaye d'apprendre, comme à vous, toute sorte de choses, prétendaient qu'on ne pouvait plus travailler. Eh bien ! je trouverais une chaleur encore plus forte, si je mettais le thermomètre dans mon corps. Rassurez-vous ; je n'y ferai pas de trou : le trou est tout fait. Je mettrai la boule dans ma bouche. Je n'ai presque pas besoin de regarder. Le mercure s'était déjà mis en route sur son escalier, sitôt que la boule a été dans ma main : maintenant le voilà arrivé au 37e degré!

Vous pouvez essayer sur vous-même, mais je vous préviens : il doit faire un peu plus chaud chez vous ; le mercure pourrait bien monter d'un degré de plus. Dans la bouche de votre grand-papa, je ne dis pas qu'il ne descendra pas d'un degré ; mais voilà tout. D'une bouche à l'autre, il y a, entre le 38e et le 36 degré, une petite place pour jouer ; mais il ne peut guère plus en sortir qu'une chèvre à l'attache ne peut dépasser le cercle que fait sa corde, en tournant autour du piquet. Faites le tour de la terre avec votre thermomètre, et promenez-le dans toutes les bouches, je ne vous défends pas de l'essuyer, vous trouverez partout le mercure à son poste. La corde qui le tient est un peu élastique, comme tout ce qui est en nous ; mais s'il franchit par hasard sa limite d'un degré en dessus, ou en dessous, ce sera tout aussi extraordinaire que de rencontrer un géant de 8 pieds, ou un nain de 3 pieds, ce qui se voit pourtant, bien que la règle pour la taille humaine soit de tourner autour de 5 pieds.

Du moment qu'il y a en nous un feu toujours allumé, il n'est plus difficile de comprendre comment notre corps s'entretient toujours chaud. Il est bien entendu, par exemple, que le feu devra être plus vif en hiver qu'en été, et l'on n'a pas même besoin d'être averti : la nature y a pourvu. Elle nous donne plus d'appétit quand il fait froid que quand il fait chaud. Mais de l'hiver à l'été, la différence n'est pas assez sensible chez nous, parce que notre corps conserve les habitudes prises, et qu'il réclame assez volontiers la même ration quotidienne, même sans en avoir le même besoin. Pour se rendre bien compte du rapport qui s'établit entre le besoin intérieur de nourriture, c'est-à-dire de combustible, et la température extérieure, il faut mettre en regard l'Indou qui vit avec une pincée de riz par jour, entre le tropique et l'équateur, et l'Esquimau, qui, pour entretenir ses 37 degrés de chaleur, au delà du cercle polaire, dans un pays où les voyageurs européens ont vu le mercure geler, absorbe quelquefois, dans une séance, 10 et 15 litres d'huile de baleine. C'est encore bien plus mauvais que l'huile de foie de morue, si vous en avez jamais bu; mais, en revanche, c'est un parfait combustible, et les pauvres gens n'y regardent pas de si près : coûte que coûte, il faut faire marcher le feu, et rondement. Et sans aller ainsi aux extrêmes, un de mes amis me racontait, la semaine dernière, que dans le Portugal, le pays des oranges, il n'est pas rare de voir les messieurs et les dames, c'est-à-dire ceux qui peuvent manger à leur appétit, dîner debout, en cinq minutes, avec un morceau de pain et la première chose venue. Allez proposer ce régime-là à une de ces miss anglaises, minces et blondes, qui mangent, à ce que l'on prétend, des biftecks au bal, en guise de rafraîchissement! Elle vous dira que, dans son pays, il faut s'asseoir pour dîner parce que cela dure trop longtemps, et qu'on met des morceaux trop lourds sur les assiettes. Elle pourrait même ajouter qu'on n'a pas tout à fait tort, parce que les froids brouillards de son île demandent un feu plus énergique que l'éclatant soleil du Portugal, et qu'il ne s'agit pas d'y faire la petite bouche, si l'on veut se maintenir à la hauteur de ses 37 degrés.

C'est pour la même raison que les Espagnols boivent de

l'eau, et sont contents, tandis qu'il faut mettre de l'eau-de-vie, m'a-t-on assuré, dans le vin de Bordeaux qu'on envoie en Angleterre, sous peine de le voir dédaigné, comme trop faible en combustible. C'est aussi pour la même raison que les Russes avalent, sans sourciller, des rasades d'eau-de-vie qui tueraient net un Provençal, et qu'en Suède le gouvernement a toutes les peines du monde à empêcher les gens du pays de convertir en eau-de-vie le grain que réclame le boulanger, tandis que les Arabes de Mahomet ont accepté, sans trop se faire prier, le précepte du Koran, qui leur interdit l'usage du vin et des boissons spiritueuses. Il est facile aux Arabes, qui ont chaud, de se passer d'esprit-de-vin. C'est moins facile aux Suédois, qui ont froid.

Tout cela va de soi, et, sans être bien malins, nous en faisons autant. Quand, au mois de janvier, nous aurons 12 ou 15 degrés au-dessous de zéro, je mettrai plus de bois dans mon poêle que je n'en mets aujourd'hui, avec mes deux pauvres petits degrés de froid. Aussi bien ce n'est pas là qu'est le merveilleux.

Le merveilleux, le voici.

L'Anglais s'en va dans l'Inde. Il y apporte son rosbif, et son rhum, et bourre tranquillement son poêle, par une chaleur de plus de 30 degrés, à peu près de la même façon qu'il le faisait dans son pays. Vous croyez qu'il va mettre le feu à la maison. Pas du tout. Envoyez le thermomètre aux informations dans sa bouche, il ne marquera que 37 degrés, ni plus ni moins que chez les mangeurs de riz. Le poêle est plus intelligent que son propriétaire. Il ne brûle que juste ce qu'il lui faut d'hydrogène et de charbon, et du reste il ne s'inquiète pas plus que s'il n'avait pas été mangé.

— Mais ce reste, me direz-vous, s'il n'est pas brûlé, que devient-il ?

— Vous souvient-il, ma chère enfant, je vous parle de bien loin, par exemple, vous souvient-il qu'après vous avoir expliqué la bile et le foie je vous avais remis, pour vous dire ce qu'il y avait dans la bile, au moment où nous aurions vu les poumons et la respiration? Eh bien! ce moment est arrivé.

L'hydrogène et le charbon que l'oxygène ne brûle pas dans le sang, le foie s'en empare et lui trouve un emploi dans la fabrication de la bile. Donc, plus il y a d'hydrogène et de charbon sans emploi dans le sang, plus le foie fabrique de bile, et voilà tout. Une fois le corps à son point de chaleur, on a beau y accumuler le combustible, il n'y fera pas plus chaud. Seulement on aura taillé plus de besogne au foie, et c'est au pauvre diable à s'en tirer comme il pourra. Aussi qu'arrive-t-il à la longue à nos grands mangeurs britanniques? Le fabricant de bile, qu'ils écrasent de travail, s'épuise et regimbe à la fin, et ils s'en retournent chez eux avec une maladie du foie.

Voici une première explication de ce merveilleux équilibre de température que l'imprévoyance humaine ne peut heureusement parvenir à déranger. Mais le sang a encore une autre ressource pour se débarrasser de son trop-plein d'hydrogène et de charbon, et c'est ici surtout qu'éclate la prévoyance admirable avec laquelle toutes choses ont été arrangées en nous. On raconte des loups que, quand ils ont sous la dent un morceau plus gros que leur appétit, ils vont enterrer dans un coin ce qu'ils ont de trop, pour le retrouver quand la faim sera revenue. Le sang a le même instinct. Écoutez bien : ceci est intéressant.

J'allume une chandelle. Dites-moi d'où provient cette flamme brillante qui va durer tant qu'il restera un peu de suif au bout de la mèche.

Pourquoi riez-vous? Je suis tout à fait dans le sujet.

Nous savons, n'est-ce pas? que les corps qui brûlent le mieux sont ceux qui sont remplis d'hydrogène et de charbon. Le suif est donc un de ces corps-là. Et qu'est-ce que le suif, s'il vous plaît?

C'est la graisse du mouton, si vous ne le saviez pas encore.

Maintenant, qui a mis dans la graisse du mouton tant d'hydrogène et de charbon qu'elle soit bonne à faire des chandelles?

Le sang du mouton apparemment, puisque le sang est le fournisseur général du corps, de celui du mouton, comme du nôtre.

Et comment le sang du mouton en avait-il une si grande provision?

Apparemment encore parce qu'il y en avait davantage dans ce que le mouton avait mangé que l'oxygène n'avait pu en brûler, et le foie en consommer. En effet, le mouton a des poumons et une fabrique de bile comme nous; l'oxygène y fait le même métier que chez nous; ce qui se passe dans son corps, en fait de respiration, n'est que la reproduction fidèle de ce qui se passe dans le nôtre, et l'histoire de sa graisse est purement et simplement l'histoire de la nôtre.

Or, croyez-vous que ce soit à notre intention que le sang du mouton dépose ainsi sa graisse par petites pelotes dans tout son corps, et qu'il travaille ainsi uniquement pour avoir l'honneur de nous approvisionner de chandelles? Ce n'est pas probable. Je vous parlais du loup tout à l'heure; mais nous n'avons pas besoin d'aller si loin. Dans bien des cabanes de paysans, il y a quelque part un vieux pot de terre où viennent s'entasser sou à sou les économies de chaque jour, ressource extrême pour les grandes occasions. Qu'un méchant larron vienne à tuer le propriétaire et à mettre la main sur le magot, il gaspillera, en quelques heures de brillante orgie, le précieux trésor si lentement amassé en prévision d'obscurs besoins. Ainsi fait l'homme quand il tue le mouton, et qu'il prend sa graisse pour en faire des chandelles. Le sang du pauvre animal savait bien qu'il pouvait venir des mauvais jours, que l'herbe pouvait manquer, le combustible envoyé dans le corps devenir insuffisant pour entretenir ses 39 ou 40 degrés de chaleur (c'est la mesure du mouton, qui est un peu plus chaud que nous). En conséquence, il avait fait tout doucement ses provisions de combustible, placées bien à sa portée, et destinées à être brûlées à petit feu dans les profondeurs des organes, aux heures de disette. Survient l'homme, le larron universel de la nature, qui en fait une belle flamme, sans calculer la dépense, et brûle en une soirée les longues économies de sa victime. Mais brûler pour brûler, c'était toujours la destinée du suif; il n'y a de différence que dans la façon. C'est comme les gros sous du paysan, qui avaient été mis là pour être dépensés plus tard, mais seulement d'une autre manière. Notez que les soldats russes, qui sont venus chez nous en 1815, savaient très-bien rendre la chandelle à sa destination première. En leur qualité d'enfants du Nord, habitués à faire feu de tout bois, tout ce qu'ils pouvaient voler de bouts de chandelles, ils les mangeaient, préférant brûler le suif à la façon du mouton : en dedans.

La graisse est donc la caisse d'épargne du sang. Il y dépose ses économies, et sait parfaitement les retrouver au besoin, témoin ce porc gras dont parle Liebig, un célèbre chimiste allemand, lequel, englouti par un éboulement, fut retrouvé vivant au bout de 160 jours. De graisse, il n'en était plus question, par exemple : l'animal pesait 60 kilos de moins. Nous en croirons l'illustre savant sur parole; mais il y aurait quelques jours à retrancher du compte que ce serait encore un bel exemple de la ressource que le sang trouve dans la graisse, à défaut de nourriture; car le porc avait certainement respiré d'un bout à l'autre de ces 160 jours, et pour avoir marché, selon toute probabilité, beaucoup plus doucement qu'à l'ordinaire, son feu d'hydrogène et de charbon ne s'était pas éteint une seule minute : cela, j'en suis parfaitement sûr, et vous saurez bientôt pourquoi. Bien lui avait pris à celui-là d'avoir mis des provisions de côté, dans les jours d'abondance; et qui fut attrapé? Ce fut le maître du porc qui se faisait fête à l'avance de se tailler des tranches de lard dans ses magasins de combustible. Cette fois, maître porc mangea lui-même son propre lard.

Vous comprenez maintenant, je l'espère, par quelle ingénieuse combinaison ce poêle merveilleux, qui s'appelle un animal, ne brûle jamais trop de combustible, quelle que soit la quantité qu'il en reçoit, et comment, en retour, il en a toujours assez. Il me reste à vous apprendre de quelle importance il est pour nous qu'il en ait toujours assez, et comme quoi ce n'est pas seulement une question de chaud ou de froid, comme avec nos poêles d'appartement, mais une question de vie ou de mort. Un peu de courage ! Nous touchons au dernier mot de la respiration, et quand vous le saurez, vous apprécierez encore mieux la leçon d'économie que vous a donnée aujourd'hui la nature.

LETTRE XXIII

ACTION DU SANG SUR LES ORGANES

La première fois que nous avons parlé du sang, ma chère écolière, je vous l'ai présenté comme l'intendant de votre corps, et quel intendant, s'il vous souvient bien ! Toujours éveillé ! toujours en route ! Les poches toujours pleines des matériaux que réclament sans relâche les constructeurs infatigables de l'édifice dans lequel le bon Dieu a logé votre chère petite personne. Si vous voulez bien comprendre ce qui va suivre, il faut pousser la comparaison jusqu'au bout.

Un intendant ne porte pas seulement des matériaux aux ouvriers; il leur porte aussi des ordres. C'est encore là le métier du sang. Il n'est pas seulement le fournisseur général, il est aussi le boute-en-train de toute la maison, et avec le soin de toutes les provisions à distribuer il a la charge de tous les mouvements à faire exécuter. Les malheureux dont l'existence a pour horrible condition le maintien de l'esclavage prétendent que leurs esclaves ne feraient rien qui vaille si l'on n'était toujours, le fouet à la main, derrière eux. Eh bien! nos organes sont des esclaves, et des esclaves de la pire espèce. Eux non plus ne feraient jamais rien si le sang ne les fustigeait sans cesse dans sa ronde éternelle. Qu'il cesse d'agir une minute, une seconde, tout tombe à plat : nous voilà dans le château de la Belle au bois dormant.

Je ne pourrais pas mieux comparer notre machine qu'à un violon, pour prendre quelque chose de moins triste que les esclaves, un violon dont le sang serait l'archet. Tant que l'archet court sur les cordes, le violon chante, et vit ; il se tait et meurt, dès que l'archet s'arrête.

Vous ne vous êtes pas encore trouvée mal, chère petite ; cela n'est pas de votre âge. Mais vous avez peut-être vu quelqu'un se trouver mal : vous en avez au moins entendu parler. Savez-vous ce qui arrive alors? Parfois, a la suite de quelque émotion violente, sans que je puisse vous dire comment, ni pourquoi, tout le sang reflue subitement vers le cœur, comme on peut voir, dans un tremblement de terre, une rivière refluer vers sa source, laissant son lit à sec. La figure blanchit alors, comme pour avertir qu'il n'y a plus rien de rouge sous la peau. Les organes, qui ne sont pas stimulés par le sang, cessent tout à coup de travailler. Le cerveau s'endort ; les muscles se détendent ; on perd connaissance; et vous voyez ce pauvre corps, dont l'âme semble partie, s'affaisser sur lui-même, et rouler à terre comme un cadavre. Ce n'est pas encore la mort, mais c'est déjà l'interruption de la vie. Ce serait la mort si la nature ne reprenait pas le dessus, et ne renvoyait pas le déserteur à son poste.

C'est un peu à cause de cela, puisque je vous en parle, que, parmi les anciens, quelques-uns avaient mis l'âme dans le sang, et ce n'était pas trop mal imaginé pour des gens qui tenaient absolument à dire où est l'âme, quand il est si facile de dire qu'on n'en sait rien. Mais aussi ceux qui l'avaient mise dans le souffle, et qui nous ont fait cadeau de ces jolies expressions : *rendre le dernier soupir, rendre l'âme,* ceux-là n'avaient pas tort non plus.

En effet, le sang n'est l'âme du corps, en d'autres termes, ne fait vivre le corps qu'à la condition d'entretenir sans cesse, et partout, ce feu magique dont nous avons tant parlé la dernière fois. Le peuple, dans sa langue pittoresque, a trouvé une image pleine d'énergie pour exprimer l'action exercée par un chef d'atelier qui sait faire travailler son monde : *il vous met le feu sous le ventre.* C'est, à la lettre, le procédé employé par le sang pour faire travailler les organes. Il leur met le feu sous le ventre. Malheureusement leur travail ne dure que juste autant que ce feu, si nécessaire à la vie qu'il se confond presque avec elle. C'est le feu sacré de la Vestale romaine qu'elle devait alimenter jour et nuit, sous peine de mort s'il venait à s'éteindre. Or, pour alimenter le feu sacré de la vie, s'il faut que le sang rencontre partout de l'hydrogène et du charbon en disponibilité, c'est-à-dire prêts à se marier avec l'oxygène, il faut aussi nécessairement qu'il apporte partout avec lui de l'oxygène. Sans mari, point de mariage, cela va sans dire : partant, point de feu. L'oxygène est donc son talisman pour se faire obéir des organes. Sans oxygène, c'est un commandeur d'esclaves sans son fouet : on se moque de ses ordres. Les organes seraient-ils inondés de sang veineux, de ce sang noir qui a perdu son oxygène, ils ne bougeraient pas plus que s'ils avaient reçu de l'eau. Ils ne connaissent que le sang artériel, le sang rouge, le sang riche en oxygène. C'est celui-là qu'ils respectent, et qui a droit sur eux. L'autre est un homme ruiné qui a perdu son prestige avec son argent : ceux qu'il nourrissait tout à l'heure lui rient au nez. Et comme notre cher intendant se ruine d'oxygène à chaque voyage, ce serait bientôt fini pour lui, et pour nous, par conséquent, s'il ne trouvait moyen de regarnir sa bourse, après chaque voyage. Heureusement que les poumons sont la caisse toujours remplie, où il va renouveler sans cesse son droit d'être obéi, c'est-à-dire son droit de nous faire vivre. Quand vient le *dernier soupir*, le dernier effort du diaphragme, qui ferme la caisse pour toujours, il faut dire adieu à la vie. En le rendant, on a bien réellement *rendu l'âme*.

Comme vous le voyez, ce n'est pas un badinage, et il ne s'agit pas d'être pris au dépourvu avec cette nécessité inexorable, qui ne fait pas grâce d'une minute. Le sang fait donc acte de personne raisonnable, en mettant ainsi des amas de combustible en réserve. Aussi bien, qu'il y ait réserve ou non, il faut que son feu marche néanmoins; il le faut absolument, et s'il n'a pas de graisse inutile à lui jeter en pâture, quand, pour une raison ou pour une autre, l'estomac cesse de travailler, il prend tout ce qui lui tombe sous la main.

Je sais à ce sujet une histoire qui vous intéressera.

Il y avait, du temps de François Ier, un brave paysan du Périgord, qui s'appelait Bernard Palissy. Dans ce temps-là, n'avait pas des assiettes de faïence qui voulait. C'était une fabrication dont les Italiens seuls possédaient le secret, et Bernard, qui savait déjà quelque chose en sa qualité d'ouvrier verrier, se mit en tête de le découvrir à lui tout seul. Le voilà donc qui se fait potier sans demander conseil à personne, qui bâtit des fours, ramasse du bois comme il peut, fabrique ses premiers pots tant bien que mal, allume son feu, enfourne, et attend. Il en eut pour 15 à 16 ans avant de réussir, 15 à 16 ans d'essais ruineux qui auraient découragé un grand seigneur. Mais lui, dès qu'il avait pu ramasser quelque argent avec ses vitraux, il retournait à son œuvre avec une persévérance indomptable, insensible à la misère, sourd aux moqueries des voisins, inébranlable aux malédictions de sa femme, qui était furieuse, comme bien vous pensez, de faire avec lui de l'héroïsme, sans en avoir la moindre envie. Or, un beau jour, voilà une grande rumeur à La Chapelle-Biron : c'était son village. « Bernard est devenu fou, disaient les gens; il brûle sa maison pour faire cuire ses pots! » Et c'était, ma foi, la vérité. Le bois étant venu à manquer, pendant qu'une fournée était au feu, Bernard avait commencé par prendre la palissade du jardin, puis les grosses tables, puis enfin le plancher de la maison. Ce que pouvait dire la femme, je vous le laisse à juger; mais lui n'écoutait rien, et, les yeux fixés sur l'implacable fourneau, comme un soldat sur sa consigne, il jetait et jetait, ne pensant qu'à son œuvre en danger. Le plafond aurait suivi le plancher, si les pots n'avaient fini par se cuire à point.

Ainsi fait le sang, quand le combustible vient à lui manquer. Il démolit la maison, et la jette au feu, miette à miette. La graisse y passe d'abord naturellement, ainsi que je vous l'ai expliqué. C'est la provision de bûches du logis. Elle est là exprès, et peut disparaître sans que rien en souffre. Puis vient le tour des muscles, plus utiles, sans être indispensables. Ceux-là sont la palissade de Bernard : à toute force, on peut s'en passer. Ils fondent pour ainsi dire, après quelques jours de jeûne, et l'on se trouve, comme on dit, avec la peau sur les os. Si la situation se prolonge, et que la chair épuisée n'y suffise plus, le sang ne balance pas. Il s'attaque intrépidement aux organes les plus essentiels, sans rien considérer, tout entier, lui aussi, à son œuvre; et comme la fin n'en arrive jamais, s'il ne vient pas à temps de secours du dehors, la maison n'est bientôt plus habitable, et la vie déloge. L'homme est mort de faim,

Mais de même que ce pauvre Bernard Palissy travaillait en définitive pour sa femme et ses enfants, dont il poursuivait le bien-être, but suprême de ses efforts, au risque de les faire coucher à la belle étoile, de même le sang a travaillé jusqu'au dernier moment pour cette vie qu'il met enfin à la porte, et ce travail de destruction, qui l'a emportée, a eu pour résultat en réalité de prolonger son séjour. Sans lui, c'était fini bien plus tôt.

LETTRE XXIV

LE TRAVAIL DES ORGANES

Voici qui est donc convenu. C'est le sang qui met tout en branle dans le corps. Les organes sont des paresseux qui ne feraient rien sans lui : ils ne travaillent que piqués, si je puis m'exprimer ainsi, par le feu, toujours prêt à s'éteindre, qu'il vient y rallumer sans cesse, grâce à l'oxygène qu'il rapporte des poumons.

Ceci va nous permettre d'expliquer bien des choses qui ne sont pas nouvelles pour vous, mais dont probablement vous n'avez pas même cherché jusqu'à présent à vous rendre compte.

Et d'abord, vous rappelez-vous ce qui vous est arrivé l'autre jour quand vous avez voulu attraper à la course votre méchant frère, qui, abusant de ses jambes de collégien, vous a impitoyablement promenée par toutes les allées du jardin, sans même vous faire la galanterie de se laisser prendre à la fin? Vous étiez toute hors d'haleine; votre petit cœur battait à vous faire mal; et vous aviez si chaud que l'eau vous coulait à grosses gouttes sur la figure, si bien que votre maman tout effrayée vous a prise dans ses bras, et vous a emportée près du feu, car le frais du soir commençait à se faire sentir, et une petite fille, trempée de sueur, est bientôt refroidie.

Quel rapport il y a-t-il, dites-moi, entre une course trop prolongée, et cette chaleur extraordinaire qui est venue si vite? Vos joues étaient fraîches et blanches, quand vous avez commencé à courir. Qui a pu les rougir ainsi, puisque précisément il faisait frais dans le jardin?

Vous ouvrez de grands yeux : vous n'aviez jamais pensé à cela. Voilà comme sont les petites filles. On court; on s'échauffe : cela paraît tout naturel, comme de se chauffer au soleil, et l'on ne se demande pas pourquoi.

Ce pourquoi-là vous pourriez presque me le dire, en y réfléchissant un peu, maintenant que vous voilà au courant de bien des choses; mais, pour aller plus vite, je vais vous aider.

Vous courez comme l'oiseau s'envole, sans y faire attention. Cependant si vous pouviez voir, avec une lunette magique, tout ce qui se passe dans votre corps, pendant que ces petits pieds mignons l'emportent comme une plume à travers le jardin, vous seriez tout émerveillée. Un de ces jours, quand nous aurons fini notre histoire de cette fois-ci, je vous raconterai celle-là qui en vaut bien aussi la peine. Sachez seulement pour aujourd'hui qu'il y a là un travail très-compliqué, auquel presque tous les muscles du corps prennent part en même temps, se roidissant et se détendant à tour de rôle, comme autant de ressorts, dont chacun lance en avant ou retient en arrière une partie de la machine. Il se fait là, au dedans de vous, pendant que vous avez les yeux sur le papillon qui vous fuit, une dépense d'efforts inouïe, qu'on n'obtiendrait jamais de nos paresseux, si le terrible intendant ne les fouaillait d'importance.

Son fouet, nous l'avons assez dit, c'est le feu intérieur dont il voiture les matériaux par tout le corps. Il faut donc, dans ces moments-là, qu'il fasse aller son feu bien plus fort qu'à l'ordinaire, absolument comme les mécaniciens du chemin de fer, qui chauffent davantage quand ils veulent aller plus vite.

Vous comprenez dès lors qu'il n'est pas bien étonnant que votre petite personne s'échauffe à ce métier-là, et quand il va se prolongeant un peu trop, les grosses gouttes de sueur qui vous arrivent de partout n'ont pas besoin d'autre explication.

Ce n'est pas tout. Ce feu, dont il s'agit de précipiter la marche, exige naturellement une plus grande quantité de combustible, et comme chaque goutte de sang n'en contient qu'une certaine proportion déterminée, pour en apporter davantage dans un muscle il faut que le sang y arrive en plus grande abondance. Or, s'il s'agissait d'un seul point du corps, comme à l'estomac, s'il vous en souvient, au moment de la digestion, il pourrait venir à bout de sa tâche sur ce point-là en négligeant le reste, et l'inonder à son aise, au détriment des autres organes. Mais ici c'est partout qu'il doit abonder. Il n'est pas question de rogner la portion d'un muscle au profit d'un autre. Du haut en bas du corps, tous le réclament en même temps; tous veulent être inondés à la fois. Et notez que les exigences de ces messieurs ne vous mettent pas une goutte de sang de plus dans le corps. Comment s'en tirer? Comme fait votre mère, ma chère enfant, quand il y a plus d'ouvrage que d'habitude à la maison, en allant plus vite de la cave au grenier, et de votre chambre à celle de votre père. On appelle cela se multiplier, et ce brave sang se multiplie en effet. Il court, il court, il arrive à flots pressés et s'en retourne au galop, passant et repassant par le cœur qui se vide et s'emplit par saccades précipitées. Malheureusement le pauvre cœur est un personnage délicat qui n'aime pas à être dérangé dans ses habitudes, et ce travail forcé le met bientôt aux abois. Dans son désespoir, il frappait de toutes ses forces l'autre jour contre les murs de sa chambrette pour avertir sa petite maîtresse qu'il n'en pouvait plus, et qu'ils étaient en danger tous les deux. Il est bon, en effet, que vous sachiez qu'on pourrait en mourir si l'on s'entêtait à courir trop longtemps. Quand vous apprendrez l'histoire ancienne, on vous racontera probablement ce qui est arrivé au soldat de Marathon, qui s'en alla d'un trait du champ de bataille aux portes d'Athènes, pour annoncer un quart d'heure plus tôt à ses concitoyens que la patrie venait d'être sauvée. Il tomba mort en arrivant.

Mais il n'y a pas que le cœur qui souffre de cette course folle du sang. Il passe aussi à chaque voyage par les poumons, qui sont forcés à leur tour de jouer à coups précipités. Et bien lui en prend à ce cher intendant, car les poumons s'emplissant d'air à chaque descente du diaphragme, si vous vous rappelez ce que nous avons dit dans le temps, il y entre ainsi bien plus d'air, partant plus d'oxygène, et le sang en a de la sorte une plus grande provision sous la main, juste pour faire face à la dépense extraordinaire qui s'en fait en ce moment-là dans les muscles. Je vous parlais tout à l'heure des machines à feu du chemin de fer. Voyez comme tout se tient dans la nôtre. Plus il faut de feu, plus le sang va vite; plus il va vite, plus souvent se remplit le coffre où il va puiser la provision d'oxygène dont il a besoin pour faire aller le feu. Tout cela marche ensemble, d'un seul mouvement, et l'équilibre s'établit de lui-même entre la recette et la dépense. Combien de ménages béniraient le ciel, si le coffre à l'argent se remplissait ainsi, en raison directe de la rapidité avec laquelle on fait rouler les écus! Il n'y a qu'un petit malheur : c'est que le diaphragme se fatigue du galop inusité qu'on lui fait prendre. Comme son voisin, le cœur, il entre aussi de son côté en convulsions, et la respiration s'arrête pour avoir marché trop vite. Bel exemple pour ceux qui veulent trop dépenser à la fois, puisque la nature y met le holà, même quand il n'en coûte rien que l'air du temps.

Courez maintenant, si vous l'osez. A vous dire le vrai, ce serait dommage si vous n'osiez pas, car le bon Dieu a fait les petits enfants pour courir. C'est pour cela qu'il leur a donné un sang plus agile qu'à nous autres grands-papas, des poumons plus élastiques, et par conséquent plus d'oxygène à dépenser à la fois. Mais avouez aussi que c'est bien dommage qu'on puisse courir toute sa vie, comme il arrive à bien des gens, sans connaître le premier mot des admirables combinaisons grâce auxquelles on en vient à bout. Cela n'empêche pas de courir, c'est vrai, pas plus le petit enfant que le petit chevreuil qui fait aller la même machine; mais il n'y a rien à dire au petit chevreuil : il ne peut pas apprendre ce que Dieu a fait en lui; et le petit enfant le pourrait, si l'on voulait.

Du reste, ne vous effrayez pas trop. Ces grands bouleversements ne surviennent que quand on fait abus; mais c'est une bonne chose que le sang donne de temps en temps son petit coup de fouet. Je vous l'ai dit la dernière fois, ce feu qui fait marcher les organes, c'est la vie : il n'y a pas de mal à vivre un peu plus. D'ailleurs, ce redoublement d'activité du feu intérieur ne nous sert pas qu'à courir. Toutes les fois que l'homme fait un effort, toutes les fois qu'il soulève un fardeau, qu'il manie un outil, le sang vient inonder aussi les muscles qui sont mis en jeu; le cœur bat plus vite, et l'air arrive en plus grande abondance dans les poumons. Regardez un homme qui fend du bois. Si la bûche y met trop de façons, et qu'il faille frapper coup sur coup seulement une minute ou deux, vous verrez bientôt l'homme haleter, absolument comme s'il avait couru. En revanche, il aura gagné quelque chose à fendre sa bûche, en dehors du droit qu'il aura de se chauffer. Le sang n'apporte pas seulement du feu dans les muscles : il les nourrit aussi, n'est-ce pas? Chaque goutte de sang dépose en passant sa petite offrande, et plus il en vient, plus belle naturellement est la récolte du muscle. Aussi voyez les gens qui travaillent! Comme ils sont plus forts et mieux portants que ceux qui ne travaillent pas! Je parle du travail des bras, bien entendu, car il y a de pauvres filles qui travaillent du matin au soir, assises sur leurs chaises, et qui ne s'en portent pas mieux, au contraire. Il y a aussi des braves gens qui, comme moi aujourd'hui, font courir une plume toute une demi-journée sur des feuilles de papier, et dont les muscles n'en deviennent pas plus gros, c'est assez clair. Enfin, il reste à remplir une condition, et elle ne l'est pas toujours, malheureusement. Plus on travaille, plus il faut manger. Pour vous, qui venez d'assister au drame qui se passe dans le corps, à chaque fois qu'un muscle est mis en mouvement, cela va de soi. Il n'y a pas de feu sans fumée, dit le proverbe. Il aurait bien mieux fait de dire qu'il n'y a pas de feu sans combustibles, et nos combustibles à nous, vous le savez, c'est ce que nous mangeons. Essayez de faire ronfler un poêle plus fort qu'un autre, en y mettant moins de bois. Hélas! c'est ce que sont obligés de faire trop souvent bien des malheureux, et le sang alors, au lieu de nourrir leurs muscles, les mange, par la raison que je vous ai donnée en vous racontant l'histoire de Bernard Palissy. Vous penserez à cela, ma chère enfant, quand vous serez devenue grande, et vous ne chicanerez pas le pain à ceux que vous ferez travailler.

J'aperçois bien d'autres enseignements pour vous derrière ce que vous venez d'apprendre.

Et d'abord la nature elle-même, prise sur le fait, vous laisse voir que le travail manuel est pour nous une condition excellente d'existence, un redoublement de vie. une supériorité, et qu'il ne faut pas par conséquent regarder trop du haut en bas ceux qui gagnent leur pain, comme on dit, à la sueur de leurs fronts. Je vous ai déjà dit cela en vous parlant de la main, qui est bien plus utile chez ces gens-là que chez vous. Je vous le redis maintenant pour une autre raison, parce que le travail grandit celui qui l'accepte, et qu'il constitue une véritable noblesse physique. Les anciens barbares, qui n connaissaient rien de noble et de beau que la guerre, méprisaient le travail, et l'abandonnaient aux esclaves, si bien que le nom lui en est resté quelque part, *œuvre servile,* œuvre d'esclave. De la guerre, le lot des anciens nobles, je n'ose guère vous dire trop de mal, malgré toute l'envie que j'en aurais; car enfin tant qu'il y aura des méchants, qui voudront battre les faibles, on sera trop heureux de rencontrer de braves garçons qui veuillent bien risquer leur vie pour les mettre à la raison : tant qu'il y aura des loups, il faudra bien conserver les chiens de berger. Mais au bout du compte ce que l'on peut dire de mieux en faveur de la guerre, c'est qu'elle demeure une extrémité fâcheuse, mais nécessaire, et que, pour s'en débarrasser, il ne suffit pas de le vouloir. Quelle différence avec le travail, cette guerre de l'homme contre la nature, guerre clémente et féconde, où les victoires ne s'évaluent pas, comme les autres, par le nombre des morts, et qui répand au contraire la vie à flots sur son passage, la vie au dedans du travailleur par le travail lui-même, la vie au dehors de lui par les fruits du travail! De celui qui meurt en tuant, et de celui qui fait vivre en vivant davantage, quel est le plus noble, dites-moi; et s'il est juste d'honorer le premier, par respect pour les causes qu'il défend, quand elles sont respectables, quels honneurs ne doit-on pas au second?

Mais laissons là ces hauteurs philosophiques, et revenons à vous, ma chère petite, qui n'avez rien à démêler avec la guerre, avec ses lauriers et ses massacres.

Vous n'avez pas non plus à fendre des bûches, et je ne voudrais pas vous y inviter. Mais dans la vie d'une femme, à partir de ses années de petite fille, il se présente mille choses à faire avec les mains, et combien de fois ne se croirait-on pas déshonorée, si l'on n'appelait pas les bonnes pour le faire? Gardez-vous de cette fausse et funeste idée. Le travail des mains ne déshonore pas, il ennoblit. Le rejeter loin de soi, c'est s'amoindrir, c'est se priver d'une des gloires et des joies de la vie. Si l'on vous sert quelque chose de bon à table, appelez-vous les bonnes pour le manger? S'il vous arrive une occasion de faire circuler plus rapidement le sang dans vos veines, et d'augmenter en vous la force et la vie, en vous rendant utile par-dessus le marché, pourquoi leur en faire cadeau, surtout quand ce n'est pas un cadeau agréable, vu que les bonnes filles en ont assez, du matin au soir, de ces occasions-là?

Il y avait une fois un prince persan, en voyage à Paris, qu'on avait amené à un bal de ce qu'on appelle le grand monde, pour lui donner un échantillon de la civilisation européenne. Je ne vous parle pas d'un prince des Mille et une Nuits : c'était, je crois, du temps de Louis-Philippe. Les jolies danseuses tournoyaient, les yeux brillants de plaisir, au bras des élégants cavaliers; on eût dit qu'une seule âme animait toute cette foule légère, qui se laissait emporter en cadence par les brillantes fanfares de la musique; tout semblait en joie dans la vaste salle étincelante de lumières, et les mères enviaient tout bas leurs filles, qui passaient et repassaient devant elles. Seul, notre Oriental promenait un œil dédaigneux sur cette heureuse jeunesse.

Quand ce fut fini : — Eh quoi! dit-il à son introducteur, ne m'aviez-vous pas dit que j'allais voir les premières familles de Paris?

— Sans doute, reprit l'autre, dans ces jeunes filles qui dansaient tout à l'heure devant vous, il y avait au moins vingt des plus beaux partis de France.

— Des jeunes filles qui dansent! Allons donc! Dans mon pays nous avons des danseuses qu'on paye pour cela; mais nos femmes ne se permettraient jamais de danser elles-mêmes. C'est bon pour le peuple!

Souvenez-vous à l'occasion des mépris du prince persan, ma chère petite, et, croyez-moi, travaillez vous-même. La danse du travail vaut bien l'autre, quand on y met son cœur. Elle vaut même mieux bien souvent, et, la première fois, je vous dirai pourquoi.

LETTRE XXV

L'ACIDE CARBONIQUE

Nous allons faire aujourd'hui connaissance avec un nouveau personnage, qui mérite bien aussi qu'on s'occupe de lui. C'est un enfant de l'oxygène et du carbone[1], mais pas tout à fait de la même façon que vous êtes l'enfant de votre papa et de votre maman. Dans ce monde-là les choses ne se passent pas comme chez nous. Supposez que le papa et la maman se confondent ensemble de

1. C'est là le nom que les savants ont donné au charbon. Nous le lui laisserons désormais.

manière à ne plus faire qu'une seule personne, et que cette personne-là s'appelle leur enfant. C'est ainsi que font l'oxygène et le carbone. Ils disparaissent tous les deux en s'unissant, et la nouvelle personne qui résulte de leur union s'appelle l'*acide carbonique.*

Vous dire comment il est fait, je ne saurais. C'est un gaz ou, si vous l'aimez mieux, c'est un air, car quand nous disons : gaz, nous prononçons un mot anglais qui veut dire : air. Par parenthèse, c'est une politesse que la science française a faite à l'Angleterre, à cause de l'anglais Prietsley, qui a eu l'honneur des premières recherches sérieuses sur les différentes espèces d'air, ou de gaz, que nous connaissons aujourd'hui. Donc je ne peux pas vous dire où vous pourrez voir l'acide carbonique. Quand on le regarde, on ne voit rien, pas plus qu'on ne voit l'air qui remplit un verre vide. Mais je puis vous dire où il y en a, et vous, vous le connaissez déjà probablement, sans savoir son nom.

Vous souvient-il qu'à la fête de votre papa, on a bu au dessert une bouteille de vin de Champagne? Vous riez. Il paraît qu'on vous y a fait goûter, et cela vous a piqué la langue, n'est-ce pas? Ce qui a fait sauter le bouchon en l'air, c'était l'acide carbonique qui était emprisonné tout à fait à l'étroit, avec le vin, dans la bouteille, et qui s'est envolé comme un beau diable, sitôt que le fil de fer n'a plus été là pour retenir le bouchon. Ce qui pétillait dans le verre. en faisant cette jolie mousse blanche dont le petit bruit semble appeler les lèvres, c'était l'acide carbonique resté dans le vin, et qui s'échappait en mille petites bulles. Ce qui vous a piqué la langue, c'était toujours l'acide carbonique, en sa qualité d'acide; car son nom d'acide vient de là : il a été emprunté à un mot latin exprimant cette saveur piquante, et comme pointue, si je peux m'exprimer ainsi, particulière à tous les corps que nous appelons des acides.

C'est encore l'acide carbonique qui fait mousser la bière, et le vin nouveau, mis en bouteille. C'est lui qui fait pétiller et piquer l'eau gazeuse, et la limonade gazeuse, si vous l'aimez; et jusqu'à présent il ne doit pas vous paraître un trop méchant garçon. Mais ne vous y fiez pas. Il en est de celui-là comme de bien d'autres, qui pétillent d'esprit, qui font mousser la conversation et qui sont très-séduisants à table, tant qu'il ne s'agit que de rire dans les verres, mais dont la société est mortelle pour l'âme qui se livre à eux. Ce charmant acide carbonique est un poison mortel pour qui lui livre l'entrée de ses poumons.

Vous savez de quel violent mal de tête se plaignait dernièrement votre bonne, après avoir repassé tout ce linge que vous salissez de si bon cœur; eh bien! ce mal de tête, c'était à vous qu'elle le devait. Il lui venait d'être restée penchée trop longtemps sur les charbons qui chauffaient ses fers à repasser. Des charbons qui brûlent, c'est du carbone qui s'unit à l'oxygène de l'air : vous connaissez cela maintenant. L'enfant maudit sort du feu par torrents, et la pauvre fille était malade pour en avoir respiré un peu plus qu'il ne convenait pour sa santé. Remarquez bien que la porte de la chambre était ouverte pour laisser entrer l'air frais, et qu'il y avait une cheminée pour laisser partir l'acide carbonique. C'est à cause de cela qu'elle en a été quitte pour un mal de tête. Mais vous entendrez parlez de malheureux qui, las de la vie, s'enferment avec un brasier de charbon dans leur chambre, après avoir eu la fatale précaution de bien boucher toutes les ouvertures. Quand les voisins inquiets finissent par enfoncer la porte, ils ne trouvent plus qu'un cadavre. Et tant de braves ouvriers, dont les journaux parlent tous les jours, qui descendent à l'aveuglette dans des puits fermés depuis longtemps, et qui tombent morts en arrivant au fond! La plupart du temps, c'est l'acide carbonique, amassé là à la longue, qui les foudroie de son souffle empoisonné.

Vous allez me demander pourquoi je vous raconte de si vilaines histoires, et où je veux en venir avec mon acide carbonique. Ceci vous intéresse plus que vous ne pensez, chère petite. Vous et moi, et tous les gens que vous rencontrez, et les animaux eux-mêmes, puisqu'ils ont la même machine que nous, nous sommes tous de petites fabriques d'acide carbonique. C'est tout clair. Puisqu'il y a un feu de charbon, allumé par tout notre corps, il faut bien qu'il sorte aussi un enfant de cette union de l'oxygène, apporté par le sang, avec le carbone qu'il rencontre dans nos organes, et notre gorge est la cheminée par où l'enfant s'en va. Il nous tuerait net, s'il restait dans la maison.

Voici ce qui ce passe. Au fur et à mesure que le sang perd son oxygène, dans sa ronde en partant du cœur, il ramasse en échange l'acide carbonique produit par la combustion, de sorte qu'il en est tout chargé quand il retourne aux poumons. Là, il absorbe une nouvelle provision d'oxygène, et se dégorge du même coup de son trop-plein d'acide carbonique, lequel est expulsé du corps par les contractions de la poitrine, pêle-mêle avec l'air qui vient de servir à la respiration. Vous concevez bien que cet air-là n'est plus le même à sa sortie du corps qu'à son entrée, et que, si vous vous amusez à le respirer une seconde fois, il ne vous rendra plus le même service. En effet, il a perdu une partie de son oxygène, et l'acide carbonique qu'il a emporté, il vous le rapportera. S'il revient une troisième fois, ce sera encore pis, et pour peu que vous vous obstiniez, l'oxygène diminuant toujours, et l'acide carbonique allant toujours en augmentant, cet air qui avait commencé par vous faire vivre, finira par vous tuer. Essayez pour voir de vous faire enfermer dans une petite malle, où l'air ne puisse pas se renouveler, ou seulement dans une armoire un peu étroite, et bien bouchée, vous m'en direz bientôt des nouvelles. Il n'y aura pas besoin d'allumer du charbon là dedans. On en brûle assez dans votre petit poêle, et vous vous empoisonnerez vous-même.

Vous voyez bien que mes vilaines histoires de tout à l'heure vous regardaient un peu, et qu'il est bon d'être averti. Et maintenant dites-moi si, quand une centaine de personnes, je devrais dire une centaine de fabriques d'acide carbonique, s'entassent toute une soirée, et quelquefois toute une nuit, dans un local juste assez grand pour les laisser aller et venir, dites-moi si c'est là quelque chose de bien rassurant pour la santé des petites filles, dont le sang court si vite, et auxquelles il faut tant d'oxygène; et si l'on n'a pas raison de ne pas les y emmener. C'est amusant je le sais; mais les vrais plaisirs sont ceux qu'on ne paye pas trop cher. J'ai vu les bougies elles-mêmes se trouver mal, et pâlir tout à coup, au beau milieu de ces séances meurtrières, comme pour avertir les imprudents qu'il n'était que temps d'ouvrir les fenêtres.

Et ceci me rappelle un détail que j'allais oublier. Les bougies sont comme nous. Pour brûler il leur faut aussi de l'oxygène; et, comme nous, elles s'éteignent dans l'acide carbonique. Mais comme nous aussi, et bien plus nous encore, parce qu'elles brûlent bien plus de charbon à la fois, elles fabriquent de l'acide carbonique. Il en résulte que ce brillant éclairage, dont l'assemblée est si heureuse et si fière, est tout bonnement un danger de plus. Chacune de ces bougies qu'on prodigue à pleines mains, sans autre crainte que de ne pas en avoir assez, est un convive affamé qui mord à belle dents dans la mince ration d'oxygène, mise à la disposition de l'assistance. De chacune de ces joyeuses flammes, soleils de la fête, s'élance un jet impétueux d'acide carbonique, qui vient grossir les flots déjà si formidables de gaz empoisonné qu'exhalent, à qui mieux mieux, les danseurs. Et tenez, j'oubliais aussi un autre détail. On danse. Nous avons vu la dernière fois à quel prix on peut danser. Il faut faire aller le feu bien plus vite, c'est-à-dire dépenser bien d'oxygène à la fois, et doubler, tripler l'activité de la fabrique d'acide carbonique, juste au moment où il serait si à propos de la faire marcher le plus doucement possible. Après cela, si les visages du lendemain sont tout défaits, cela n'a rien de bien étonnant. Ce qui m'étonne, c'est que tout ce monde-là ne soit pas obligé de garder le lit, à la suite du régal que l'on a servi à ses pauvres poumons. Mais si l'on reste sur ses jambes, croyez-moi, l'on n'en vaut guère mieux, et cela se retrouve toujours, surtout si l'on y revient trop souvent.

Quand je vous disais que la danse du travail valait bien l'autre! Qu'en pensez-vous maintenant?

J'en dirai tout autant des salles de spectacle, lieux de plaisance organisés tout exprès pour appauvrir le sang, et ruiner la santé des heureux mortels qui viennent, tous les soirs, acheter à la porte le droit d'y gorger leurs poumons d'acide carbonique, sans parler du reste. Vous comprendrez facilement que ce ne sont pas là des endroits pour des petits poumons mignons comme les vôtres, et cela vous aidera à ne plus faire la grimace, quand on ira là sans vous. Les grandes personnes s'en tirent encore, parce que la machine humaine possède une admirable élasticité qui lui permet de se prêter, on ne saurait dire comment, aux positions parfois si critiques où ses seigneurs et maîtres la jettent sans y faire attention. Mais pour cela, il est bon qu'elle soit entièrement formée, et l'on s'expose à la fausser pour toujours, en la malmenant de trop bonne heure. Dites cela à votre collégien qui veut déjà fumer son cigare, comme un homme. Si ses poumons pouvaient parler, ils lui crieraient à ce cher frère que c'est bien dur pour eux, à leur âge, et qu'on devrait au moins attendre qu'ils aient passé leurs examens.

Mais n'allons pas nous brouiller avec cet imposant personnage, en jetant des pierres dans son jardin, où je n'ai que faire. Pour vous, chère enfant, la morale à tirer de ma leçon d'aujourd'hui que je trouve, moi, bien plus effrayante qu'un conte de nourrice, vu qu'il s'agit de réalités de tous les jours, cette morale, la voici : cherchez vos plaisirs au grand air. L'été, quand on allume la lampe, dites gentiment bonsoir à votre maman pour aller vous coucher. L'hiver, n'attendez pas qu'il y ait trop d'acide carbonique dans la chambre des grandes personnes pour prendre le chemin de la vôtre, comme une petite fille raisonnable, qui ne voudrait pas faire de chagrin à ce pauvre sang, un serviteur si actif et si précieux ! Sans compter que, si elle le fâchait trop, elle en aurait pour la vie à l'entendre gronder. On ne peut pas en changer comme on change de bonnes...

LETTRE XXVI

ALIMENTS DE NUTRITION

Voilà bien du temps que nous passons, ma chère enfant, autour de ce petit feu qui brûle en nous à la sourdine, dévorant tout doucement ce que les petites filles croquent de si bon appétit, sans se douter qu'elles travaillent pour lui. Il faut pourtant, si je veux vous achever l'histoire de notre bouchée de pain que j'arrive à son dernier chapitre.

De ce que nous mangeons tout n'est pas brûlé, comme vous devez bien le penser, car, que resterait-il au sang pour nourrir le corps, et réparer à mesure les démolitions continuelles qui se font dans nos organes? Nos aliments se partagent donc en deux classes bien distinctes : les uns qui sont destinés à être brûlés, et que l'on appelle *aliments de combustion*, les autres qui sont destinés à nourrir le corps, et que l'on appelle *aliments de nutrition*. C'est de ceux-ci qu'il me reste à vous parler, et vous allez voir que leur histoire a bien aussi son intérêt.

Les savants ayant reconnu, à n'en plus douter, l'existence de ces deux espèces d'aliments, il semblerait au premier abord qu'ils auraient dû s'empresser d'en prévenir les cuisinières, et que, depuis cette importante découverte, sur une table bien servie les plats devraient être arrangés en conséquence, d'un côté les aliments de combustion, de l'autre les aliments de nutrition. Ce n'est pas le tout de régaler ses convives; il faut leur donner tout ce qui est nécessaire pour que le service intérieur se fasse convenablement, et si l'on ne sert aux uns que des combustibles, si les autres n'ont rien à brûler, comment pourront-ils se tirer d'affaire? Personne n'y pense cependant, à commencer par les cuisinières, qui, en fait de feu, trouvent que c'est bien assez déjà de s'occuper du feu de leurs fourneaux; et quand les gens ont dîné, ils s'en vont contents d'habitude, tout aussi bien approvisionnés que si la maîtresse de la maison avait fait, plume en main, en dressant son menu, le compte de la combustion et celui de la nutrition. A quoi cela tient-il?

Cela tient à ce que les deux espèces d'aliments se trouvent la plupart du temps côte à côte dans tout ce que nous mangeons, de sorte qu'on les avale ensemble d'une seule bouchée, et que dès lors il devient inutile de s'en occuper. Voilà notre bouchée de pain par exemple. Avec quoi fait-on le pain? Avec de la farine. Le pain contient donc tout ce qui était dans la farine. Eh bien! je vais vous donner le moyen de retrouver dans la farine d'un côté l'aliment de combustion, et de l'autre l'aliment de nutrition.

Prenez une pincée de farine, et tenez-la sous un petit filet d'eau, en la pétrissant légèrement entre les doigts. L'eau s'en ira toute blanche, emportant avec elle une poudre fine qu'il vous sera facile de recueillir, si vous recevez l'eau dans un vase, où la poudre se déposera bientôt. Cette poudre, c'est de l'amidon, cet amidon dont les blanchisseuses se servent pour empeser le linge, et que nos pères employaient à poudrer leurs perruques. On en a mis dans vos cheveux, le jour où vous portiez ce joli costume de marquise, dans lequel vos flatteurs prétendaient que vous étiez si gentille. Or l'amidon est un excellent combustible. On est arrivé, par des procédés que vous me permettrez de ne pas vous expliquer, à savoir à peu près au juste de quoi il se compose, et l'on y a trouvé trois de nos anciennes connaissances, l'oxygène, l'hydrogène et le carbone, combinés ensemble dans une proportion telle que cent grammes d'amidon contiennent :

Carbone.	45	grammes
Hydrogène. . . .	6	—
Oxygène.	49	—
	100	grammes.

Je vous fais le compte en nombres ronds, pour ne pas vous charger la mémoire des fractions, et j'en ferai autant pour les autres chiffres que j'aurai tout à l'heure à vous donner, car c'est aujourd'hui jour de chiffres, je vous en avertis. Je n'oserais pas trop d'ailleurs prendre sur moi de vous garantir toujours l'authenticité absolue de ces fractions si précises. Messieurs les savants se disputent bien un peu, par-ci par-là, à qui s'est trompé d'un milligramme de plus ou de moins, en maniant sa balance, et, à nous deux, nous n'avons pas à décider entre eux. Je trouve, moi, que c'est déjà bien beau d'être arrivé à l'à peu près, et, avec leur permission, nous nous y tiendrons.

Donc l'amidon qui renferme presque la moitié de son poids de carbone est naturellement un excellent combustible. On pourrait même l'appeler presque le père d'une bonne moitié de nos combustibles alimentaires, car si, au moyen d'une certaine opération que la nature sait très-bien faire d'elle-même, en certains cas, il vient à perdre une partie de son carbone, de façon que la proportion n'en soit plus que de 36 grammes à peu près sur 100 grammes d'amidon, notre amidon se trouve changé, devinez en quoi? En sucre, ni plus ni moins, à telles enseignes que nous avons tout près d'ici, à Colmar, deux ou trois belles fabriques que je connais très-bien, et dans lesquelles dame nature transforme, sans se faire prier, des sacs d'amidon en tonneaux de sirop, si bien que les gens du pays sucrent leur café le matin avec ce qui aurait pu faire des petits pains, si on l'avait laissé tranquille. Ce n'est pas tout. Replacez ce sucre, fils de l'amidon, entre les mains de la nature, en le mettant dans certaines conditions, et il va se faire au dedans de lui un nouveau travail. Un tiers environ de son carbone se mariera de lui-même avec les deux tiers de son oxygène pour faire de l'acide carbonique qui s'envolera, vous le connaissez maintenant celui-là, et il vous restera, quoi? De l'alcool, cet autre combustible dont nous avons parlé, et qui brûle encore mieux que le sucre et l'amidon, puisque sur cent grammes il contient :

Carbone.	53	grammes
Hydrogène. . . .	13	—
Oxygène.	34	—
	100	grammes.

Tout ceci vous étonne. Que diriez-vous si je vous apprenais que votre mouchoir de poche est composé absolument des mêmes substances que l'amidon, et dans les mêmes proportions, et que s'il prenait fantaisie à un chimiste, dans un moment de belle humeur, de vous en faire un verre d'eau sucrée ou un petit verre d'eau-de-vie, il ne tiendrait qu'à lui? Il n'y a pas, vous le voyez, que les contes de fées où se rencontrent des merveilles, et puisque j'ai commencé, j'irai jusqu'au bout. Sachez donc que depuis les bûches du poêle jusqu'au dossier de votre chaise, tout ce qui est en bois se trouve, à peu de chose près, dans le même cas que votre mouchoir de poche, et que si l'homme ne fait pas en ce moment des tonnes de sucre et des barriques d'eau-de-vie avec les arbres qu'il coupe dans les forêts, c'est uniquement, croyez-le bien, parce que ce sucre et cette eau-de-vie-là coûteraient un peu plus cher que les autres, et vaudraient un peu moins. Le jour où l'on aura trouvé un procédé économique et perfectionné, les fabricants de sucre de Lille et les distillateurs de Montpellier n'ont qu'à bien se tenir.

Mais nous nous écartons de notre sujet. Si je me suis laissé aller à cette digression, c'est que je n'étais pas fâché d'habituer d'avance votre esprit à l'idée de ces transformations merveilleuses que sait faire la nature, et dont j'ai bien d'autres exemples à vous montrer.

Revenons à notre farine. Une fois tout l'amidon parti, il vous reste entre les mains une substance blanchâtre, élastique et gluante, si bien qu'on en fait une très-bonne colle, si l'on veut, et de là lui vient son nom de *gluten*, qui veut dire colle, en latin.

Ce gluten desséché devient cassant et demi-transparent. Il se conserve indéfiniment dans l'alcool, pourrit promptement dans l'eau exposée à l'air, et se dissout facilement dans une lessive de soude ou de potasse. Enfin cent grammes de gluten contiennent :

Carbone.	63	grammes
Hydrogène. . . .	7	—
Oxygène.	13	—
Azote.	17	—
	100	grammes.

Remarquez-bien le dernier. C'est un nouveau venu dont il sera bientôt question.

— Où voulez-vous en venir, me direz-vous, avec tous ces détails sur votre gluten, qui ne m'intéressent pas beaucoup?

Attendez un instant.

Vous n'avez jamais vu saigner, n'est-ce pas? C'est dommage ; vous auriez pu remarquer, au bout de quelques instants, si vous aviez eu le courage de regarder dans la cuvette, que tout le sang recueilli se séparait de lui-même en deux parties : un liquide jaunâtre et transparent, et une masse opaque et rouge, surnageant au-dessus, qui s'appelle le caillot du sang. Ce caillot doit sa couleur à une infinité de petits corps rouges, dont nous parlerons tout au long plus tard, et qui sont retenus, comme dans un filet, par les mailles d'une substance particulière sur laquelle j'appelle en ce moment votre attention.

C'est une substance blanchâtre, élastique et gluante. Desséchée, elle devient cassante et demi-transparante. Elle se conserve indéfiniment dans l'alcool, pourrit promptement dans l'eau exposée à l'air, et se dissout facilement dans une lessive de soude ou de potasse. Enfin cent grammes de cette substance contiennent :

Carbone.	63	grammes
Hydrogène. . . .	7	—
Oxygène.	13	—
Azote.	17	—
	100	grammes.

Cette substance s'appelle la *fibrine*. Elle était destinée à former les fibres des muscles qui sont contenus, à moitié faits, dans le sang.

— De quoi riez-vous, mademoiselle?

— Il y a bien quoi! Vous me dites deux fois la même

chose. Croyez-vous donc que j'aie oublié déjà vos détails ennuyeux sur le gluten ? Voilà qu'ils reviennent exactement les mêmes, à propos de la fibrine! vous vous êtes trompé !

— Non, mademoiselle, je ne me suis pas trompé. Si les détails sont les mêmes, c'est par la raison bien simple que les deux corps n'en font qu'un. Gluten et fibrine sont une seule et même substance; si bien que le savant le plus habile serait fort embarrassé, si on les lui montrait desséchés l'un à côté de l'autre, pour décider lequel vient de la farine, et lequel vient du sang. Je vous disais que nos muscles étaient contenus, à moitié faits, dans le sang. Vous voyez qu'il y a mieux encore. Leurs fibres existent déjà, toutes prêtes, dans le pain que nous mangeons, et quand vous faites une petite boulette avec la mie de votre pain, ce sont des fibres, volées à vos muscles, qui collent ensemble les parties de la boulette, puisque c'est du gluten que vous auriez dû manger. Puisse cette idée vous corriger d'une vilaine habitude, qui ne fait pas toujours plaisir à vos voisins!

Voici donc un premier aliment de nutrition, et vous pouvez déjà être pleinement rassurée sur le sort de celui qui mange du pain. S'il arrive parfois à une petite fille de goûter avec du pain sec, je ne la vois pas encore si à plaindre. L'amidon pour faire du feu, le gluten pour la nourrir, elle a tout ce qu'il lui faut. Il n'y a que le portier qui grogne. Il est vrai que, par le temps qui court, les portiers sont devenus plus exigeants que les propriétaires.

— Et les petits enfants qui ne boivent que du lait, où prennent-ils de la fibrine?

— Il n'y en a pas dans le lait, je suis forcé de l'avouer; mais vous connaissez probablement le lait caillé. Il s'y fait le même partage que dans le sang : au-dessous, un liquide jaunâtre et transparent, c'est le petit-lait; au-dessus un caillot blanc dont on fait le fromage, et qui contient une bonne partie de ce qui aurait fait le beurre. En débarrassant avec soin le caillot de tout le beurre qu'il contient, on obtient une sorte de poudre blanche, qui est le principe essentiel du fromage, et à laquelle on a donné le joli nom de *caséine*, parce qu'en latin le fromage se dit : *caseus*. Je ne vous ennuierai pas cette fois de détails sur la caséine; mais il y a une chose qu'il est bon que vous sachiez. Cent grammes de caséine contiennent :

Carbone.	63	grammes
Hydrogène	7	—
Oxygène.	13	—
Azote.	17	—
	100	grammes.

— Eh! tout juste comme le gluten et la fibrine!

— Précisément; et maintenant vous comprenez qu'il ne faut pas grande malice au sang pour fabriquer des muscles avec le fromage du lait que tette le petit enfant. Il a bien moins à faire que nos fabricants de Colmar pour transformer en sirop leur amidon, car, cette fois, le nouveau corps ne se compose pas seulement des mêmes substances que l'ancien, mais il les contient encore exactement dans les mêmes proportions.

Nous tenons un second aliment de nutrition, et je dois vous prévenir que celui-là ne se rencontre pas seulement dans le lait. Il existe en grande abondance dans les pois, les fèves, les lentilles, les haricots, qui sont remplis de fromage, si singulière que la chose puisse vous paraître. Elle vous paraîtrait moins singulière si vous aviez été en Chine, et si vous aviez mangé de ces jolis petits fromages que l'on vend dans les rues de Canton. Impossible de les distinguer des nôtres! Seulement, pour les faire, les Chinois, qui nous apprendront bien des choses, quand nous les aurons assez battus pour les décider à se faire nos amis, les Chinois, dis-je, se passent parfaitement de lait. Ils prennent des pois qu'ils réduisent en bouillie claire. Ils font cailler cette bouillie, absolument comme nous le lait, et par le même moyen. Ils pressent bien le caillot, le salent, le mettent dans des formes, toujours comme nous, et voilà un fromage fait, un vrai fromage, composé de véritable caséine. Donnez-le à un chimiste, et demandez-lui ce qu'il y a dans cent grammes, il vous répondra :

Carbone.	63 grammes.	
Hydrogène.	7 —	.....

J'en reste là : vous devez maintenant savoir la liste par cœur.

Il nous reste à voir le troisième aliment de nutrition, car il n'y en a que trois, et même, je vous le dis en confidence, il n'y en a qu'un, ce qui est plus fort. Mais c'est assez manger pour une fois, et je ne veux pas fatiguer votre appétit. Nous en ferons un autre repas.

LETTRE XXVII

ALIMENTS DE NUTRITION (SUITE)

L'AZOTE

Il y a un tour que les escamoteurs affectionnent, et qui fait toujours plaisir, bien qu'il ne trompe personne. Ils prennent un œuf, vous le font mirer à la lumière pour vous assurer qu'il est bien clair, le cassent, et... crac, il en sort un pauvre petit oiseau tout mouillé, qui s'envole comme il peut.

Ce tour-là, la nature le répète tous les jours, et pour de bon, sous nos yeux, sans qu'on y fasse attention. Elle ne vous demande que vingt-deux jours pour faire sortir un poulet d'un œuf que vous avez mis sous la poule, au lieu de le manger à la coque, et il n'y a pas à dire ici que le poulet sorte d'une manche, ou que la poule le cachait sous son aile : il était bien dans l'œuf, et c'est son propre bec qui, du dedans, a cassé la coquille.

Où a-t-il pris ce bec, et ses plumes, et ses pattes, et tout son petit corps? Il est clair que les éléments de tout cela étaient contenus d'avance dans le liquide de l'œuf, car personne ne les a fait entrer pendant que la poule couvait, et si la nature a pu fabriquer de toutes pièces, avec ce liquide, les os, les muscles, les yeux du poulet, et le reste, elle n'aurait pas été probablement plus embarrassée pour en faire vos os, vos muscles et vos yeux si vous aviez avalé l'œuf.

Il y a donc là un aliment de nutrition incontestable. Celui-là s'appelle l'*albumine*, du mot latin *albumen*, qui veut dire : blanc d'œuf. Il se reconnaît facilement à un caractère qui saute aux yeux. Exposée à une température qui varie de 60 à 75 degrés, suivant la quantité d'eau dont elle est mélangée, l'albumine se durcit, et, d'un liquide sans couleur et transparent, devient cette masse blanche, opaque, que connaît suffisamment quiconque a mangé des œufs de Pâques. Je n'ajouterai qu'un tout petit détail. Cent grammes d'albumine contiennent :

Carbone.	63	grammes.
Hydrogène.	»	—

— Je parie que vous allez dire : 7 grammes !

— Tout juste, et le reste que vous connaissez. Après ce que nous avons vu la dernière fois, ceci est déjà une explication du poulet. Mais allons toujours.

Vous vous rappelez ce liquide jaunâtre dont je vous ai parlé, et qui se montre sous le caillot du sang. Je vais vous dire son nom, pour aller plus vite ensuite. C'est le *serum*, un mot latin qu'on ne s'est pas donné cette fois la peine de traduire, et qui veut dire aussi petit-lait. Mettez ce sérum sur le feu, et, à peine en plus de temps qu'il n'en faut pour durcir un œuf, il va se remplir d'une substance blanche, opaque, qui est précisément notre albumine de tout à l'heure. Notre sang renferme donc du blanc d'œuf; il en renferme même, si vous êtes curieuse de le savoir, 65 fois plus que de fibrine, car dans

1,000 grammes de sang vous trouverez 195 grammes d'albumine et 3 grammes seulement de fibrine. De caséine, point.

Pourtant nous mangeons de temps en temps du fromage. Nous mangeons plus de viande que d'œufs en général, et la viande se compose surtout de fibrine. Je serais bien empêché pour vous expliquer cela si nous n'avions pas là notre fameuse liste.

Carbone.	63 grammes.
Hydrogène.	7 —

Etc., etc.

Fibrine, caséine, albumine, tout cela n'est qu'une seule et même chose au fond. C'est le même corps qui prend différents aspects, selon la circonstance, comme ces acteurs qui jouent plusieurs rôles à la fois, et qui vont de temps en temps changer de costume dans la coulisse. L'aspect habituel de l'aliment de nutrition dans le sang, c'est l'albumine; aussi dans l'estomac, qui est le vestiaire de nos acteurs, fibrine et caséine se déguisent-ils tout gentiment en albumine, sauf à l'albumine à reparaître plus tard en fibrine, ou en caséine, quand elle aura un muscle à faire, ou du lait.

Sachez du reste qu'elle nous arrive très-souvent toute costumée d'avance, et que ce ne sont pas seulement les œufs qui nous la donnent. De même que nous avons retrouvé dans les végétaux la fibrine du muscle et la caséine du lait, nous y retrouverons aussi, et sans beaucoup chercher, l'albumine de l'œuf. Il y en a dans l'herbe, dans la salade, dans toutes les parties tendres des végétaux.

Le suc des légumes en particulier en contient des quantités notables. Faites bouillir, après l'avoir bien clarifié, du jus de navet par exemple : vous y verrez se former une substance blanche, opaque, absolument la même que celle qui se forme, en pareil cas, dans le sérum du sang, du vrai blanc d'œuf, pour l'appeler par le nom qui vous est le plus familier, avec toutes les proportions demandées de carbone, d'hydrogène, d'oxygène et d'azote.

Je ne sais si vous êtes comme moi, chère petite, mais je vous avouerai que la tête me tourne un peu, quand je regarde trop longtemps dans ces profondeurs des mystères de la nature. Ainsi, voilà une substance qui se retrouve partout, toujours la même, dans l'herbe et dans l'œuf, dans votre sang et dans le jus de ce navet. Avec cette seule et unique substance qu'il a jetée à pleines mains dans tout ce que vous mangez, le grand ouvrier construit, en se jouant, les milles parties, si diverses et si délicates, de tout votre corps, sans même se donner la peine de la défaire pour disposer autrement les éléments dont elle se compose. Tout au plus lui donne-t-il, de temps en temps, un léger coup de pouce pour en changer la mine, mais non la nature; et telle le chimiste l'a observée dans ce brin de salade, telle il la retrouverait dans le bout de votre nez, si vous vouliez bien le lui confier pour en faire l'inventaire. On est bien fière de sa petite personne; on lui rit dans la glace; on croit que c'est quelque chose de tout à fait précieux; et, quand on va voir au fond, il se trouve que c'est tout bonnement un peu de charbon, un peu d'eau et un peu d'air.

Ceci me rappelle que nous n'avons pas encore fait connaissance avec le nouveau personnage qui vient d'entrer en scène, avec l'azote. Son rôle est trop important pour que je le laisse ainsi dans l'obscurité.

Vous savez déjà que l'oxygène donne naissance à l'eau, en se mariant avec l'hydrogène. Il fait l'air de compagnie avec l'azote; mais là, il n'y a pas de mariage. Ce sont simplement deux voisins qui occupent à eux deux tout l'espace qui va depuis la surface de la terre jusqu'à 12 où 15 lieues au-dessus de nos têtes, partout ensemble, mais partout aussi étrangers l'un à l'autre que deux Anglais qui n'ont pas été présentés. Vous dire ce que l'azote fait dans l'air, j'en serais bien embarrassé : il est là comme un corps inerte, et laisse toute la besogne à l'oxygène. Dans la respiration, par exemple, l'azote entre aussi dans nos poumons, côte à côte avec son inséparable voisin; mais il en sort comme il est entré, sans laisser trace de son passage. Et pourtant, comme il arrive aussi quelquefois chez les hommes, c'est celui qui ne fait rien qui tient le plus de place. L'azote, à lui seul, occupe les quatre cinquièmes de l'atmosphère, où il ne rend guère d'autre service que d'amortir l'activité fougueuse de l'oxygène, qui brûlerait tout s'il était tout seul. Je ne trouve pas de meilleure comparaison que celle de l'eau versée dans votre vin, qui vous mettrait bientôt le feu dans le corps si vous le buviez pur. Ainsi fait l'azote. Il enraye dans l'atmosphère le char de la combustion comme, dans la société, le grand parti des gens pacifiques enraye le char du progrès (donnons-nous une fois le plaisir de parler comme les journaux); et c'est un vrai service que rendent ces gens-là en définitive, si agaçant qu'il puisse paraître dans bien des cas. Le monde irait trop vite s'il n'y avait que de l'oxygène parmi les hommes. C'est encore assez d'un cinquième.

Mais de quoi vais-je vous parler là, s'il vous plaît? Revenons bien vite à l'azote.

Il ne faut pas croire qu'il n'y ait pas d'énergie dans ce pacifique modérateur de l'oxygène. Comme ces gens froids qui deviennent terribles quand ils s'échauffent, notre azote a des actions d'une violence extrême quand il prend feu pour un autre corps, et qu'il se décide à contracter des mariages. Il arrive parfois que ce froid voisin vient à se marier avec l'oxygène. Ils font alors à eux deux l'eau-forte, dont vous avez peut-être entendu parler, et qui ronge le cuivre, brûle la peau, dévore indistinctement presque tout ce qui l'approche. Marié avec l'hydrogène, l'azote fait l'ammoniaque, que l'on appelle souvent, de son vieux nom, l'alcali volatil, un des corps les plus énergiques qui existent, et que vous apprendriez bien vite à respecter, si l'on vous en débouchait un flacon sous le nez. Mariés ensemble, l'azote et le carbone font un corps étrange, un enfant qui se comporte comme s'il n'avait ni père ni mère, contrairement à toutes les idées régnantes quand Gay-Lussac, son parrain, l'a lancé comme une bombe au travers de la théorie du mariage des corps. Cet impertinent, en se mariant à son tour avec l'hydrogène, fait l'acide prussique, le plus épouvantable des poisons, dont une goutte, mise sur la langue d'un cheval, le renverse foudroyé.

Vous voyez qu'il ne faut pas trop se fier à ce bon bourgeois. Vous venez d'apprendre d'ailleurs que toutes les combinaisons dans lesquelles il entre ne sont pas aussi terribles. Ces mêmes corps qui, réunis par petits groupes, détruisent tout, mis tous les quatre ensemble forment, nous l'avons assez vu, le précieux aliment de nutrition dont nous sommes construits. Du reste, son véritable nom est l'*aliment azoté*, parce que c'est la présence de l'azote qui détermine surtout sa formation, si bien que l'on a pris l'habitude d'évaluer la vertu nourrissante de nos aliments d'après la quantité d'azote qu'ils contiennent. L'azote, en effet, semble être une substance affectée spécialement à tout ce qui a vie. Ses trois camarades vagabondent, par torrents immenses, à travers toute la création; mais lui, à part ce vaste domaine de l'atmosphère, où il trône dans un si majestueux repos, on le rencontre rarement ailleurs que dans les animaux, ou dans les parties des plantes destinées à servir de nourriture aux animaux.

A ce sujet, il faut que je vous raconte l'histoire de son nom, qui va bien vous amuser.

C'est un peu avant la révolution de 1789 que l'azote a été révélé aux hommes par un savant français qu'on peut regarder presque comme le père de la chimie moderne, et dont je vous invite à bien retenir le nom, un des plus glorieux de votre pays. Il s'appelait Lavoisier. En cherchant à se rendre compte de la combustion qu'on expliquait avant lui comme on pouvait, Lavoisier réussit à séparer l'un de l'autre nos deux voisins de l'atmosphère; et, le premier sur la terre, il put tenir, dans deux flacons, d'un côté, le bouillant oxygène délivré de son importun mentor, de l'autre le grave azote, arraché à son étourdi de pupille. Ce qu'il fit du flacon d'oxygène, peu nous importe. Mais dans le flacon d'azote, il plongea, pour essayer, une malheureuse souris, puis un petit oiseau, qui, ne trouvant plus d'oxygène à respirer, moururent l'un après l'autre. Rien ne pouvait vivre là dedans, comme vous devez bien le penser. Lavoisier crut bien faire en donnant à ce gaz meurtrier le nom d'*azote*, qui veut dire en grec : *contraire à la vie*. Puis la science a marché, à la lueur du flambeau qu'il venait d'allumer. Sont venues les découvertes de ses successeurs qui ont pénétré de force dans le laboratoire obscur où se préparent les éléments des corps vivants. Tout compte fait, il s'est trouvé que cet azote, contraire à la vie, était précisément une condition essentielle de la vie, qu'il l'accompagnait partout, et que, sans lui, croulerait toute la charpente de la machine animale. Il n'en a pas moins gardé son premier nom que l'usage avait consacré; mais je m'imagine que pas un savant ne le prononce aujourd'hui, sans se sentir rappelé à la modestie, et sans penser que l'avenir lui garde peut-être bien des démentis.

Au surplus, il faut que l'azote passe par bien des filières pour arriver au poste d'honneur qui lui a été assigné dans le règne animal. L'animal lui-même n'en peut rien faire, s'il n'a été au préalable absorbé et travaillé par le végétal, et le végétal à son tour n'en saurait tirer aucun parti tant qu'il reste isolé, dans son indifférence, au sein de l'atmosphère. C'est seulement quand il s'est laissé engager dans une des liaisons dont je viens de vous parler, dans la seconde surtout, celle qui produit l'ammoniaque, qu'il consent à entrer dans la danse (

la vie. Alors, dans les profondeurs mystérieuses du végétal, s'organise ce merveilleux quadrille de l'aliment de nutrition, dont vous connaissez maintenant suffisamment l'histoire.

Le règne végétal n'est donc pas autre chose que la grande cuisine où se prépare en permanence le dîner du règne animal, et, quand nous mangeons le bœuf, c'est l'herbe qu'il a mangée qui nous nourrit en définitive. Il n'est pour nous qu'un intermédiaire qui nous transmet intacte l'albumine extraite dans son estomac des sucs que lui a fournis la prairie. C'est le garçon du restaurant : les plats qu'il nous apporte, on les lui a donnés tout préparés à la cuisine. Seulement, pour apprécier convenablement le service qu'il nous rend, il faut se rappeler que les plats qui sortent de l'herbe sont bien petits, et que ce serait une bien grande fatigue pour notre estomac s'il lui fallait les aller chercher un à un, comme cela est arrivé, sous ce magnifique Louis XIV, à l'estomac des pauvres paysans français qui ont mangé quelquefois de l'herbe le long des routes, pour payer les splendeurs de Versailles. Le bœuf nous les apporte en tas, ces petits plats, et notre estomac y trouve naturellement son compte. N'oubliez pas cela, mademoiselle, et quand votre maman vous dit qu'il faut manger de la viande, tâchez d'obéir sans faire la grimace, si vous avez envie de grandir.

LETTRE XXVIII

COMPOSITION DU SANG

Encore un mot, et nous avons fini. Nous ne pouvons pas nous en aller comme cela sans dire un dernier adieu à ce brave serviteur dont nous avons tant parlé, à cet intendant modèle, qui rend si exactement tout ce qu'il reçoit, et qui fait tout dans la maison. Nous l'avons assez vu travailler, mais je ne vous ai pas encore fait la description de sa personne, et je n'ai pas dit de quoi il se compose au juste.

Il va falloir que je vous fasse encore des chiffres, et l'on prétend que les petites filles n'aiment pas cela. C'est pourtant le seul moyen de se reconnaître dans ses affaires. Plus tard, quand vous serez mère de famille, il faudra bien que vous en fassiez, des chiffres, si vous voulez savoir ce qui se passe dans votre maison. Habituez-vous de bonne heure à ne pas regarder comme ennuyeux ce qui est nécessaire : c'est le vrai moyen d'être en règle avec ses devoirs que d'y mettre son cœur, et de les trouver intéressants.

Donc je veux croire que cela vous intéressera de savoir que 1,000 grammes de sang donnent habituellement, car il y a toujours de petites différences d'un sang à l'autre, 870 grammes de ce sérum dont je vous ai parlé, et 130 grammes de caillot. A première vue on croirait le caillot plus considérable qu'il n'est en réalité; mais tel que vous le voyez dans la cuvette, il contient une grande quantité d'eau qui revient de droit à son camarade, et qu'on lui enlève, en le desséchant, avant de le peser.

Maintenant dans nos 870 grammes de sérum nous trouverons d'abord 790 grammes d'eau, rien que cela, et il ne faut pas que cela vous étonne trop. L'eau forme la plus grande partie du poids de presque tous les animaux, qui ne pèsent presque plus rien quand on les dessèche complétement dans une étuve, après leur mort bien entendu, car rien ne saurait vivre, ni animal, ni plante, sans être inondé d'eau. Par parenthèse, ceci vous explique pourquoi nous nous soutenons si facilement sur l'eau : nous ne sommes presque que de l'eau. Sans ces maudits os qui sont un peu plus lourds que le reste, il faudrait se mettre une pierre au cou pour aller au fond.

Nous disons donc : 790 grammes d'eau. Restent 80 grammes. L'albumine en fournit 70 pour sa part, et les 10 autres, sauf une toute petite quantité de graisse qui flotte çà et là, toute faite, dans le sang, les 10 autres sont des sels. Il serait trop long de vous expliquer ce que c'est que des sels; mais il y en a un que vous connaissez bien. C'est celui que l'on met sur la table, dans la salière. Celui-là est justement le plus important de tous. A lui seul il fait plus de la moitié des 10 grammes, et ceci vous fera comprendre encore mieux ce que je vous ai déjà expliqué à propos de l'estómac, pourquoi nous salons nos aliments. Le portier sait bien ce qu'il fait quand il demande à tout ce qui entre de montrer son petit grain de sel. C'est une galanterie à laquelle le sang est très-sensible, bien que le sel de cuisine ne lui serve pas à grand'chose pour ses constructions; mais il paraît que cela l'entretient en belle humeur, et qu'il travaillerait mal sans cela. Tous les animaux qui servent l'homme en sont là, et les plantes qu'il cultive trouvent elles-mêmes que le sel les met en appétit. Aussi il semblerait presque que la nature ait voulu faire ici les choses en grand avec nous. Elle a emmagasiné le sel dans la mer, et au sein de la terre, par masses prodigieuses qui ne coûteraient quasi que la peine de se baisser pour les ramasser, s'il n'y avait pas là un homme en habit vert, chargé de compter les morceaux, et de les laisser aller, moyennant finance. Quant à moi, si j'étais gouvernement, je vous dis cela entre nous, je chercherais autre chose pour remplacer l'impôt du sel. Ce n'est pas gentil de s'interposer comme cela entre l'homme et les gracieusetés de la nature, et de lui faire payer l'ami de prédilection du sang plus cher qu'elle n'avait entendu le lui vendre.

Le sel de cuisine retiré du tas, il nous reste en tout de 4 à 5 grammes qui contiennent... Ah! par exemple, je suis bien embarrassé pour aller plus loin. Il vous faudrait, pour vous en tirer, au moins autant de chimie qu'on en demandera à votre frère quand il passera son examen de bachelier. Figurez-vous toute une pharmacie. Je veux bien vous dire quelques noms, pour que vous puissiez voir comment ils sont faits; mais ils ne sont pas engageants, je vous préviens : *hydrochlorate d'ammoniaque, hydrochlorate de potasse, carbonate de chaux, sulfate de potasse, phosphate de chaux, phosphate de magnésie, lactate de soude;* je vous fais grâce du reste, car il y en a bien d'autres, sans compter ceux que l'on n'a pas encore trouvés. On retrouve de tout cela, je dois vous le dire, dans la fibrine et l'albumine, mais en quantités si insignifiantes que c'est à ne plus s'y reconnaître. Déjà dans le sérum, ces messieurs sont si petits, si petits, si bien emmêlés les uns dans les autres, qu'on est épouvanté de la dépense d'adresse et de patience qu'il a fallu faire pour les retrouver tous, et mettre son nom, si baroque qu'il puisse paraître, sur chaque grain de cette poussière imperceptible. Celui qui a dit le premier que l'homme était le résumé de la création ne savait pas si bien dire, car l'homme porte dans ses veines des échantillons connus d'une bonne moitié de tous les corps primitifs, de ceux qui servent à faire tous les autres, et l'on découvrirait plus tard qu'ils y sont tous que je n'en serais pas très-étonné.

Cela valait pourtant la peine d'être su, n'est-ce pas? mais nous ne sommes pas au bout.

Nous avons encore les 130 grammes de caillot. Leur compte sera bientôt fait : 3 grammes de fibrine, nous l'avons déjà dit, et 127 grammes de globules.

Ici nous entrons dans un monde si curieux que je suis tout enchanté de l'avoir sous la main pour terminer. Ce sera le bouquet de notre feu d'artifice.

Vous êtes bien sûre que le sang est rouge, n'est-ce pas? Eh bien! il n'est pas plus rouge que ne le serait l'eau d'un ruisseau rempli de petits poissons rouges. Supposez les poissons tout petits, aussi petits qu'un grain de sable, et bien serrés les uns contre les autres dans toute la profondeur du ruisseau; il est clair qu'il vous paraîtra tout rouge. C'est ainsi que le sang nous paraît rouge. Seulement, un grain de sable est une masse gigantesque, en comparaison des petits poissons du sang. Si je vous disais qu'ils n'ont qu'un cent-cinquantième de millimètre de diamètre, vous n'y comprendriez pas grand'chose. J'aime mieux, pour vous donner une idée plus saisissante de leur petitesse, vous dire, sur la foi de Pouillet, une de nos autorités scientifiques, « qu'il y en a près d'un million dans la goutte de sang qui pourrait rester suspendue à la pointe d'une aiguille. » Il ne les a pas comptés, comme vous pensez bien, ni moi non plus; mais c'est là la taille approximative, donnée par le calcul, de ces fabuleux poissons qui ont un cent-cinquantième de millimètre de diamètre.

Ces petits poissons, on les appelle les *globules* du sang, ce qui ne veut pas dire les petits globes, comme vous seriez tentée de le croire. Ils ressemblent plutôt à de petites assiettes qui se renfleraient, au lieu de se creuser, au milieu. Tout autour du noyau central règne un bord aplati, dont l'aspect rappelle celui d'une petite vessie, d'une belle couleur rouge, et formée d'une sorte de gelée très-molle et très-élastique. Je n'ai pas besoin de vous dire que c'est au microscope que l'on a vu tout cela, et, par-dessus le marché, c'est sur des globules de grenouilles qui sont beaucoup plus gros que les nôtres[1].

Nous sommes maintenant en 1861. Il y a eu juste deux cents ans, l'année dernière, qu'un Italien et un Hol-

1. Quand j'écrivais cela, je n'avais pas encore connaissance d'une des merveilles de la science moderne, des admirables photographies obtenues par Bertsch, au moyen du microscope solaire qu'il a inventé avec Arnaud. Tâchez de persuader à votre papa de se les procurer, vous y trouverez le portrait au-

landais découvraient en même temps, chacun de son côté, cette population microscopique du sang. Le nom de l'Italien n'est pas bien effrayant : c'est Malpighi. Quant au Hollandais, vous prononcerez comme vous pourrez . il s'appelait Leenwenhœck, ce qui ne l'empêche pas d'avoir été l'un des premiers qui aient compris quel merveilleux auxiliaire la science humaine venait de trouver alors dans le microscope, et l'un de ceux qui nous ont ouvert le monde des infiniment petits. C'est assez pour que les petites filles se contentent d'estropier son nom, sans se permettre d'en rire. Les noms sont comme les figures. On est quelquefois bien honteux d'avoir ri trop vite.

Cette découverte des globules du sang était destinée à jeter un grand jour sur la manière dont s'opère la nutrition des organes. Les chimistes modernes, toujours curieux, ont cherché ce qu'il y avait dedans, et ils n'y ont trouvé presque que de l'albumine. Sur nos 127 grammes de globules, il y a 125 grammes d'albumine, ce qui, avec les 70 grammes que nous avons trouvés dans le sérum, fait bien les 195 grammes que je vous avais annoncé être contenus dans 1,000 grammes de sang. Pardon de tous ces grammes : les bons comptes font les bonnes leçons.

Donc, les globules se composent presque entièrement d'albumine. Les deux tiers à peu près de toute l'albumine du sang s'y trouvent concentrés; et vous savez

thentique, dessiné par la nature elle-même, des globules du sang, grossis de telle sorte qu'ils présentent une surface 250,000 fois plus grande. Là vous pourrez les voir tout à votre aise, et vérifier ma description, sans crainte aucune d'être trompée.

maintenant à quoi sert l'albumine : c'est la base de tous les édifices dont le sang est l'architecte. Tout nous porte à croire que la formation des globules dans le sang est la dernière main mise par la nature à cette préparation magique commencée dans le navet, continuée dans l'estomac, achevée dans les veines, et grâce à laquelle avec du carbone, de l'hydrogène, de l'oxygène et de l'azote, se trouve à la fin constitué un joli petit nez de demoiselle. Ainsi les globules seraient l'albumine ayant terminé son éducation, et prête à faire son entrée dans le monde. L'albumine du sérum serait comme ces générations en réserve que je connais bien, qui attendent leur tour en pension.

Il y a là autre chose qu'une supposition gratuite. Les savants se sont donné, de leur autorité privée, toutes sortes de droits sur les animaux; et nous profitons lâchement de leurs crimes, je ne retire pas le mot, pour en savoir un peu plus long. Or, on a imaginé d'ouvrir les veines à des animaux, et de laisser le sang s'écouler jusqu'à ce que la victime demeurât étendue sans mouvement, comme un cadavre. Ceci fait, on a renvoyé dans ces veines, mises à sec, du sang pareil à celui qui les remplissait auparavant, et l'on a vu la vie revenir petit à petit avec le sang, l'animal se relever, marcher, et recommencer son existence interrompue, comme s'il ne lui était rien arrivé. Mais voici l'intéressant pour nous. Si l'on ne rend à la pauvre bête que du sérum, sans les globules, c'est absolument comme si on ne lui rendait rien du tout, et le cadavre reste là.

C'est donc évidemment dans les globules qu'est toute

la force et l'action du sang; c'est leur nombre plus ou moins grand qui fait sa richesse ou sa pauvreté, comme on dit; et, quand leur bataillon n'est pas au complet, le sang agit plus mollement sur les organes, la vie est plus calme, et l'on ne sait plus ce que c'est que les bouillonnements du sang. Là est la raison du caractère impassible des gens lymphatiques, qui sont souvent mieux placés que les autres pour gagner les parties qu'ils jouent, parce qu'ils ne sont jamais pressés, et qu'ils prennent le temps d'attendre les bonnes occasions. Vous entendrez parfois prononcer ce mot-là : lymphatique; c'est un mot qui court le monde. J'arrive justement à son explication, qui lui donne tort malheureusement.

Vous vous rappelez ces petits balayeurs dont nous avons parlé dans le temps, qui partent des profondeurs de tous les organes, emportant avec eux tous les plâtras démolis, et qui enveloppent la surface du corps d'un réseau inextricable de canaux. Ces canaux ont été nommés *vaisseaux lymphatiques* en raison du liquide qui les remplit, et qui porte le nom de *lymphe* (*eau,* en latin), je ne sais vraiment pas pourquoi, car c'est tout bonnement du sérum, ni plus ni moins. Il y avait une manière bien simple de s'en assurer, c'était de dresser l'inventaire de ce que renferme la lymphe. C'est aussi ce que l'on a fait, et l'on y a retrouvé l'eau, l'albumine et les sels du sérum, même un peu de fibrine : il n'y manque que les globules.

Voici, selon toute probabilité, comment ce sérum fugitif a déserté dans les vaisseaux lymphatiques :

Je vous ai dit autrefois quelle était la finesse incompréhensible des vaisseaux capillaires, ces ramifications dernières de nos artères et de nos veines. Il faut toute la force d'impulsion du cœur pour faire franchir au sang ces étroits défilés, et, si petits que soient les globules, il paraîtrait qu'ils ont bien juste la place pour passer, car en mettant sous le verre du microscope un petit coin de la langue d'une grenouille vivante, on a vu les globules se recourber sur eux-mêmes pour traverser les capillaires, et reprendre leur première forme plus loin. C'est même cela qui m'a permis de vous apprendre tout à l'heure que leurs bords étaient élastiques. Dans ce moment de presse, une partie du sérum, trop vivement refoulée, suinte à travers les parois des capillaires encombrés, comme l'eau suinte à travers le cuir des tuyaux de pompes à incendie, et c'est ainsi probablement que la lymphe fait son apparition dans les organes, où elle est immédiatement pompée par les vaisseaux lymphatiques. Maintenant, vous comprenez que plus la proportion de sérum est considérable dans le sang, plus il y en a de chassé dehors, au passage des capillaires, et plus les vaisseaux lymphatiques doivent se gonfler. Le tempérament est dit alors *lymphatique*. Si, au contraire, les globules ont le dessus, les vaisseaux lymphatiques reçoivent moins de sérum, et s'amoindrissent. On dit alors que le tempérament est *sanguin*, comme si le sang ne se composait pas aussi de sérum. Je n'en veux pas d'autre juge que vous, avec ce que vous en savez, ne serait-il pas bien plus raisonnable de dire tempérament *séreux*, et tempérament *globuleux*? Au moins ces noms-là donneraient une idée de l'état des choses, et de plus ils auraient l'avantage d'apprendre aux gens qu'il y a des globules dans leur sang.

Pour finir, il faut que je vous rende compte des 2 grammes qui manquent encore sur les 127 grammes de globules, puisque l'albumine en a pris 125 seulement. Ces deux pauvres petits grammes, le reste des mille[1] que nous avions en commençant, eh bien! à eux seuls revient tout l'honneur de la belle couleur rouge du sang. C'est la matière colorante des globules, et vous ne devineriez jamais quel en est l'élément principal. C'est le fer, oui, mademoiselle, le fer des sabres et des baïonnettes. On lui reproche assez de rougir la terre de sang; sachez qu'il rougit le sang lui-même, comme compensation. Ne vous inquiétez pas d'où il vient. Nos champs en sont pleins, et toutes les plantes en font leur provision. Il arrive parfois que l'appareil de nutrition, dérangé par d'autres préoccupations, néglige d'utiliser tout le fer qui lui arrive, et le sang se décolore, la figure devient pâle, d'une pâleur de cire : c'est une maladie à laquelle il faut faire attention. Si cela vous arrivait jamais, vous ne serez pas étonnée, après la leçon d'aujourd'hui, d'entendre dire au médecin qu'il faut vous donner du fer. Tranquillisez-vous, vous ne l'avalerez pas tout cru. Si j'ai un conseil à vous donner dans ce cas-là, c'est de vous dépêcher d'obéir.

1. Voici, en résumé, la composition de 1,000 gr. de sang :

Sérum. . . .	Eau.		790		870
	Albumine		70		
	Sels.		10		
Caillot. . . .	Fibrine.		3		130
	Globules.	Albumine. .	125	127	
		Matière colorante	2		
					1,000

D'être pâle, ce n'est pas une grosse affaire : il y a même des demoiselles qui trouvent cela mieux porté. Mais ce qui n'est pas bien porté du tout, c'est le mécontentement des globules, auxquels il faut leur ration de fer, et qui ne travaillent plus qu'en rechignant, comme des journaliers mal nourris. Or, vous savez que rien ne se fait sans eux : ce sont des personnages qu'il n'est pas prudent de laisser bouder trop longtemps. Arrive la langueur, qui est le commencement de la mort, et n'oubliez pas que le fer, qui donne la mort, est bon aussi pour la chasser. En l'envoyant aux globules décolorés, vous leur rendez leur énergie avec leur éclat.

J'ai fini ce que j'avais à vous dire d'à peu près positif sur ces merveilleux globules qui sont en nous les agents de la vie. J'en suis maintenant à me demander si j'irai plus loin, et si je vous emmènerai avec moi dans le champ, plein de mauvaises herbes, de la supposition. Pourquoi pas, toute réflexion faite? La science doit ce qu'elle est aujourd'hui à une méthode admirable qui consiste à n'admettre aucune idée, sans un fait bien établi qui la prouve : ce n'est pas moi qui lui conseillerai d'en changer. Si j'allais raconter à l'Académie des sciences ce que je vais vous dire, on me mettrait à la porte, et l'on aurait raison. On ne doit dire là que ce qu'on peut prouver. Mais, entre nous, cela ne tire pas à conséquence, et nous pouvons bien nous amuser un peu après avoir tant travaillé.

Eh bien, il y a une idée qu'on ne m'ôtera jamais de la tête, si mal prouvée qu'elle soit jusqu'à présent; c'est que chacun de nos globules est un être animé, et que notre vie est la résultante mystérieuse de ces millions de petites vies, dont chacune est insignifiante séparément, comme la grande vie d'un peuple se compose d'une foule d'existences sans importance individuelle. Exemple : notre cher pays, où la réunion de trente-cinq millions de cervelles, qui ne sont pas toutes précisément de première force, forme le cerveau majestueux d'un peuple, le plus spirituel de l'univers, à ses propres yeux du moins. Les autres s'en moquent; mais ils ne sont pas rassurés. Ainsi, vous seriez une nation, chère petite, ce qui ne laisse pas d'être encore flatteur, au bout du compte. Ceci est bien plus fort que ce que je vous disais, il y a déjà longtemps, à propos de la vie personnelle des organes, dont chacun deviendrait une province dans ce système-là. Ne vous dépêchez pas trop pourtant de vous récrier. Que les globules soient ou non des êtres animés, il est bien positif, voyez-vous, que votre vie dépend entièrement d'eux; qu'elle languit, s'ils languissent; qu'elle se ranime avec eux, et que de leur accorder la vie ou de la leur refuser, cela ne change absolument rien à l'état de la question : leur action reste la même. Entre l'action et la vie, bien malin qui m'établira la différence essentielle. Plus tard, quand nous aurons descendu ensemble toute l'échelle animale, et que nous arriverons à l'étude des animaux qu'on appelle microscopiques, vous comprendrez mieux que maintenant ce langage, qui doit vous paraître si étrange. Le peu que nos faibles instruments nous ont révélé jusqu'à présent de l'histoire des globules les met, à peu de chose près, au niveau de ces êtres bizarres, inexplicables pour nous, que l'on découvre par bandes innombrables dans une foule de liquides. Nous leur connaissons un commencement d'organisation; leur forme et leur taille sont les mêmes dans tous les animaux de même espèce, et elles varient assez d'une espèce à l'autre pour nous permettre de croire qu'il y a un rapport forcé entre la manière d'être de l'animal et celle de ses globules. Si le microscope n'a pu les prendre encore en flagrant délit de vie, il n'y aurait pas lieu de s'en étonner beaucoup : on ne lui soumet que du sang mort. C'est dans l'exercice de leurs fonctions qu'il faudrait les observer, dans l'intérieur même de l'animal vivant, comme on a déjà commencé pour la grenouille, et, si notre petit bavardage pouvait avoir quelque autorité sur les observateurs, je leur dirais volontiers ce que M. Leverrier a dit, il y a quinze ans, aux astronomes ébahis : « Regardez par là, vous devez y trouver une lumière que vous ne connaissez pas. » Je vais vous emporter bien haut sur les ailes de mon idée, pauvre petite; mais n'ayez pas peur, vous ne tomberez pas. Cette vie de nos globules, qui ne serait après tout qu'un mystère de plus parmi tant d'autres, nous ouvre une échappée de vue magnifique sur l'unité de plan de la création, qui va toujours se répétant, en agrandissant ses cercles à l'infini. Nous ne serions tous que les globules du grand corps invisible de l'humanité, dans lequel nous irions nous perdre les uns après les autres, et ces globes immenses, que nos télescopes vont poursuivre dans les espaces célestes, ne seraient plus que les globules d'un tout inconnu, dont Dieu seul sait le nom.

Passez cette page à votre papa, ma chère enfant, si vous ne la comprenez pas bien, et embrassez-moi : mon histoire est finie.

DEUXIÈME PARTIE

LES ANIMAUX

LETTRE XXVIII

CLASSIFICATION DES ANIMAUX.

« Il est dangereux de trop faire voir à l'homme com-
« bien il est égal aux bêtes, sans lui montrer sa grandeur.
« Il est encore dangereux de lui faire trop voir sa gran-
« deur sans sa bassesse. Il est encore plus dangereux de
« lui laisser ignorer l'un et l'autre. Mais il est très-avan-
« tageux de lui représenter l'un et l'autre. »

(*Pensées de Pascal*, ch. IV.)

Celui qui a écrit cela, ma chère enfant, ne s'occupait pas beaucoup des petites filles. C'est un des plus austeres génies de toute la littérature française, un homme qui n'a presque pas été enfant, puisqu'à douze ans il était en train, à-ce que l'on raconte, d'inventer à lui tout seul la géométrie, si son père n'était arrivé à temps pour lui en épargner la peine, en lui mettant le livre entre les mains; et qu'à seize ans il fit un traité des *Sections coniques* qui jeta les savants de son temps dans l'admiration. Je ne sais pas trop ce que c'est que les sections coniques, moi qui vous parle ; mais c'est pour vous dire que celui-là était un esprit extrêmement sérieux, sous l'autorité duquel je suis bien aise de m'abriter, au moment de vous représenter les ressemblances véritablement effrayantes qui existent entre l'animal et vous. Votre grandeur, je ne demande pas mieux que de vous la montrer. Elle n'est pas dans la robe de soie que l'on vous met pour sortir, ni dans les fauteuils du salon de votre maman, mais dans cette petite âme qui commence à se lever en vous, comme le soleil dans le ciel, quand il perce les brouillards du matin; dans cette intelligence naissante, qui vous a permis de comprendre jusqu'à présent toutes les belles histoires que je vous ai racontées; dans cette conscience, si fraîche et si nette, qui vous félicite quand vous avez été sage, qui vous gronde quand vous ne l'avez pas été : toutes choses qui n'ont pas été données aux animaux, pas du moins au même degré qu'à vous, et par lesquelles vous vous élevez au-dessus d'eux, vous vous élevez d'autant plus qu'elles se développent davantage. Votre bassesse,—j'en demande bien pardon à Pascal, mais je n'appelle pas cela de la bassesse,— votre point de contact avec les animaux est dans les dons de Dieu qui vous sont communs avec eux, dans les merveilles de votre organisation que nous allons retrouver entières en commençant, mais entières, là, jusqu'au bout ; par où vous apprendrez, si vous n'y avez pas encore pensé, qu'ils sortent de la même main que vous, et qu'il faut les regarder un peu comme des frères cadets, si dur que cela puisse paraître au premier abord.

Il s'est établi en France une Société pour la protection des animaux, une noble tâche, très-honorable, en dépit des plaisanteries, pour ceux qui se la sont donnée. C'est en effet une mauvaise chicane d'aller dire aux gens qui font du bien quelque part, qu'il y en aurait encore plus à faire ailleurs. Ce qui est fait est fait. Tout se tient au surplus dans les progrès de la moralité publique, et l'on ne peut frapper sur les bourreaux de l'animal sans atteindre du même coup les bourreaux de l'homme. Or, le plus beau plaidoyer qui se puisse imaginer en faveur du droit des bêtes à la protection, c'est ce petit voyage que nous allons faire ensemble à travers les classes animales.

Prenons le cheval, par exemple, une des bêtes qui ont le plus souvent besoin de protection. Donnez-lui la bouchée de pain dont nous avons fait l'histoire chez nous : il en est friand ; il ne se fera pas prier. Si elle pouvait vous raconter ensuite tout ce qu'elle aurait vu, vous verriez que rien n'y manque, et que c'est absolument la même histoire. D'abord des dents pour la broyer, et une langue pour l'avaler, cela va sans dire. Puis un larynx qui se cache pour l'éviter, et un œsophage qui la reçoit, comme chez vous ; un estomac avec ses sucs gastriques, qui sont les mêmes que les vôtres, sa forme en cornemuse, et son pylore, toujours comme chez vous ; un intestin grêle où la bile arrive d'un foie semblable au vôtre; des vaisseaux chylifères qui pompent un chyle laiteux, comme le vôtre, plus loin, un gros intestin, et le reste. Ce n'est pas tout. Il y a aussi là un cœur avec ses deux ventricules, et son double jeu de soupape, un cœur que la petite fille de notre conte aurait pu montrer de confiance aux ingénieurs, en guise du sien, si ce n'est qu'il est plus gros, bien entendu. Dans ce cœur arrive aussi un sang veineux qui va se changer en sang artériel dans des poumons où l'air se précipite, appelé par le va-et-vient d'un diaphragme, aussi bon serviteur que le vôtre. Ces poumons-là sont aussi un marché à charbon : il s'y fait le même échange d'acide carbonique et d'oxygène, preuve sans réplique que le poêle du cheval brûle de la même manière que le nôtre, et si vous mettez le thermomètre dans sa bouche, puisque nous lui avons fait la politesse de l'appeler une bouche, il marquera 37 degrés et demi : la différence ne vaut pas la peine qu'on en parle. Enfin, allez passer la revue de son sang, vous y trouverez ce même sérum et ce même caillot, toute la bande des hydrochlorates, des phosphates, des carbonates, devant laquelle nous avons reculé, et des globules faits comme les vôtres, ayant la même composition, la même vie, ou la même action, si vous l'aimez mieux. Je n'ai pas besoin de vous dire que sa fibrine et son albumine contiennent sur 100 grammes :

Carbone.	63	grammes
Hydrogène. . . .	7	— .....

C'est convenu d'avance, et partout, de l'homme au navet,

de sorte que, comme vous, ce *noble animal*, ainsi que l'appelle M. de Buffon, n'est en définitive qu'un peu de charbon, un peu d'eau et un peu d'air, avec une poignée de sels, représentant la part de la terre dans le corps des animaux.

Avouez que si nous ne pouvons pas tout à fait l'appeler notre semblable, le cheval est au moins bien semblable à nous. Il en est de même pour tous les animaux dont l'homme a fait ses domestiques, et qui ont bien aussi quelque droit à la protection de la société, puisqu'ils font partie jusqu'à un certain point de la famille humaine. Je ne parle pas du chien qui paye maintenant ses contributions, en sa qualité d'ami de l'homme.

Quand je pense à cette organisation presque identique de l'homme et de ses voisins, je me demande ce qui a pu passer par la tête d'un savant, dont je veux bien vous taire le nom, qui a imaginé, dans son plan d'histoire naturelle, de faire de l'homme un règne à part, le *règne humain*, pour faire suite aux trois règnes connus jusqu'à lui, *minéral*, *végétal* et *animal*. Que Pascal ait eu cette idée-là, en sortant de faire son traité des *Sections coniques*, on pourrait encore le lui pardonner : il n'y avait pas là de quoi le mettre au courant de la question. Mais un naturaliste! un observateur qui a passé sa vie à étudier les organismes vivants! Il a eu probablement ses raisons; mais ce n'est pas, bien sûr, dans ses souvenirs d'études qu'il est allé les chercher.

Pardon, chère enfant, de vous avoir oubliée pour aller me mettre en colère contre une imagination qui ne vous touche pas beaucoup. Cela m'amène tout naturellement à une besogne qui n'est pas des plus faciles; mais vous m'aiderez en faisant bien attention. Il s'agit de la classification du règne animal.

Il y a terriblement d'animaux, savez-vous bien, et si nous voulons les étudier d'une manière un peu sérieuse, il faut commencer par mettre de l'ordre dans cette foule innombrable qui se présente pêle-mêle à notre étude. Sans cela, nous ne saurons jamais par où commencer, et nous ne saurons jamais non plus quand ce sera fini.

Il y a bien des manières de mettre de l'ordre dans une foule; mais la méthode est toujours la même. Elle consiste à ranger tous les individus qui la composent en bandes, distinguées l'une de l'autre par quelque chose de particulier à tous ceux de la bande. On fait d'abord de grandes bandes qu'on divise ensuite en plus petites, et celles-là en d'autres plus petites encore, jusqu'à ce qu'on en ait assez. On appelle cela une classification.

Prenons par exemple la foule qui est aux Tuileries, le dimanche : je m'en vais bien vite vous la classer. Je mettrai d'abord les hommes d'un côté, et les femmes de l'autre. Nous allons suivre la classe des femmes : c'est celle qui vous intéressera le plus. Je vais mettre à part les femmes mariées, et celles qui ne le sont pas. Parmi les femmes mariées, je ferai la bande des mamans, et la bande de celles qui n'ont pas d'enfants. Parmi les autres, j'aurai la bande de celles qui ne sont pas encore mariées, des jeunes filles ; et la bande des veuves, de celles qui ne le sont plus. Suivons maintenant les jeunes filles. Je séparerai les grandes et les petites. Dans les petites, je prendrai, si l'on veut, les brunes et les blondes, et j'arriverai enfin à ma petite blondinette, dont voici le rang militaire dans ma classification : *escouade* des blondes, *compagnie* des petites, *bataillon* des jeunes filles, *régiment* des femmes non mariées, *division* des femmes. La division des hommes se classera de la même manière, et les deux ensemble feront l'*armée* des Tuileries.

Ceci n'est pas bien malin; mais classer lès animaux, c'est une bien autre affaire, et je vais vous dire pourquoi. Nous avons besoin, nous autres, d'une classification pour les étudier; mais le bon Dieu n'en a pas eu besoin pour les faire. Il les a tous créés sur un plan unique, autour duquel, si je puis m'exprimer ainsi, il a prodigué les modifications à l'infini d'une espèce à l'autre, sans poser entre les différentes espèces ces barrières fixes qui nous seraient nécessaires aujourd'hui pour les classer d'une façon rigoureuse. Vous venez de commencer le piano. On vous aura déjà dit peut-être ce que c'est qu'un thème en musique, l'idée première du compositeur, qui la suit d'un bout à l'autre du morceau, en brodant sur elle, comme sur un canevas, mille fantaisies qui se fondent les unes dans les autres. Telle est à peu près, si l'on ose comparer, la manière dont nous pouvons nous représenter la marche suivie par Dieu dans la création animale. Arrivez ensuite, et taillez là dedans vos régiments et vos bataillons, la création vous laisse faire, mais elle ne séparera pas, par égard pour vos classifications, ce qui en elle est réuni.

Il y aurait bien une manière : ce serait de faire comme moi tout à l'heure, dans les Tuileries, de ne prendre qu'un seul caractère, comme on dit en histoire naturelle, et de mettre ensemble tous les individus qui présentent ce caractère, blondes, petites, jeunes filles, etc. Comme cela c'est bientôt fait. Mais qu'arrive-t-il? Vous êtes dans une classe, votre sœur aînée dans une autre, votre maman dans une autre, et votre frère est dans une division étrangère, loin de vous toutes. On appelle cela une *classification artificielle.* Vous voyez tout de suite qu'elle ne vaut rien.

Ce qu'il y a de plus naturel, c'est de mettre ensemble ceux qui sont de la même famille. Aussi les classifications qui procèdent ainsi portent-elles le nom de *classifications naturelles.*

C'est une classification de ce genre-là qu'on a adoptée pour le règne animal. On a pris tous les animaux qui présentent non pas un caractère, mais un ensemble de caractères communs, les plus importants, ceux qu'on appelle les caractères dominateurs, et l'on en a fait de grandes bandes qui vont ensuite se subdivisant, en raison des différences secondaires qui distinguent entre elles les espèces de la même bande. De cette façon, l'on a enfermé toutes les espèces animales dans les divisions régulières d'un vaste ensemble, où l'on peut se reconnaître parce qu'il a un commencement et une fin, et où les animaux de la même famille sont groupés côte à côte. Si je vous donnais d'un coup toutes les divisions de cette immense classification, cela vous paraîtrait un peu long, et ne vous amuserait peut-être qu'à moitié. Nous les verrons à mesure, et, pour simplifier, nous ne nous attacherons dans chaque division qu'aux caractères qui se rattachent à notre étude à nous, à la nutrition, de sorte que vous vous trouverez partout en pays de connaissance.

Je dois vous dire, une fois pour toutes, que c'est ici comme dans la grammaire. Par-ci, par-là, il y a bien, et cela devait être, quelques exceptions qui viennent protester timidement contre l'arbitraire des règles; mais il faut s'en contenter, faute de mieux, et remercier par-dessus le marché ceux qui nous ont fait cadeau de cette savante classification, si ingénieuse et si utile, malgré ses imperfections nécessaires. A l'impossible nul n'est tenu. Vous ne comprendriez pas, si je voulais vous l'expliquer, tout ce qu'il a fallu de science, de travail et de génie, pour dresser cette longue liste, un peu ennuyeuse pour les petites filles, mais fort belle aux yeux des savants, trop belle peut-être : je vous dirai pourquoi quand nous serons au bout. Comme la véritable récompense à donner à ceux qui ont rendu de grands services est d'apprendre leurs noms aux enfants, je veux vous apprendre, avant de vous dire adieu, à qui nous la devons, cette liste, dont je vous fais grâce aujourd'hui.

D'abord la méthode employée pour l'établir, la méthode des classifications naturelles, est due à un savant du dernier siècle, un savant français, Bernard de Jussieu, qui l'a essayée sur les plantes, un autre troupeau, qui n'est pas facile non plus à mettre en ordre, comme vous pourrez vous en convaincre quand vous apprendrez la botanique. Celui qui l'a appliquée aux animaux, c'est encore un savant français : la netteté de l'esprit français le rend très-propre à cette besogne-là. Celui-là est aussi une des gloires de notre pays. Ses travaux et ses découvertes ont donné une impulsion toute nouvelle à l'étude de la nature. C'est Georges Cuvier, dont vous verrez la statue à Montbéliard, si jamais vous passez par là. Cuvier, pour bien dire, n'a pas fait à lui tout seul ce travail gigantesque, dont l'honneur lui revient de droit, pour l'avoir inspiré et dirigé. Beaucoup l'ont aidé, et parmi ses aides je veux vous citer son compatriote Laurillard[1], parce qu'il n'a pas eu sa récompense, je veux dire la juste célébrité que méritaient ses travaux.

1. On trouvera ici, dans les premières éditions, un reproche sévère adressé à Cuvier pour n'avoir jamais cité le nom de Laurillard. Ce reproche était injuste. Dans une lettre dont on m'a donné connaissance, M. Valenciennes, qui, lui aussi, a été un des collaborateurs de Cuvier, et des plus illustres, prend fait et cause pour lui avec une chaleureuse indignation qui les honore tous les deux, et cite des passages où Cuvier a parlé de Laurillard, un entre autres, dans le troisième volume des *Ossements fossiles*, p. 32, édition de 1822.

Il ne me reste qu'à faire retomber sur moi-même le fouet dont j'avais frappé un autre, et à déplorer la trop grande facilité avec laquelle j'ai accueilli, sans autres preuves, une assertion que j'avais d'ailleurs quelque raison de croire exacte, me venant de Montbéliard même, sur le témoignage, disait-on, de la famille Laurillard.

Puisse cet aveu, un peu pénible, faire comprendre à mes petits lecteurs l'inconvénient de condamner trop légèrement les autres! Comme je le disais en terminant le passage que la vérité, sue trop tard, m'oblige à supprimer : — cela se retrouve toujours.

LETTRE XXIX

LES MAMMIFÈRES

Je vous ai parlé de la colonne vertébrale, à propos de l'aorte, dont elle est le rempart, et je ne vous en aurais pas parlé, qu'en portant la main à votre dos vous sauriez bien vite ce que c'est. La colonne vertébrale est un de ces caractères dominateurs, qui entraînent avec eux une foule de ressemblances entre tous les animaux qui les présentent, et on l'a choisie pour signe de ralliement de la première grande bande. Je vous préviens d'abord qu'il y en a quatre, de ces bandes, quatre corps d'armée auxquels les naturalistes ont donné le nom d'*embranchements*, les comparant à quatre grosses branches qui s'élanceraient chacune de son côté du même tronc.

Nous avons donc, pour commencer, l'embranchement des *vertébrés*. C'est un nom qui s'explique tout seul.

Nous en sommes naturellement, de cet embranchement-là. Nous en couronnons le sommet; mais il s'étend bien loin au-dessous de nous. Il va jusqu'à la grenouille et au poisson, en passant par le singe, le bœuf, la poule et le lézard, car tout ce monde-là a des colonnes vertébrales. Cela n'a pas l'air de nous ressembler beaucoup, une grenouille; et pourtant, en sa qualité de vertébrée, elle a encore ses points de ressemblance avec nous, et qui valent la peine qu'on en parle. Les vertébrés ont tous une tête, avec un cerveau dedans, qui envoie ses ordres par tout le corps; ils ont tous un squelette intérieur, c'est-à-dire un système d'os rattachés les uns aux autres, qui forme la base solide sur laquelle s'appuient tous les organes; ils ont tous, j'allais dire : quatre membres; mais le serpent est là qui se glisse pour me rappeler à l'ordre, et siffler notre besoin enfantin de beaux compartiments, bien en règle, où nous puissions tout caser. Ils ont tous du moins, sans exception, un cœur, avec son réseau de vaisseaux sanguins; un sang rouge sous deux états, l'artériel et le veineux; et de plus un tube digestif fonctionnant à peu près comme le nôtre. Je n'insiste pas sur celui-là, parce que vous verrez par la suite que c'est un caractère en dehors des embranchements. C'est le caractère fondamental du tronc lui-même, qui persiste nécessairement dans tous les embranchements, et, comme je vous l'ai annoncé dans ma première lettre, vous le retrouverez partout. C'est lui, pour vous dire tout de suite mon secret, qui est le thème sur lequel le grand compositeur a brodé toutes ses fantaisies; c'est en lui que réside l'unité du plan animal, cette scandaleuse unité qui a fait jeter les hauts cris à de très-grands savants, et qui vous sautera d'elle-même aux yeux, j'en suis parfaitement convaincu. Mais c'est une histoire que je vous garde pour la fin, quand vous aurez tout vu, et que vous pourrez juger.

Vouloir examiner tous les vertébrés à la fois, ce serait se rejeter dans le chaos. On n'en sort pas comme cela dès la première division. On en a donc fait cinq *classes* que nous étudierons l'une après l'autre, et que je vais me contenter de vous nommer : les *mammifères*, les *oiseaux* les *reptiles*, les *poissons*, les *batraciens*. N'ayez pas peur des batraciens ; c'est un mot grec qui veut dire tout simplement : les grenouilles.

Les mammifères sont nos voisins immédiats. Vous vous rappelez les chylifères, qui portent le chyle. Les mammifères, ce sont les animaux qui portent des mamelles. Ils font leurs petits vivants, et leur donnent au commencement à teter. Vous aussi vous avez commencé par teter : vous êtes donc une petite mammifère.

Ce que je vous ai dit la dernière fois du cheval s'applique, à peu de chose près, à tous les mammifères. Nous n'aurons pas, par conséquent, de grandes différences à observer ici. Néanmoins, comme ce sont les animaux qui nous intéressent le plus, nos plus proches parents, pour dire le mot, et ceux avec qui nous avons en général le plus de rapports, nous allons passer en revue les différents ordres dont leur classe se compose. Il faut vous dire que les *classes* se divisent en *ordres*, les ordres en *familles*, les familles en *genres*, les genres en *espèces*, comme à l'armée les divisions se partagent en régiments, les régiments en bataillons, etc. Il fallait bien ici de même adopter des noms pour s'entendre, et l'on a adopté ceux-ci.

1° LES BIMANES.

Passons. Il y a assez longtemps que nous en parlons. Les bimanes[1], c'est nous, parce que nous avons deux

1. *Bis* veut dire *deux fois*, en latin. C'est pour cela que, quand une demoiselle a chanté, on lui dit *bis*, si l'on a envie qu'elle recommence.

mains. Oui, ma chère enfant, c'est là le joli nom qu'ils nous donné, les malhonnêtes! au lieu de nous laisser tranquillement notre nom, l'*homme*. C'était bien facile, vu que nous sommes la seule famille, le seul genre et la seule espèce de l'ordre tout entier, et à juste titre. Aux gens de distinction on fait l'honneur, dans les chemins de fer, d'un compartiment réservé. Nous méritions bien un ordre à nous, à nous seuls : ce n'est pas tout à fait la même chose qu'un règne. Bref vous êtes une bimane : il faut en prendre votre parti.

2° LES QUADRUMANES.

Ceux-là, comme leur nom l'indique, ont quatre mains, deux au bout des bras, deux au bout des jambes; ce sont les singes. Rien à dire; ressemblance complète. Je me trompe pourtant; ce n'est presque rien, mais cela commence déjà. Les canines s'en vont en avant, et dépassent les autres dents; et quelques espèces, les guenons par exemple, ont sous les joues des petites poches bien commodes, qui s'ouvrent dans la bouche, et où l'on met en réserve les noix qu'on épluchera plus tard. On appelle cela des *abajoues*.

C'est peu de chose en soi; mais vous avez là un premier exemple des fantaisies de la nature dans la construction des animaux. Tantôt elle ajoute un détail, tantôt elle en supprime un. Quelquefois aussi elle se contente de grandir un organe, comme les canines du singe, quelquefois elle le rapetisse; ou bien ici elle le fait plus simple, là plus compliqué; mais c'est toujours le même organe. Ainsi font les couturières avec les manches des robes. Ouvertes, fermées, plates, bouffantes, unies, historiées, manches pagodes, manches à gigots, cela ne fait jamais que des manches.

3° LES CHÉIROPTÈRES.

Je suis bien honteux, chère petite, du nom que je vous offre là. C'est une idée grecque de nos savants qui n'ont pas voulu dire avec le vulgaire : les chauves-souris. En grec, *cheir* veut dire : main, et *pteron* : aile. Le *chéiroptère*, c'est l'animal qui a une aile dans la main. En effet, les doigts qui terminent les membres de devant de la chauve-souris s'allongent en s'écartant d'une façon démesurée, et sont reliés entre eux par une membrane mince, partant du ventre, dont elle bat l'air, comme d'une aile, et qui lui permet de voler, si bien que beaucoup de gens la prennent pour un oiseau.

Or, bien loin d'être un oiseau, cette drôle de petite bête a toute notre organisation intérieure, et nous touche de si près, sans en avoir l'air, qu'un savant, et un savant très-célèbre, s'il vous plaît, a bien pu la mettre dans la première famille du règne animal, réunie au singe et, vous ne le croiriez jamais, à l'homme. Il se trouve que la chauve-souris a, comme l'homme et le singe, les mamelles à la poitrine, et c'est précisément ce caractère-là que Linnée, l'homme des méthodes artificielles, avait eu l'idée d'adopter pour en faire le caractère distinctif de sa première famille. Il est vrai qu'en notre honneur il lui avait donné un nom bien plus ronflant que notre nom actuel : *primates*, les premiers, les princes. Mais nous étions princes de pairs à compagnons avec la chauve-souris : j'aime encore mieux être bimane et seul. Je crois en vérité que c'est pour remettre l'insolente à sa place que, lors de la grande révolution de la méthode naturelle, la convention de savants qui siégeait au Jardin des Plantes lui a infligé cet affreux nom de chéiroptère, en la rayant honteusement de la dynastie renversée des primates.

Je n'étais pas fâché de vous faire connaître, en passant, ce petit trait de l'histoire des classifications; mais du reste je n'ai vraiment rien de particulier à vous dire sur l'appareil de nutrition de la princesse déchue, et c'est un beau certificat de ressemblance avec le nôtre. Un tout petit détail seulement à propos des dents. Les chauves-souris de notre pays, car il y en a bien des espèces, vivent d'insectes qu'elles attrapent la nuit au vol. Ces insectes sont enveloppés souvent d'une cuirasse très-dure, et des molaires comme les nôtres auraient eu du mal à les broyer convenablement; aussi les molaires du petit animal sont-elles hérissées de pointes coniques qui les réduisent en miettes comme rien. En Amérique, il y a une grande chauve-souris, le vampire, qui vit du sang des animaux, et la nature l'a armé en conséquence. Son museau s'effile comme un bec d'oiseau, et porte à sa pointe des incisives aiguisées comme des lancettes de médecin. Le vampire, qui rôde aussi la nuit, va droit aux grands animaux qu'il aperçoit endormis, leur ouvre délicatement une veine du cou, sans les éveiller, et suce leur sang à longs traits, en ayant soin de les éventer doucement de ses ailes, pour les tenir au frais dans un doux sommeil. Il n'est pas méchant, comme vous voyez : il n'a fait qu'une piqûre de sangsue; mais on en meurt. C'est la meilleure image que je connaisse du flatteur qui vous suce l'âme, en vous donnant de l'éventail. Et notez, puisque nous venons d'en parler, que cette espèce-là a toujours eu le talent de se faufiler chez les princes.

4° LES CARNASSIERS.

Au moins voilà un nom français, qui n'a pas besoin d'explication. C'est ici la tribu des ours, des loups, des renards, des belettes, des chiens, des chats, des tigres, des lions, de tous les animaux guerriers, qui trempent leur museau dans le sang, et qui vivent en mangeant les autres. Ceux-là ont encore le même appareil de nutrition que nous, l'ours surtout qui, avec le singe, est l'animal le plus voisin de l'homme, vu qu'il a nos pieds, si le singe a nos mains, et presque pas de queue, sans parler du reste. Comme nous, l'ours est *omnivore*, c'est-à-dire qu'il mange de tout, des légumes et des fruits aussi bien que de la viande, et la nature, qui l'a mis à notre régime, lui a donné aussi des molaires presque semblables aux nôtres. Ses canines seules diffèrent : elles font saillie encore plus que chez les quadrumanes, comme celles de tous les membres de l'ordre, qui ont là de véritables poignards. Mais ceux de ses confrères qui sont franchement carnassiers ont reçu des molaires toutes particulières. Le lion, par exemple, qui n'a pas le goût de l'ours pour les carottes, et qui mourrait de faim à côté du miel et des raisins dont l'autre est si friand, le lion, qui ne met que de la chair crue sous ses dents, a des molaires garnies de lames tranchantes, destinées à hacher la viande, comme les couperets dont les cuisinières se servent pour faire du hachis.

Le lion présente une autre particularité qui lui est commune également avec tous les carnassiers. Placez le doigt tout contre le petit bout de l'oreille, et faites aller la mâchoire; vous sentirez quelque chose de dur, allant et venant sous votre doigt : c'est là que la mâchoire inférieure vient s'emboîter dans un os du crâne, le *temporal,* si vous voulez savoir son nom, ou l'os de la tempe. L'extrémité de la mâchoire se recourbe et forme une espèce de petit crochet, appelé *condyle,* qui s'enfonce dans une cavité du temporal. Chez nous, la cavité n'est pas bien profonde, ni le crochet bien long, de sorte qu'il peut jouer assez librement, et c'est ce qui nous permet ce second mouvement de la mâchoire d'arrière en avant, dont je vous ai parlé autrefois, et grâce auquel nos petites meules mettent en pâte les bouchées de pain. Mais cette liberté de jeu a aussi son inconvénient. N'allez pas vous aviser jamais de vouloir faire entrer d'un coup dans votre bouche un objet trop gros, une pomme par exemple. Dans les efforts que vous feriez, il pourrait bien arriver que le condyle sortant de son petit trou, où il n'est retenu qu'à demi, vînt à glisser sous le temporal ; et ma petite fille resterait là, la bouche toute grande ouverte, jusqu'à l'arrivée du médecin. Le lion, dont la gueule vorace s'ouvre comme un four, si bien que les dompteurs de bêtes ne se gênent pas pour y plonger leur tête tout entière, ce qui est bien autre chose qu'une pomme, le lion, qui n'a pas de médecins, serait exposé bien souvent à cet accident, sans remède pour lui, si la nature n'y avait pourvu. Pour obtenir plus de solidité, elle a sacrifié le mouvement d'arrière en avant, en enfonçant profondément les condyles dans leur cavité, où ils sont serrés de façon à ne pouvoir jouer que de haut en bas, comme les branches d'une tenaille. C'est une petite gêne qui permet à la mâchoire d'aller impunément aussi loin que l'emporte la fougueuse impulsion de son terrible propriétaire. Moins de liberté pour plus de force, c'est un marché qui peut encore s'accepter, quand on fait un métier de lion.

J'ai ici une observation à vous faire. Voici trois ordres déjà qui défilent devant vous, depuis le nôtre, et nous n'avons encore eu presque à signaler de changements qu'aux attaches de la mâchoire, et aux dents. Je vous avertis qu'il en sera presque partout de même jusqu'à la fin de la classe des mammifères. C'est là le point essentiellement mobile et variable de leur appareil de nutrition. La mâchoire et son armure se modifient d'une espèce à l'autre, selon leur genre de nourriture; mais les modifications s'arrêtent là d'ordinaire, dans le vestibule. La distribution intérieure de la maison reste à peu près partout la même.

Ici pourtant, nous avons un changement intérieur à signaler, non pas, il est vrai, dans la distribution des pièces, dans leur dimension seulement. L'estomac est encore plus petit, proportion gardée, et plus débile que le nôtre, et le tube digestif plus de deux fois moins long. Le tube digestif d'un homme de taille moyenne a environ sept fois la longueur de son corps; celui du lion est seulement trois fois plus long que lui. C'est une conséquence naturelle de son genre d'alimentation. La chair et le sang dont il se nourrit exclusivement, c'est de l'albumine condensée, et préparée d'avance dans le corps de ses victimes : il ne faut plus beaucoup de travail pour en faire du sang de lion. Un professeur de chimie, qui a un bon préparateur, n'a pas besoin d'un bien grand laboratoire. C'est le cas du lion, et la nature, qui ne fait rien d'inutile, a économisé la place. Réduisez en domesticité le roi des forêts, et changez son alimentation; je parie tout ce que l'on voudra qu'après plusieurs générations son tube digestif se sera allongé. Qu'on examine l'intérieur du chat, son petit cousin, taillé primitivement sur le même patron que lui, je suis parfaitement sûr, sans y avoir regardé, rien que sur la foi des pâtées de café au lait qu'on lui sert tous les matins, de père en fils, que son tube digestif a plus de trois fois la longueur de son corps.

Il faut à ce sujet que vous sachiez tout de suite une chose importante relative à l'organisation des animaux, une chose qui les met tous bien loin au-dessous du bimane, puisque bimane il y a. En donnant à l'homme l'intelligence et la liberté d'action, Dieu lui a donné le privilége inouï de travailler sur ses brisées, si j'ose m'exprimer ainsi, et de toucher après lui à la création, telle qu'elle était sortie de ses mains : il en a fait un souscréateur en quelque sorte. Maintenant surtout qu'il commence à voir un peu plus clair dans les lois de la vie, l'homme est entré en possession plus directe de ce rôle de demi-dieu qu'il tient de la générosité divine. Vous pouvez à l'heure qu'il est faire fabriquer en Angleterre un bœuf ou un mouton, en donnant vos mesures, comme pour une armoire. Dans quelques années, si vous n'avez pas demandé l'impossible, on vous expédiera votre commande, à un pouce près. Ceci n'a plus de rapport avec les carnassiers; mais je ne voulais pas en vous quittant, chère petite mammifère, vous laisser sous l'impression de ce vilain mot. Il fallait bien aussi vous montrer votre grandeur.

LETTRE XXX

LES MAMMIFÈRES (SUITE)

Continuons à notre aise la revue des ordres de mammifères. Nous trouverons ailleurs des faits plus importants pour la science; nous n'en trouverons pas de plus intéressants pour vous.

5° LES INSECTIVORES

Ceux-là dévorent des insectes : leur nom le dit assez clairement. Ils se nourrissent comme la chauve-souris; en conséquence, ils ont les mêmes molaires: c'était forcé. Nous avons là une petite famille, peu importante, avec laquelle nous ne perdrons pas notre temps. Le chef de la bande, c'est le hérisson, un animal de notre pays, pas bien gros, — il a 9 pouces de long, — qui vit dans les bois, et qui ressemble assez, avec ses piquants, quand il se met en boule, à une énorme châtaigne dans sa coque. Chez lui, les canines n'ont pas grand'chose à faire; elles sont toutes petites; mais en revanche ses deux premières incisives s'allongent en avant des autres, pour mieux saisir sa proie qui traîne à terre. A l'intérieur, rien de particulier. A côté de lui, je vous citerai, comme curiosité, la musaraigne ou souris des sables[1], qui n'est pas une souris, malgré son nom, mais qui a l'honneur, si c'en est un, d'être le plus petit mammifère connu. Elle a en tout deux pouces de long, et si vous regardez bien dans ce petit corps, vous y retrouvez tout ce que nous avons trouvé chez vous : œsophage, estomac, foie, intestins, veines, artères, cœur, poumons, rien n'y manque; c'est absolument la même machine.

6° LES RONGEURS

Il y a du plaisir avec des noms comme celui-là; on sait tout de suite ce qu'ils veulent dire. Les rongeurs, ce sont les rats, les lièvres, les lapins, les castors, les marmottes, les écureuils, tous les animaux qui grignotent. Grignoter, si vous ne savez pas bien ce que cela veut dire, c'est manger du bout des dents. Les rongeurs n'ont pas d'autre manière de manger que de limer, pour ainsi dire, leurs aliments avec la pointe de deux incisives qu'ils ont à chaque mâchoire. Ces incisives sont très-longues, bien plus longues encore que celles du hérisson. La première fois qu'on mangera du lapin, de-

1. En latin, *mus* veut dire : souris, et *arena* . sable.

mandez qu'on vous donne la tête; vous verrez quatre jolies petites dents, bien tranchantes, taillées à la façon des ciseaux de menuisier, c'est-à-dire en biseau, selon l'expression consacrée.

Voici que nous commençons déjà à nous écarter un peu du modèle que nous connaissons. D'abord, il y a une autre articulation de la mâchoire. Ses condyles, que nous avons vus tout à l'heure, chez les carnassiers, si profondément encaissés dans l'enfoncement du temporal, glissent maintenant le long d'une rainure longitudinale, disposition qui lui permet d'aller et venir tout à son aise, comme le bras d'un serrurier qui tient la lime. Ensuite, ces petites dents, qui frottent sans cesse l'une contre l'autre, seraient bien vite usées si, commes les nôtres, elles étaient bâties une fois pour toutes. Aussi leur germe ou leur *bulbe*, pour lui donner son nom, au lieu de se flétrir, comme chez nous, une fois la dent poussée, demeure vivant et continue à travailler pendant toute la vie de l'animal. On dit quelquefois d'un homme qui n'a pas mangé depuis longtemps, qu'il a les dents longues. C'est une plaisanterie, qui deviendrait sérieuse s'il s'agissait d'un rongeur. Comme ses incisives poussent toujours, à la façon de nos ongles, elles seraient bientôt trop longues s'il cessait pendant quelque temps de les user en mangeant. C'est pour cela que les rats et les souris sont toujours en appétit, et que tout leur est bon pour exercer leurs incisives, vieux livres, vieux linge, et jusqu'au bois des planchers dont ils se régalent, faute de mieux. Coûte que coûte, il faut faire marcher de front l'usure de la pointe, et le travail souterrain du bulbe qui pousse sans cesse la dent en avant. Ce travail sourd et continu peut avoir une conséquence terrible, dont vous ne vous seriez pas doutée. C'est bien désolant pour une demoiselle de perdre une de ses dents de devant, comme on les appelle, et cela gâte bien une jolie figure : pour un rongeur, c'est bien pis; c'est la mort. La dent correspondante, ne frottant plus contre rien, cesse de s'user, et comme elle n'en pousse pas moins pour cela, elle s'allonge indéfiniment, si bien qu'à la fin elle sort de la bouche, et se pose, comme une barrière, entre les deux dents qui restent et tout aliment. L'animal ne peut plus manger, et c'est fini pour lui.

Les canines, qui sont destinées à piquer, n'avaient rien à faire sur une mâchoire qui lime. Elles n'y sont pas non plus. Entre les incisives et les molaires, il y a un grand espace vide que vous pourrez très-bien observer sur votre tête de lapin.

Enfin des animaux qui peuvent au besoin se rabattre sur une planche pour en faire un dîner avaient besoin d'un atelier de préparation bien autrement vaste que celui des carnassiers. Aussi le rat, l'échantillon le plus complet de l'ordre, a-t-il un tube digestif d'une longueur prodigieuse, où la sciure de bois a tout le temps de voyager, en attendant que les miettes alimentaires qu'elle renferme se soient dégagées entièrement; et comme tout se tient dans l'organisation animale, pour entretenir cet insatiable rongeur dans l'état de voracité permanente, exigé par ses impitoyables bulbes, la nature lui a donné un cœur énorme, dont la taille dépasse même celle de son estomac.

Vous ne saisissez peut-être pas bien le rapport qui existe entre le volume du cœur et l'appétit : il est pourtant bien simple. Les grands tonneaux sont pour ceux qui ont beaucoup de vin, et les grands cœurs pour ceux qui ont beaucoup de sang. Or, c'est le sang, vous le savez, qui va porter le feu, ou la vie, par tout le corps. Quand il arrive par torrents, le feu redouble, et il faut manger en conséquence. Un médecin de mes amis me contait un jour qu'il avait fait venir des rats de Montfaucon, plein une boîte, pour une de ces expériences de savants qu'on oserait bien mieux leur reprocher si l'on n'en profitait pas. Le lendemain matin, il n'en restait plus que quelques-uns : ils avaient mangé les autres. Et voilà ce que c'est que d'avoir trop de cœur!

6° LES PACHYDERMES

En grec *pachus* veut dire : épais, et *derma* : peau. Les pachydermes sont donc les animaux qui ont la peau épaisse. C'est une dénomination un peu vague, comme vous voyez, qui ne nous apprend pas grand'chose sur leur compte ; mais il paraît qu'il n'était pas facile d'en trouver une meilleure. Je serais pour mon compte bien embarrassé de donner un nom convenable à une bande aussi biscornue, où l'on a entassé l'une sur l'autre toutes les grosses bêtes de la terre, l'éléphant, le rhinocéros et l'hippopotame, côte à côte avec le cheval, l'âne et le cochon, sauf le respect que je vous dois.

Tout ce monde-là vit de végétaux, à part le cochon qui fait ventre de tout, en d'autres termes, qui est omnivore, comme l'ours et un autre mammifère que je ne veux pas nommer, pour ne pas le faire rougir de la compagnie. C'est vous dire que dans l'ordre des pachydermes l'appareil digestif est considérablement développé. Le cheval, par exemple, a un estomac très-volumineux, qui s'étend bien loin en arrière du point où l'œsophage y débouche, et même, en y regardant de près, on y observe une sorte d'étranglement, qui semble le partager par la moitié, ce qui donne au cheval un faux air d'avoir deux estomacs. Mais, en somme, nous n'avons encore ici aucune différence essentielle à signaler à l'intérieur; c'est toujours aux dents qu'il faut regarder pour trouver quelque chose à dire. Là, par exemple, il n'y a qu'à choisir : la nature s'est mise en frais de fantaisies.

Pour commencer par l'éléphant, le grand maître de l'ordre, il nous présente une des mâchoires les plus étrangement meublées qui existent. Tout le monde connaît ces deux énormes défenses qui lui sortent de la bouche, et qui fournissent à l'industrie humaine la presque totalité de l'ivoire qu'elle emploie. Ce sont deux dents, les plus grandes, sans comparaison possible, de tout le règne animal, deux véritables dents de luxe, parfaitement inutiles pour manger, et ruineuses pour le propriétaire, par-dessus le marché. Toutes les économies du sang, en fait de matériaux d'ivoire, y ont passé, et, comme il arrive souvent à ceux qui se laissent aller au luxe, il ne lui est rien resté pour fabriquer des dents sérieuses. Les défenses de l'éléphant ne sont autre chose que ses deux incisives d'en haut, les seules, s'il vous plaît, qui se recourbent en sortant de la mâchoire. En bas, il n'y a pas d'incisives; les canines manquent partout; et pour toute denture, cette bouche dégarnie présente, de chaque côté des deux mâchoires, une ou deux molaires énormes, il est vrai, mais qui ne sont pas en ivoire. Elles se composent d'espèces de lames cornées, soudées ensemble dans une pâte osseuse, qui sont la seule ressource du géant pour broyer tant bien que mal les herbes, les jeunes pousses et les feuilles d'arbre dont il se nourrit. Il a pour consolation la gloire de posséder les plus belles dents du monde, la terreur de tout ce qui l'approche, et je ne saurais mieux le comparer ici qu'à ces belles dames, qui se nourrissent de pommes de terre pour avoir le plaisir de désoler les voisines avec leurs robes de soie.

L'hippopotame a aussi des incisives supérieures, qui se recourbent hors de la bouche, mais elles n'atteignent pas, même de loin, la taille des défenses de l'éléphant. Aussi n'ont-elles pas nui au développement des autres dents dont la collection est fort présentable. La courbure des incisives du haut est en dessous; celles du bas sont couchées en avant, et se terminent en pointe comme des socs de charrue, et de fait elles servent à labourer la terre pour déterrer les racines dont l'hippopotame se nourrit. Ce sont, du reste, des dents formidables, avec lesquelles il met des barques en pièces, dans ses colères, car vous saurez que c'est un animal presque amphibie, qui broute les herbes aquatiques, et qui vit dans les grands fleuves de l'Afrique, sa patrie. Son nom[1] seul vous l'aurait

1. *Hippos*, cheval; *potamos*, rivière. Les Grecs, qui avaient vu l'hippopotame dans le Nil, en Égypte, l'avaient nommé *che-*

appris, si vous saviez le grec; mais cette fois je n'ai rien à dire : ce sont les Grecs eux-mêmes qui l'ont fait. Vous seriez bien embarrassée, n'est-ce pas, s'il fallait aller déjeuner au fond de la Seine, et vous ne pourriez pas avaler, sans avoir l'eau dans le nez. L'hippopotame n'a pas à s'inquiéter de cela. On lui a mis à l'entrée des narines deux petites portes qu'il peut fermer à volonté, et derrière lesquelles ses poumons sont bien tranquilles, pendant qu'il va et vient sous l'eau. Il y a maintenant un hippopotame au Jardin des Plantes. Allez vous promener par là; vous verrez un gros ventre qui traîne presque à terre, et ce n'est pas bien étonnant : il fallait beaucoup de place pour loger ces joncs, ces roseaux, ces herbes du fond des fleuves qui ne sont pas bien nourrissantes. Aussi l'estomac du cheval de rivière n'offre pas seulement l'aspect de deux compartiments, comme celui du vrai cheval : on croirait en voir trois ou quatre. Pour en finir avec l'hippopotame, j'ajouterai que l'ivoire de ses dents est encore plus beau que celui des défenses de l'éléphant, et que les dentistes y taillent des dents magnifiques pour leurs clients. Cela ne vous intéresse pas encore beaucoup; mais on ne sait pas ce qui peut arriver. Ne prenez jamais des dents d'hippopotame. Elles jaunissent très-vite, et quand on fait tant que d'acheter des dents, c'est le moins qu'on soit belle ensuite, pour son argent.

Je voudrais bien vous parler du rhinocéros, pendant que nous sommes dans les colosses; mais c'est un sujet

val de rivière, comme plus tard les Romains appelèrent l'éléphant *bœuf de Lucanie*, parce qu'ils le virent pour la première fois en Lucanie, lors de la guerre de Pyrrhus.

ingrat. Il n'a pas de canines, quelquefois pas d'incisives, quelquefois jusqu'à trente-six dents, selon les espèces, au témoignage des naturalistes, et voilà tout ce que j'ai à vous dire de ce gros bloc de chair, si bizarre extérieurement, et très-régulier en dedans. C'est celui-là, par exemple, qui mérite surtout le nom de pachyderme : sa peau est si épaisse et si dure que les balles glissent dessus. Mais cela n'est pas présentement de notre ressort, pas plus que la corne qu'il a sur le nez, et dont le tour viendra peut-être, si je vous raconte un jour l'histoire de la peau et de tout ce qui s'y rattache.

Le cochon, lui, a des canines, et de très-fortes; mais c'est à l'état sauvage, quand il s'appelle le sanglier, qu il les présente sous leur forme véritable. Elles s'avancent alors hors de la bouche en se recourbant, car c'est une mode assez générale chez les pachydermes, et constituent ces terribles défenses, aiguës et tranchantes, qui ont été fat^les à tant de chasseurs. Le sanglier de nos forêts passe pour être la souche, comme on dit, ou le père de notre cochon domestique; et, si le fait est exact, comme il paraît, nous aurions là un bel exemple de l'action de l'homme sur l'organisation des animaux qu'il groupe autour de lui. Le sanglier ne vit que de fruits et de racines qu'il arrache, comme l'hippopotame, avec ses défenses, son porte-respect au milieu des hasards de la vie dans les bois. Il est devenu paresseux, lâche et gourmand au service de l'homme; il a désappris l'effort et le combat; il s'est mis à manger de tout dans son auge, de la viande aussi quand il en tombe, et, pour mieux en venir à bout, il a ramené vers la bouche ses canines de guerre, armes menaçantes, dents inutiles : de son glaive il a fait une fourchette. C'est un Tartare qui est devenu Chinois[1].

Ceci me suggère une idée relative au cheval, le dernier pachyderme important qui nous reste à voir. Lui aussi a des canines, mais toutes petites; elles disparaissent, pour ainsi dire, au milieu d'un grand vide qui existe entre ses incisives et ses molaires, et où l'homme a placé le mors, au moyen duquel il l'a dompté. Si petites qu'elles soient, ces canines indiquent qu'il peut manger de la viande : la canine est l'attribut distinctif du mammifère carnassier. J'ai lu, je ne saurais plus dire où, qu'on peut obtenir du cheval, dans un cas urgent, un déploiement de forces plus considérable qu'à l'ordinaire en lui faisant manger de la viande, et les vieux poëtes grecs nous parlent d'un roi des temps barbares qui donnait des hommes à dévorer à ses chevaux. Si je connaissais un riche Anglais, capable de lancer beaucoup d'argent à la poursuite d'un fait curieux, je lui conseillerais de constituer une rente pour mettre un cheval au régime de la viande, de père en fils, en augmentant graduellement la dose. Je parie encore une fois tout ce que l'on voudra qu'après une série de générations, les canines seront devenues assez grandes pour gêner l'entrée du mors dans la bouche, sans compter

1. La Chine, dont on parle tant depuis quelques années, a été envahie à plusieurs reprises par les hordes guerrières de la Grande-Tartarie. Mais à chaque fois, dès la seconde ou la troisième génération, les vainqueurs avaient pris les mœurs efféminées, le costume et les usages des vaincus, et tant de conquêtes n'ont eu d'autres résultats que de convertir en Chinois des millions de Tartares.

qu'il ne ferait peut-être pas bon au palefrenier d'essayer. Mais laissons les dents que le cheval pourrait avoir pour examiner celles qu'il a. Les incisives sont au nombre de six à chaque mâchoire. Ce sont de longues dents qui se portent un peu en avant, et dont l'inspection sert à reconnaître l'âge des chevaux, d'après certaines marques qui paraissent d'année en année. Les molaires sont plates, carrées, sillonnées par des bandes d'émail qui y dessinent quatre croissants bien distincts, parfaitement organisés, en un mot, pour broyer la paille et l'avoine. Je ne serais pas étonné non plus si les croissants d'émail devenaient tranchants dans l'écurie de notre Anglais, tant l'architecte invisible qui construit les animaux est habile à changer la maison, quand le propriétaire change ses habitudes.

8° LES RUMINANTS

Je conserverai toute ma vie un bon souvenir des ruminants : ils m'ont valu le premier prix d'histoire naturelle qui ait été donné en France aux élèves de la docte Université. Si je vous en parle, c'est que c'est là l'explication de la petite dédicace que j'ai mise en tête de nos lettres. Il y a trente ans de cela, chère petite, et je vous avouerai sans fausse honte qu'encore aujourd'hui ce mot de *ruminants* me chatouille agréablement l'oreille : il me rappelle un des grands orgueils de ma vie, l'honneur que m'a fait l'homme illustre dont j'ai invoqué le nom, à moi, petit gamin de collége, de m'appeler chez lui pour voir de plus près le savant en herbe qui avait si bien parlé des ruminants. Il y a bien trente ans, hélas! C'était en 1831. Il n'avait fallu rien moins que la révolution de 1830, ainsi que je vous l'ai dit dans le temps, pour déterminer enfin les gros bonnets de l'enseignement à sacrifier deux heures par semaine, dans une seule classe, à l'étude de la nature. Oui, chère enfant, il n'y a pas plus longtemps que cela que l'on enseigne l'histoire naturelle dans nos colléges, et ce que je me suis donné la peine de vous apprendre, à vous, petite fille, les hommes qui ont aujourd'hui des cheveux gris ont terminé ce qu'ils appelaient leurs études sans en avoir appris un mot. Vous voyez que vous avez bien fait d'attendre pour venir au monde, et que vous trouverez encore à qui donner des leçons, quand vous voudrez. Mais avant de donner des leçons, il faut achever d'en prendre. Pardonnez-moi ce retour involontaire vers une joie du temps où je n'étais pas beaucoup plus raisonnable que vous, et revenons à nos ruminants, les bonnes bêtes, les pères nourriciers du genre humain.

LETTRE XXXI

LES MAMMIFÈRES (SUITE)

Tout dans la création a son rôle à jouer, mais il y a des rôles mystérieux dont le sens nous échappe. Celui des ruminants est si nettement tracé qu'il saute aux yeux.

Pour me mettre en état de fournir à votre esprit l'aliment que je lui sers aujourd'hui, ma chère enfant, il m'a fallu brouter dans bien des livres où vous n'auriez pas compris grand'chose; il m'a fallu ruminer longtemps ce que j'avais lu, le digérer lentement dans ma tête, qui a plus de capacité que la vôtre, sans me vanter: à mon âge, ce n'est pas bien malin. Si j'ai réussi dans mon entreprise, vous aurez profité de tout ce travail qui s'est fait en moi, pour nourrir votre esprit sans trop de fatigue, et j'aurai presque le droit de dire que c'est de moi qu'il se sera nourri : pour vous donner à lire une page qui pût vous instruire, sans vous rebuter, ma lampe pourrait vous dire ce qu'il m'en a coûté quelquefois.

Ainsi fait le ruminant. Son rôle est d'aller ramasser dans les prairies un aliment qui rebuterait des estomacs moins bien organisés que le sien, de le travailler au dedans de lui, et de le rendre sous une forme plus savoureuse et moins indigeste. Les petits carnassiers accourent ensuite au festin, et le festin c'est lui.

Toute l'histoire du ruminant est donc dans son estomac. Digérer est sa véritable fonction, et, dans le fait, il consacre les plus belles heures de sa journée à élaborer cette digestion bienfaisante, espoir de tant d'estomacs débiles.

Vous êtes-vous quelquefois amusée à regarder un grand bœuf, accroupi dans un pré? Depuis longtemps il a fini de manger dans l'herbe, et sa mâchoire remue toujours en tournant sur elle-même, comme la molette d'un peintre qui broie des couleurs. Examinez bien, il restera là des heures entières, immobile et recueilli, absorbé dans cette incompréhensible mastication, et roulant de temps à autre dans son gosier un aliment invisible. Ne vous moquez pas de lui cependant. Tel que vous le voyez, il fait son métier de ruminant : il rumine.

Ruminer, c'est remâcher ce que l'on a déjà avalé, et, si drôle que cela puisse vous paraître, c'est le métier que font tous les ruminants. Vous vous rappelez ces abajoues du singe, qui lui servent de garde-manger, et d'où les provisions reviennent se mettre sous les dents ; le ruminant a une immense poche de ce genre-là, où, quand il broute, il fait entrer l'herbe à la hâte, par gros paquets à peine mâchés. Vous croyez peut-être qu'il mange quand il a la tête dans l'herbe ? Pas du tout, ce n'est là qu'un exercice préparatoire : il entasse précipitamment dans son garde-manger ce qu'il doit manger plus tard. Seulement, au lieu d'être sous les joues, où il n'y aurait pas eu de place pour cette grosse botte d'herbe, ce garde-manger est dans le milieu du corps, tout contre l'extrémité de l'œsophage, qui se fend en cet endroit et devient une sorte de gouttière dont les deux bords retombent l'un sur l'autre, de façon à former un tube mal fermé, prêt à s'ouvrir sous le moindre effort. Quand les gros paquets d'herbe viennent à passer, ils pressent contre les parois du tube qu'ils écartent, et tombent dans la poche aux provisions, qui porte le nom de *panse* ou *d'herbier*, poche à l'herbe. La poche une fois bien remplie, l'animal, sûr de son dîner, va s'accroupir dans quelque coin tranquille, où il procède gravement à l'acte important qui est la raison première de son existence. Un peu au-dessous de l'entrée de la poche, et communiquant à la fois avec elle et la gouttière de l'œsophage, est une seconde poche que les vieux naturalistes gaulois, peu coutumiers du grec, ont appelée le *bonnet*, sous le prétexte d'une ressemblance telle quelle avec les bonnets qu'on se met sur la tête. Cette poche se contracte alors, à ce qu'on prétend du moins, et saisit, comme une main qui se ferme, une poignée de l'herbe accumulée dans la panse. Elle en fait une pelote qu'elle renvoie dans l'œsophage, et celui-ci, en se resserrant successivement de bas en haut, la fait remonter dans la bouche où cette fois l'herbe est mâchée en conscience, et pour de bon. Rien ne presse le ruminant, qui n'a pas autre chose à faire sur la terre, et les heures se passent ainsi, les pelotes du bonnet montant à l'assaut l'une après l'autre. Elles ne redescendent que converties, par une longue trituration, en une sorte de bouillie presque liquide, qui glisse impunément le long des parois de la gouttière, et tombe droit dans une troisième poche appelée par les anciens le *feuillet*, à cause des larges replis, assez semblables aux feuillets d'un livre, qui le garnissent à l'intérieur. Du feuillet la bouillie d'herbe passe enfin dans une quatrième et dernière poche, qui est le véritable estomac, et où s'accomplit le travail définitif de la digestion. Celle-là porte aussi un joli petit nom, bien français, de vieille fabrique, comme les trois autres; elle s'appelle la *caillette*, nom qui lui vient de la propriété qu'elle possède de faire cailler le lait. De ses quatre estomacs, la caillette est le seul qui serve d'abord au ruminant. Tant qu'il tette sa mère, les autres demeurent inactifs et tout petits : ils n'entrent en fonction et ne s'agrandissent que quand il commence à manger de l'herbe. Selon toute probabilité, ils finiraient même par disparaître si l'on voulait faire la dépense de tenir l'animal au lait toute sa vie. Du moment qu'il n'aurait plus rien à ruminer, la nature ne tarderait pas certainement à le débarrasser de son atelier de rumination.

Pour rendre à chacun ce qui lui appartient, je vous dirai que nous devons la connaissance exacte de ce mécanisme si simple et si ingénieux de la rumination aux travaux de M. Flourens, un savant qui vit encore, et qui a fait une foule de recherches pleines d'intérêt sur ce qui nous occupe en ce moment, sur la vie des animaux. C'est un homme d'esprit par-dessus le marché, possédant si bien sa langue que l'Académie française s'est cru en droit de lui ouvrir ses portes, honneur inouï pour un membre de l'Académie des sciences. Eh bien, malgré tout cela, je vous félicite de tout mon cœur de ce qu'on ne l'ait pas attendu pour découvrir l'herbier, le bonnet le feuillet et la caillette. Il était bien capable, en sa qualité de savant sérieux, de leur cueillir, dans le *Jardin des racines grecques*[1], quatre noms magnifiques où vous n'auriez vu que du feu.

De l'autre côté de la caillette il n'y a plus rien de changé, si ce n'est que le tube intestinal est naturellement plus long que chez nous, en raison du genre de nourriture; habituellement il a de dix à douze fois la longueur du corps. Le mouton, qui trouve à vivre sur les pâtu-

1. Votre frère vous renseignera suffisamment sur le *Jardin des racines grecques*. C'est un charmant petit livre dont toutes les générations de collégiens ont appris par cœur le commencement; mais je n'en connais pas un, parmi les plus intrépides, qui soit allé jusqu'à la fin.

rages les plus maigres, le mouton doit à une organisation privilégiée cette faculté inestimable, qui en fait la providence des pays stériles comme la Sologne, la Champagne pouilleuse, et les plateaux arides du haut Wurtemberg. Chez lui, le tube intestinal a vingt-huit fois la longueur du corps.

Nous avons vu chez les carnassiers, dont la gueule a tant d'efforts à faire, les condyles de la mâchoire s'enfoncer comme des coins dans la cavité du temporal. Le ruminant, dont la bouche pacifique n'est faite que pour lutter avec les herbages, est organisé tout différemment. Le condyle s'étale en travers, et ne fait pour ainsi dire que poser sur la cavité du temporal, qui est à peine creusée et présente une surface presque plane, ce qui permet à la mâchoire de tourner à l'aise pour mieux broyer les pelotes d'herbe. Au surplus, cette disposition se rencontre déjà chez les grands pachydermes qui se nourrissent de végétaux. Le cheval en particulier, dont la nourriture est à peu près la même que celle du bœuf, a la mâchoire articulée à peu près comme lui.

De même pour les dents. Sauf de légères différences, la denture des ruminants est construite sur le même modèle que celle du cheval. Il n'y a que les canines qui méritent une mention à part.

Il faut d'abord vous dire que, par un privilége spécial dont je ne me charge pas de vous dire la raison, l'ordre des ruminants est le seul qui possède des animaux à cornes sur le front. Cerfs, chevreuils, rennes, chamois, gazelles, chèvres, bœufs, bisons, tous les fronts cornus appartiennent aux ruminants. Ce serait même une manière très-commode de les distinguer des autres animaux, s'il n'y avait pas parmi eux des exceptions. Quelques ruminants n'ont pas de cornes, et il se trouve précisément qu'en manière de compensation ce sont ceux-là qui ont des canines.

Le ruminant qui a les plus belles canines est le chevrotain, un joli petit animal qui vit dans l'Asie centrale, sur les hauts sommets, comme notre chamois des Alpes. Maintenant que vous le connaissez, il est probable qu'il nous arrivera plus d'une fois de maudire son existence, car c'est dans une petite poche qu'il a sous le ventre qu'on recueille cet affreux musc, si cher aux beautés de l'Orient, et que certaines dames de chez nous, aux nerfs malheureusement trop robustes, ont le tort grave de promener dans le monde, sans égard pour la santé publique. Mais c'est des canines du chevrotain qu'il s'agit. Elles sortent, en se recourbant, de la mâchoire supérieure, et lui donneraient un faux air de petit sanglier, s'il n'avait les jambes encore plus fines que notre chevreuil auquel, sauf les cornes, il ressemble beaucoup, comme l'indique suffisamment son nom.

Après le chevrotain vient la grande famille des chameaux et des lamas, qui représentent, les premiers en Asie et en Afrique, les seconds en Amérique, le groupe irrégulier des ruminants sans cornes et à canines, qu'on dirait placé, comme une transition, entre les vrais ruminants et les pachydermes. Ceux-ci font le passage du cheval au bœuf, et l'homme les emploie plutôt comme bêtes de somme que comme animaux de boucherie, bien qu'on fasse moins de grimaces dans leur pays pour les manger qu'on n'en fait en Europe pour manger du cheval, ce qui serait une ressource très-acceptable dans bien des cas. De fait, les ruminants cornus, sans canines, ont une chair plus délicate, et semblent destinés plus spécialement à être mangés. Et pourtant, s'il ne fallait regarder qu'à l'estomac, le caractère distinctif de l'ordre, les chameaux et les lamas seraient les premiers des ruminants. Les autres ont quatre estomacs : eux, ils en ont cinq. Leur panse est garnie de grandes cellules, véritables réservoirs où l'eau vient s'engouffrer, quand l'animal en trouve à discrétion. Puis, aux heures de disette, il la fait remonter dans la bouche et boit en dedans, comme les autres ruminants mangent. C'est là ce qui rend le chameau si précieux aux populations errantes des grands déserts de l'Afrique et de l'Asie. Il est le seul de tous les animaux qui, sous le soleil ardent du Sahara, puisse passer plusieurs jours sans boire, sans en avoir l'air du moins, puisqu'il emporte sa provision d'eau cachée à tous les regards dans les profondeurs de son corps. Vous avez peut-être entendu déjà raconter des histoires d'Arabes mourant de soif, qui ont ouvert le ventre de leurs chameaux pour aller y chercher un dernier verre d'eau. J'avoue, par exemple, qu'il faut avoir bien soif, car vous concevez qu'on ne doit pas s'attendre à trouver là une eau bien fraîche, ni surtout bien limpide, sans compter qu'on court grand risque la plupart du temps de ne plus rien trouver du tout. Ces sortes de débauches ne s'essayent d'habitude que quand l'eau manque depuis longtemps, et que l'on a vidé toutes les outres; or, dans ce cas, il y a tout à parier que le chameau aura fait comme son maître, et qu'il aura, lui aussi, vidé ses outres intérieures. Du reste ce n'est là que la moitié de l'équipement de ce *navire du désert*, comme l'appellent les Arabes. Dans le désert, on trouve aussi difficilement à manger qu'à boire, et la nature y a pourvu également pour le chameau. Cette bosse que vous voyez s'élever sur son dos, car vous avez vu bien sûr des chameaux dans vos livres d'images, cette bosse est sa sauvegarde contre la faim. C'est un gros amas de graisse : je n'ai pas besoin de vous en dire davantage. Vous vous rappelez le cochon de M. Liebig, qui vécut 160 jours sur son lard. Sans aller si loin, le chameau peut encore faire marcher son feu assez longtemps, rien qu'avec les combustibles que le sang va ramasser dans cette bienheureuse bosse. Puisque nous en parlons, et sa place était toute marquée dans une histoire de la nutrition, je dois vous apprendre qu'on classe les chameaux en deux espèces, d'après leurs bosses : le chameau proprement dit, qui a deux bosses, et le dromadaire qui n'en a qu'une. Celui-là n'avait pas besoin d'autant de provisions que l'autre, car il est bien plus leste, et les trajets lui durent moins longtemps.

Des autres ruminants, je n'ai plus rien de particulier à vous dire, au point de vue de leurs organes de nutrition. Pourtant je ne veux pas les quitter sans vous rappeler une chose qui a trait aussi à la nutrition ; mais à la nôtre, à nous. C'est par la conquête du ruminant domestique, ce dîner en permanence, marchant derrière son maître, qu'a commencé la civilisation humaine. Avant cela l'homme, réduit pour vivre aux hasards de la chasse, ne pouvait guère aspirer à d'autre industrie, et n'avait pas trop de tout son temps pour trouver à manger. Si haut que nous remontions dans l'histoire, nous y trouvons des peuples pasteurs. Ce qui les a précédés n'a pas d'histoire, et ne pouvait en avoir, car les premiers loisirs de l'espèce humaine, ses premiers essais, par conséquent, d'art et de littérature datent de l'époque où les fabricants par excellence d'aliments azotés se sont ralliés à l'homme, et sont venus travailler à l'ombre de sa tente, sous sa direction et à son profit. Tout cela est trop loin de nous maintenant pour que nous prenions la peine d'y penser. Le genre humain est un peu comme ces vieilles gens qui ne se rappellent plus avoir été enfants, et les petites filles ne sont pas précisément obligées de savoir ce que les grandes personnes ont oublié. Il vaut mieux pourtant qu'elles le sachent. Quand vous entendrez dire que la société protectrice des animaux a pris en main la cause d'un bœuf ou d'un mouton, victimes de quelque barbarie, ne riez pas trop vite à ses dépens. Ces humbles espèces ont protégé la nôtre au point de départ, et rappelez-vous à l'occasion que le progrès des sociétés humaines a commencé par un troupeau.

LETTRE XXXII

LES MAMMIFÈRES (SUITE)

Voici maintenant que nous arrivons à des animaux qui vous sont moins familiers, et dont aucun n'habite l'Europe. Nous irons plus vite avec eux.

9° LES MARSUPIAUX

Marsupium veut dire *bourse* ou *poche,* en latin. Les marsupiaux se distinguent des autres animaux par une poche que la mère a sous le ventre, et dans laquelle les petits se réfugient à la moindre alarme. Leur histoire aurait bien pour vous son intérêt; mais elle ne se rattache pas au sujet que nous traitons, et nous serions bientôt perdus si nous nous avisions d'en sortir. Cet ordre, si bien caractérisé d'ailleurs par cette singulière poche, l'est très-mal pour nous, et ne nous offre rien de nouveau. On y trouve réunies des espèces tout à fait éloignées entre elles sous le rapport de la nutrition, et très-voisines de quelques-unes déjà décrites. Les unes sont à la fois carnassières et insectivores, et sont armées en conséquence de fortes canines et de molaires semblables à celles du hérisson. Les autres sont herbivores, à la façon des lièvres, et ont presque la mâchoire des rongeurs. Je vous citerai parmi les premières la sarigue, qui peut-être vous est déjà connue, pour avoir inspiré à Florian une de ses plus jolies fables. La sarigue vit dans l'Amérique méridionale. Dans les îles Moluques, là d'où viennent la muscade et le clou de girofle, on trouve de charmants petits marsupiaux, assez semblables aux écureuils, qui vivent comme eux dans les arbres, où ils font à la fois la chasse des fruits et des insectes. Mais la plus grande partie des marsupiaux appartiennent à l'Australie, la véritable patrie de l'ordre. Ils y forment la principale richesse du pays, en fait de mammifères, et le plus célèbre parmi eux est le kangourou, qui commence à devenir commun dans les ménageries européennes, et qui, sauf sa poche, n'est en somme qu'un lapin exagéré, grand comme un homme, avec une queue presque aussi longue que lui. Puisque c'est un lapin, vous savez déjà quelle est sa machine à manger; mais je compte bien sur la Société d'acclimatation pour vous mettre à même de savoir un jour quel goût il a. C'est un rôti qui est appelé à figurer plus tard sur nos tables, et comme vous avez du temps devant vous, il est probable que vous ne mourrez pas sans en avoir mangé.

10° LES ÉDENTÉS

Ceux-là rentrent bien mieux dans notre cadre. C'est d'après les dents qu'on les a classés, et s'il fallait se fier à leur nom, ils n'auraient pas de dents. Hélas! ils en ont presque tous, malheureusement, et j'en suis bien honteux pour la nomenclature officielle; mais que pouvons-nous y faire? Il n'y a de véritables édentés dans le nombre que les fourmiliers qui, de fait, pouvaient parfaitement se passer de dents, vu leur genre d'alimentation. Ils vont pâturer dans les fourmilières, d'où leur vient leur nom, et comme ils sont d'une assez jolie taille, de deux à trois pieds de long, ils auraient eu vraiment trop de mal à croquer une à une ce qu'il leur faut de fourmis pour un repas. Pour aller plus vite, ils les prennent avec la langue, mais quelle langue! Figurez-vous une espèce de grand ver de terre, logé dans un museau qui s'allonge comme un bec d'oiseau, et se termine à la pointe par une toute petite ouverture. Le fourmilier promène ce long cordon gluant sur les bataillons serrés de ses victimes, qui s'y collent par centaines, et sont ensuite englouties d'un coup, sans qu'aucune puisse échapper. Cette langue, unique en son genre, s'allonge tellement dans ses exercices meurtriers qu'elle atteint jusqu'à trois fois la longueur de la longue tête de l'animal. Nous voici déjà bien loin de votre petit portier ! C'est que nous touchons aux limites du pays des mammifères, et la physionomie commence à changer.

Le tatou, par exemple, qui vient après le fourmilier, ressemble bien plus d'aspect à la tortue et au lézard qu'à ses nobles confrères de la bimanie. Il est tout couvert d'écailles, et l'on dirait presque, à l'étudier de près, que c'est un reptile perfectionné en dedans. Quant aux dents, il en a assez, c'est vrai, pour faire mentir son nom d'édenté, mais du reste elles ne lui servent pas à grand'-chose. On les appelle des molaires, parce qu'elles sont reléguées dans le fond de la bouche, à la place consacrée partout aux molaires; mais ce sont de bien tristes meules, qui ne ressemblent guère à tout ce que nous avons vu jusqu'ici. Elles sont toutes rondes, plates et unies à l'extrémité, sans bandes d'émail pour les renforcer, petites et chétives par-dessus le marché, et séparées l'une de l'autre par des intervalles très-apparents. Le pauvre tatou croque avec cela comme il peut les limaces, les racines tendres et autres proies du même genre sur lesquelles il est obligé de se rabattre, et qui ne demandent pas des outils bien formidables.

Le membre de l'ordre le plus compromettant, c'est l'unau ou l'aï, auquel il ne manque que des incisives pour être édenté comme vous et moi, et que j'ai pris pour un petit ours, la première fois que je l'ai vu. Il est vrai que j'avais à peu près votre âge, car l'ours, un de nos plus proches voisins, n'est pas un personnage à confondre avec l'infortuné en question, un des souffre-douleurs du règne animal, bien que M. de Blainville, qui n'avait pas la même excuse que moi, ait proposé de le placer encore plus près de nous, parmi les quadrumanes. Notez qu'en fait de mains, il n'a au bout de chacun de ses quatre membres que trois griffes énormes et recourbées qui font assez l'effet d'une gigantesque fourchette qu'on aurait tordue. Aussi son illustre parrain le présentait-il au monde comme un quadrumane irrégulier. Je le crois bien ! Ce quadrumane sans mains, cet édenté dont les molaires sont précédées de magnifiques canines, cette énigme de la nature faite pour le désespoir des classificateurs, vient aussi donner un croc-en-jambe, je l'avoue en toute humilité, à la loi que je vous ai posée si catégoriquement à propos du cheval, sur la signification des canines. Les canines de l'aï sont encore plus développées que ses molaires, et je ne saurais vous dire en vérité ce qu'elles font là. Il vit de feuilles d'arbres, et les anciens voyageurs (il habite l'Amérique méridionale) avaient raconté qu'une fois hissé sur un arbre, il le dépouillait jusqu'à sa dernière feuille, et se laissait ensuite tomber à terre pour s'éviter la peine de descendre. C'était là ce qui lui avait valu ce vilain nom de *paresseux* qu'on lui avait donné autrefois, et que justifiait, il faut le dire, sa démarche à terre, car il est si mal bâti qu'il ne peut pas se tenir droit sur ses membres, et qu'il avance lourdement en se traînant sur les coudes. Mais il paraît que, grimpé dans les arbres, c'est autre chose, et qu'il saute assez lestement d'un arbre à l'autre. Si ses griffes ne peuvent pas raisonnablement compter pour des mains, elles font d'excellents crochets, et quand il voltige ainsi dans les forêts, suspendu aux branches par ses grands bras, on serait assez tenté, d'en bas, de donner raison à M. de Blainville. Je l'avais vu, moi, dans une cage.

Quant à sa parenté avec le tatou, elle repose sur un détail qui nous intéresse directement. Il a les molaires rondes et unies comme lui. C'est peu de chose, mais que voulez-vous? Il fallait bien le classer, puisque les savants n'ont pas eu l'esprit de faire une compagnie hors rang, comme il y en a dans les régiments.

11° LES AMPHIBIES

Nous nous éloignons de plus en plus. Voici des animaux qui sont presque des demi-poissons. Amphibie vient de deux mots grecs : *amphis*, double, et *bios*, vie. Les amphibies ont deux vies : l'une sur mer, qui est la vraie : là ils sont dans leur élément ; l'autre sur terre, où ils ne font que ramper, car leurs pattes, à peine formées, sont destinées à faire l'office de nageoires, et celles de derrière s'allongent à plat derrière eux, en forme de queue de poisson. On les divise en deux genres, les phoques et les morses. Les premiers se nourrissent de poissons, et sont organisés à l'intérieur comme les carnassiers, dont ils ont toute la denture. Quelques espèces ont même juste 32 dents, tout comme nous. Le morse a la mâchoire moins en règle, et les incisives manquent presque partout, surtout chez les individus adultes, car il paraît qu'il les perd de bonne heure, comme vous avez perdu vos dents de lait, avec cette différence que les siennes ne repoussent pas. En revanche, les deux canines qu'il possède à la mâchoire supérieure sont, après les défenses de l'éléphant, les plus grandes que nous ayons encore rencontrées. Elles ont quelquefois jusqu'à deux pieds, et se dirigent vers le bas, avec la courbure des deux fers d'une pioche. Elles joueraient au morse le même tour qu'aux rongeurs leurs incisives, quand elles ne trouvent plus sur quoi s'user, et barreraient l'entrée de sa bouche, si la mâchoire inférieure ne se resserrait à l'extrémité, pour venir se loger dans l'intervalle qui sépare les deux canines, et qui forme comme un couloir dans lequel elle manœuvre librement. Vous comprenez bien du reste que le morse ne peut pas introduire de bien grosses proies par cet étroit passage. Il se nourrit de plantes marines, et surtout de coquillages, et ses molaires sont disposées tout exprès pour broyer les coquilles. Ce sont des cylindres courts et massifs, et celles d'en haut s'emboîtent dans celles du bas, comme le pilon dans son mortier.

Derrière le morse vient se placer un animal bizarre que l'on a rangé parmi les cétacés (nous allons les voir tout à l'heure), mais qu'il vaut mieux ne pas séparer des amphibies, puisqu'on a fait un ordre d'amphibies, car il vient ramper aussi à terre : c'est le lamantin. Celui-là se rapproche encore bien plus des poissons. Ses membres de devant sont de véritables nageoires, avec de simples vestiges d'ongles sur les bords; il n'a plus de membres postérieurs, et son corps, qui est tout rond, se termine par une queue-nageoire en forme de pelle. Le lamantin se nourrit d'herbes; il vit à l'embouchure des grands fleuves qu'il remonte quelquefois assez loin, et dont les bords lui servent de pâturages. C'est, à certains égards, un confrère de l'hippopotame et des grands pachydermes herbivores, dont le rapproche son organisation intérieure et surtout la structure de ses molaires, au point que M. de Blainville avait proposé sérieusement de le ranger parmi les éléphants, comme éléphant irrégulier, bien entendu. Cuvier avait bien placé le phoque dans les carnassiers, à côté du chat dont il a la moustache, et du chien dont il a presque la tête. C'est un métier parfois bien embarrassant, voyez-vous, que celui de naturaliste, et, puisque nous en sommes là, je ne puis m'empêcher de vous dire que ce lamantin, réclamé de tant de côtés, avait de droit ses entrées dans le fameux ordre des primates, bien qu'il ressemble tout bonnement à un gros tonneau allongé aux deux bouts. Il a aussi ses mamelles sur la poitrine, comme le singe et l'homme, et si Linnée a reculé devant cette parenté par trop saugrenue, les vieux navigateurs ont été moins difficiles. En l'apercevant de loin danser sur les vagues, le haut du corps droit hors de la mer, les matelots, dont l'œil n'est pas bien délicat et qui ne détestent pas le merveilleux, se sont figuré voir des créatures humaines d'une nouvelle espèce, et de là ces histoires de femmes marines et de sirènes qu'on se racontait déjà du temps d'Homère, et dont la tradition n'est pas encore tout à fait éteinte dans les ports de mer. Être promené de l'homme à la baleine, en passant par l'éléphant, c'est faire pourtant bien du chemin, quand on n'est à tout prendre qu'une grosse barrique de lard amphibie, et vous comprendrez après cela que ce n'est pas toujours chose facile de classer les animaux.

12° LES CÉTACÉS

Les cétacés, ce sont les baleines, et, si l'on m'avait consulté, l'on n'aurait fait qu'un ordre de celui-ci et du précédent avec tel nom qu'on aurait voulu. En effet, du phoque on arrive tout tranquillement à la baleine par le morse et le lamantin, qui les relient d'une manière évidente l'un à l'autre; et, malgré les différences d'alimentation, c'est bien réellement en bloc une seule famille, comme chez les marsupiaux. Mais nous arrivons trop tard, chère petite, et nous ne pouvons pas avoir la prétention de changer à nous deux ce que l'on enseigne dans les colléges.

Cela vous étonne, n'est-ce pas? que la baleine ne soit pas un poisson, et vous avez bien raison. Il en est d'elle comme du tatou : c'est un poisson perfectionné en dedans. L'intérieur de cette énorme masse est la reproduction fidèle, dans son ensemble, de celui de la musaraigne, et, quand nous parlerons des poissons, vous pourrez vous faire une idée de la distance prodigieuse que cela met entre la baleine et ses compatriotes de l'Océan.

Pour ce qui nous concerne, la principale différence est dans la respiration. Les cétacés respirent comme nous, et sont obligés de venir humer l'air à la surface de l'eau, tandis que les poissons ont un appareil particulier que je vous expliquerai bientôt, et qui leur permet de respirer au milieu de l'eau. C'est un désavantage pour le cétacé dans sa vie de poisson; néanmoins, de tous les mammifères, et cela se conçoit, c'est lui qui peut séjourner le plus longtemps sous l'eau. Chez nous, par exemple, les meilleurs plongeurs que l'on connaisse, ceux qui vont chercher au fond de la mer l'huître qui produit les perles, peuvent à peine demeurer sous l'eau au delà de deux minutes; et pendant ce court espace de temps, les veines de la tête, dont le sang ne peut plus retourner au poumon forcément inactif, s'engorgent tellement qu'il n'est pas rare, quand le plongeur reparaît à la surface, de lui voir rendre le sang par le nez et les oreilles. Les cétacés demeurent sous l'eau des demi-heures entières sans paraître en souffrir le moins du monde, et Breschet, un de nos plus savants naturalistes, a donné une explication assez satisfaisante de cette faculté merveilleuse. En disséquant un cétacé, il a découvert, le long de la colonne vertébrale, un réseau très-considérable de grosses veines qu'on ne retrouve pas chez les autres mammifères, et qui lui ont paru destinées à servir de place de refuge au sang durant le temps que l'animal reste plongé sous l'eau. Ce serait, d'après lui, comme un réservoir où s'écoulerait alors, par des canaux de communication, le trop-plein de la tête et des organes importants, et qui pourrait se gonfler à l'aise sans faire courir le moindre risque à la couche inerte de lard avec laquelle il est en contact. De là le sang s'élance vers les poumons, aussitôt que le retour de l'animal à l'air vient rétablir leur jeu. Il faut dire, toutefois, que tout cela demande en outre une vie bieu moins active que celle des mammifères terrestres, c'est-à-dire une consommation d'oxygène bien moindre en proportion que chez eux, car on vous donnerait, à vous, le plus beau réservoir possible de sang veineux, le long du dos, que cela ne vous permettrait jamais de rester une demi-heure sans respirer.

L'appareil digestif des cétacés n'offre rien de particulier, si ce n'est à la bouche, le point essentiellement variable chez les animaux, comme vous le savez.

La langue d'abord a une physionomie des plus originales. Pour bien dire, ce n'est plus une langue, c'est un gros tapis qui recouvre le plancher de la bouche, et qui n'a plus trace de ressemblance avec cet agile et délicat portier qui vous rend tant de services. Figurez-vous une masse épaisse et molle, toute rembourrée de graisse, et forcément immobile puisqu'elle est collée dans toute sa longueur au fond de la bouche, et vous aurez une idée de cette langue bizarre qui, chez la baleine, le plus grand des cétacés, atteint jusqu'à vingt-cinq pieds de longueur sur une largeur de douze pieds, et fournit à elle seule aux pêcheurs de baleines de cinq à six tonneaux d'huile. Ceci est encore bien plus loin de nous que le grand fil qui sert de langue au fourmilier, et vous sentez déjà que nous passons à l'étranger.

A propos des dents, par exemple, j'ai une triste nouvelle à vous annoncer. Nous avons fini avec les incisives, les canines et les molaires, avec ces précieux outils dont l'histoire nous a si fort occupés : vous n'en entendrez plus parler jusqu'à la fin. Les dents du cétacé, par qui commence la dégringolade, ne sont pas plus des dents que sa langue n'est une langue. Ce sont des espèces de clous, plantés à la file dans la mâchoire, qui ne peuvent lui servir qu'à retenir sa proie, et non à la broyer; et de toutes ces préparations qu'a subies votre bouchée de pain avant de se convertir en petite fille, en voici déjà une qui disparaît : la mastication. Les cétacés avalent leurs aliments sans les mâcher.

Du reste, ces dents qui ne mâchent plus, ils ne les ont pas tous. Les dauphins et les marsouins, les fidèles compagnons du matelot qui les voit jouer autour de son navire dans toutes les mers, sont les seuls qui en aient aux deux mâchoires. Ceux-là sont le menu fretin de l'ordre : ils se tiennent d'habitude entre six et dix pieds de long. Les cachalots, énormes cétacés qui luttent de taille avec la baleine, et dont la tête seule fait presque la moitié du corps, n'ont de dents qu'à la mâchoire inférieure. Celle-ci, dont les deux branches ne sont plus soudées ensemble qu'à demi, nouvelle différence que nous retrouverons bien plus nettement accusée dans les poissons, celle-ci est si peu en proportion avec cette tête gigantesque qu'elle disparaît presque, et semble une petite planchette qu'on aurait glissée sous un gros bloc carré. Telle qu'elle est, elle possède encore des dents très-respectables, dont quelques-unes pèsent jusqu'à deux livres, et avec lesquelles le cachalot, dont la férocité est extrême, met en pièces tout ce qui l'approche, et quelquefois même les barques des pêcheurs qui se hasardent à cette dangereuse conquête. Par une disposition singulière dont il offre le seul exemple connu, à chacune de ses dents correspondent autant d'enfoncements de la mâchoire supérieure, dans lesquels elles viennent s'emboiter, et qui font de la gueule du monstre la paire de tenailles la plus formidable que possède le règne animal. Une autre curiosité de l'ordre, c'est la dent du narval, un cétacé modeste qui n'a guère plus d'une vingtaine de pieds de long. Je dis la dent, parce qu'il n'en a qu'une ordinairement, une dent ronde, pointue, sillonnée en spirale, dont la longueur varie entre six et dix pieds, et qui sort de l'extrémité de la mâchoire supérieure, droit en avant, comme une pique. L'extrémité de la mâchoire a deux alvéoles, chacune munie de son germe; mais, la plupart du temps, le germe du côté gauche se développe seul; l'autre reste endormi dans son alvéole, où l'ivoire l'étouffe dès le commencement. Derrière cette longue pique, qui attire à elle, comme la défense de l'éléphant, tout l'ivoire du corps, s'étend une mâchoire complétement dégarnie, de sorte que le propriétaire de cette magnifique arme de guerre, sans application possible à l'industrie alimentaire, en est réduit à se nourrir de petits poissons et de mollusques. Nous n'avons pas encore parlé de ceux-là; mais si vous avez vu quelquefois des limaces et des colimaçons, vous savez ce que c'est.

Cette nourriture misérable est aussi le lot de la baleine, ce géant des mers, dont la gueule mesure jusqu vingt pieds d'ouverture. Geoffroy Saint-Hilaire, dans ses recherches infatigables pour retrouver les traits de ressemblance qui relient entre eux les animaux les plus dissemblables en apparence, Geoffroy Saint-Hilaire a découvert le long de la mâchoire inférieure d'une jeune baleine des vestiges de dents indiquant un dernier effort de la nature pour s'acquitter, là encore, de sa tâche accoutumée dans les mâchoires des mammifères; mais, comme la dent droite du narval, ces essais avortés disparaissent bientôt encroûtés dans le tissu de l'os, et la baleine nous offre un véritable type d'édenté à classer à côté du fourmilier, si l'on osait. Il y en a, du reste, qui l'ont osé; mais cela ne doit plus vous étonner maintenant. Un savant qui classe est impitoyable, quand il tient les pauvres animaux par la gueule ou par la patte; ils ont beau réclamer de tout le reste de leur corps contre le clou auquel on les accroche, tant pis pour eux! Si l'on voulait les écouter tous, il n'y aurait bientôt plus moyen d'en classer un seul.

Pour en revenir à la baleine, la nature lui a fabriqué sur les deux côtés de la mâchoire supérieure, en compensation des dents qu'elle n'a pas su lui faire, l'appareil le plus extraordinaire, sans contredit, de toutes les bouches de mammifères. Vous avez déjà un petit corset, et vous connaissez suffisamment ce qu'on appelle une *baleine*. Le nom est bien donné, car ces petites bandes noires et flexibles qui vous serrent si gentiment la taille ont commencé par se promener dans les mers du pôle ou de l'Australie, accrochées au palais de quelque monstrueuse baleine. Des deux côtés de la mâchoire supérieure, la membrane qui tapisse le palais donne naissance à de grandes lames cornées qui, au centre, ont de huit à dix pieds de long (on en a vu de vingt-cinq pieds), et vont en décroissant jusqu'aux deux extrémités. Ce sont les *fanons* de la baleine que l'industrie humaine utilise de mille façons, et vous allez ouvrir de grands yeux quand je vous dirai qu'on en compte quelquefois huit et neuf cents de chaque côté de la bouche. Figurez-vous ce qu'on peut faire de corsets avec les fanons d'une seule baleine. Il est vrai que ce n'était pas précisément à cela qu'ils étaient destinés d'abord. Au sommet et sur les bords des fanons, les fibres élastiques dont ils se composent se détachent de la lame, et on les voit pendre hors de la bouche comme des touffes de crin. Quand la baleine veut faire un repas, elle étale à la surface de l'eau ses fanons, dans les barbes desquels viennent se jouer une foule de tout petits animaux marins, appelés à l'honneur d'alimenter cette masse gigantesque. Tout à coup, au moment où la troupe est au complet, le colosse ouvre sa gueule toute grande, et l'eau de la mer s'y précipite comme dans un gouffre, entraînant avec elle les petits imprudents qui disparaissent à jamais. Seulement, comme, avec cette manière de manger, l'estomac de la baleine, si grand qu'il soit, serait par trop gorgé d'eau, elle a été pourvue d'un appareil particulier qui lui sauve cet inconvénient. Tout le liquide superflu est rejeté de l'arrière-bouche, et s'élance en gerbes de quinze à vingt pieds de haut par les fosses nasales, qui sont percées juste au sommet de la tête, et qui portent le nom d'*évents*. C'est une particularité commune à tous les cétacés, d'où leur vient ce nom de *souffleurs* qu'on leur donne aussi, à cause du souffle puissant qui lance ces majestueuses colonnes d'eau dans les airs; mais il est plus modeste chez les petits cétacés, tels que les dauphins et les marsouins. Là il n'y a plus de gerbes : l'eau s'échappe tout tranquillement des évents, en découlant par les bords.

J'espère que nous avons du nouveau cette fois, ma chère enfant, et que notre machine commence à changer sérieusement de physionomie. Je vous l'ai dit déjà, nous sommes sur la frontière du pays des mammifères. Quand nous étions au tatou, il n'y avait plus qu'un pas à faire pour arriver aux reptiles; et ici nous n'aurions plus qu'à avancer la jambe pour entrer chez les poissons. Mais il faut voir auparavant les oiseaux, qui sont des animaux bien supérieurs, et nous avons justement une catégorie de mammifères qui fait le passage de ce côté-là.

Ils sont deux, originaires tous les deux de l'Australie, le pays de l'extraordinaire en histoire naturelle, et il n'y a guère qu'une soixantaine d'années que leur existence est connue des savants de l'Europe. Le plus original des deux est l'ornithorynque, ou le *bec-d'oiseau*, en traduisant du grec, dont la bouche est un vrai bec de canard, un bec en corne; et dont les pattes courtes et jetées de côté, avec une membrane qui relie les doigts par-dessous et les dépasse de beaucoup en avant, semblent tenir le milieu, comme aspect, entre les nageoires du phoque et les pieds palmés des oiseaux aquatiques. Le premier naturaliste qui tint l'ornithorynque entre ses mains, Blumenbach, celui-là même qui l'a si élégamment baptisé, ne lui trouva pas de mamelles, tant les siennes ressemblent peu à celles des autres. Bientôt le bruit courut dans le monde savant que l'animal nouveau qu'on avait rangé, coûte que coûte, parmi les mammifères, car il a la fourrure épaisse et presque le corps de la loutre, le bruit courut que l'ornithorynque de Blumenbach pondait des œufs comme un vrai canard. Grande rumeur dans les Académies! Déjà même, en 1829, un savant anglais, sir Home, avait fait passer en France le dessin authentique, à son dire, d'un œuf d'ornithorynque, aux applaudissements des chercheurs d'analogies entre les classes animales, et maître Cuvier de regarder de travers cet intrus qui venait bouleverser ses cadres, où il n'y avait pas de place pour lui. Heureusement pour le pauvre animal qu'il a fini par se justifier à peu près. L'œuf d'ornithorynque s'est fait introuvable. On a surpris dans le nid des petits tout nouvellement nés, longs de moins de deux pouces, tandis que l'animal adulte a plus d'un pied et demi de long; et pas la plus petite trace de coquille cassée. En y regardant de plus près, on a découvert sous le ventre des femelles quelque chose qui doit leur servir à allaiter leurs petits. Comme preuve à l'appui, on a fini par trouver du lait caillé dans l'estomac des petits; et le phénomène australien est rentré triomphalement dans la classe des mammifères, dont Geoffroy Saint-Hilaire l'avait déjà chassé, lui et son camarade l'échidné, une espèce de hérisson, pourvu comme lui d'un bec, dans le genre du bec du serin, et rapproché comme lui de l'oiseau par d'autres détails encore qui sortent de notre sujet. C'est là où l'on en est maintenant; mais on peut dire que la classification l'a échappé belle.

Et maintenant, chère enfant, que je vous ai fait connaître en détail vos voisins immédiats, dont les derniers pourtant sont déjà, comme vous le voyez, bien loin de vous par l'extérieur si l'intérieur est à peu près le même, il faudra me permettre d'aller plus vite et de vous montrer en gros les changements de plus en plus importants qui vont se rencontrer d'une classe à l'autre. On finirait par me gronder si j'essayais de vous rendre trop savante.

et vous-même vous seriez bien capable de me dire, à ma confusion, que vous en avez assez.

LETTRE XXXIII

LES OISEAUX

Vous est-il arrivé jamais, chère petite, en voyant les oiseaux s'élancer librement, droit à leur but, dans les airs, sans souci des barrières, des fossés, des rivières, des montagnes qui arrêtent l'homme à chaque pas dans ses trajets, vous est-il arrivé de désirer leurs ailes, et de rêver que vous vous en alliez avec eux? Si vous avez rêvé cela, il ne faut pas vous en défendre : c'est un rêve vieux comme le monde. « Qui me donnera les ailes de la colombe? » s'écriait le Prophète, il y aura bientôt trois mille ans; et le dialogue de l'hirondelle et du prisonnier, chanté tant de fois par les poëtes, a dû se répéter en prose derrière tous les barreaux de prison du globe, depuis l'invention des prisons.

Vous allez trouver que ce n'est pas gentil de ma part, mais il faut que je vous désabuse sur ce rêve-là, en attendant qu'on vous désabuse de bien d'autres. Nous aurions les ailes de la colombe et de l'hirondelle qu'elles ne nous serviraient à rien du tout, pas plus que les formidables épées du moyen âge à nos gentils-hommes d'aujourd'hui, si on les leur mettait dans les mains. Nous ne sommes pas taillés pour en faire usage.

Nous avons vu ensemble tout ce qu'il faut d'efforts musculaires pour courir, quelle course furieuse du sang, quel jeu précipité des poumons. C'est bien pis encore pour voler, car la terre nous porte au moins tout naturellement, et l'air ne porte l'oiseau qu'à la condition d'être battu vigoureusement, et sans relâche, par une aile infatigable. Si nous avions à faire ce métier-là, nous autres, construits comme nous le sommes, c'est pour le coup que nous serions essoufflés, c'est pour le coup que le cœur demanderait grâce, et que le diaphragme se fâcherait tout rouge; et voyez un peu dans quelle position critique se trouverait, au bout de cinq minutes, le pauvre diable lancé au milieu des airs sur les ailes de l'hirondelle, quand tout à coup ses gens lui refuseraient net le service, à cinq cents pieds au-dessus du sol.

L'oiseau n'a pas à craindre ces révoltes intérieures. D'abord, il n'a pas de diaphragme, et voilà encore un ami auquel il faut dire adieu. Nous ne le retrouverons pas non plus celui-là. Le voyage que nous faisons en ce moment, chère enfant, est un peu comme celui de la vie. On part entouré d'amis et de connaissances, et celui qui va jusqu'au bout finit bien souvent par se trouver seul en arrivant. Ainsi va faire le tube digestif que nous verrons perdre un à un tous ses accessoires, à mesure que nous avancerons dans notre étude. Pour le moment, voici déjà une différence essentielle, fondamentale, dans la machine intérieure. Le corps ne fait plus qu'un seul compartiment, au lieu de deux; et les poumons, maîtres de toute la place, s'étendent librement jusqu'à ses dernières profondeurs. Quand on découpera un poulet à table, regardez tout le long de la carcasse, vous y trouverez, logée dans l'enfoncement des côtes, une longue bande noirâtre et spongieuse : ce sont les poumons. Donc, il n'y a plus le même danger d'essoufflement pour l'oiseau : la planchette si délicate de notre soufflet manque dans le sien. Il est mis en jeu uniquement par le va-et-vient des côtes, que les ailes entraînent sans effort dans leurs battements. Il suit de là que c'est la rapidité même du vol qui règle l'arrivée de l'air, et partant la dépense de force, ou l'activité du feu, si vous l'aimez mieux, puisque l'énergie des muscles, comme nous l'avons vu, dépend de la quantité d'oxygène qui vient y alimenter le feu intérieur.

Ce n'est pas tout. Ces poumons prolongés ne suffisaient pas encore pour fournir au sang tout l'oxygène réclamé par ce travail excessif du vol. Ils sont percés de trous par où s'échappent des conduits qui portent l'air dans tout le corps. Vous savez ce que l'on dit des prodigues, qu'ils brûlent la chandelle par les deux bouts. C'est comme cela avec le sang de l'oiseau. Ce coup de fouet que le sang reçoit chez nous dans les poumons, et qui le renvoie plein d'ardeur dans les artères, il le retrouve chez l'oiseau à l'autre bout des artères. Les capillaires, ces vaisseaux si déliés qui les terminent, plongent de tous les côtés dans de petits réservoirs d'air, véritables poumons, où le sang refait sa provision d'oxygène, et rallume son feu à peine éteint, de sorte qu'il promène à nouveau l'incendie dans les muscles en s'en retournant vers le cœur, et les remet en danse une seconde fois.

La conséquence naturelle de cette prodigalité de combustion c'est qu'il faut, toute proportion gardée, bien plus d'oxygène à l'oiseau qu'à nous, et que, de tous es animaux, c'est lui qui s'empoisonne le plus vite de son propre acide carbonique, quand l'air ne se renouvelle pas autour de lui. Aussi ne vous avisez jamais de mettre un petit oiseau sous un verre, comme cela était arrivé une fois à une petite fille de ma connaissance, pour contempler son cher ami de plus près. En un clin d'œil, il aurait dévoré tout l'oxygène de sa prison : vous le verriez bientôt tomber sur le flanc et périr.

En revanche la température de ces machines volantes, qui consomment tant d'oxygène, est bien supérieure à la nôtre. Elle monte à 41, 42, et jusqu'à 44 degrés, 7 degrés de plus que chez nous. Si jamais vous avez tenu un petit oiseau, vous aurez pu remarquer combien il vous donnait chaud dans la main. C'est tout simple, puisqu'il y a un double feu allumé en lui pour faire face à la dépense extraordinaire de force qu'il aura à faire, quand il prendra son vol. Aussi voyez ce pauvre petit être, quand vous l'emprisonnez dans une cage! comme il monte! comme il descend! comme il saute d'un bâton à l'autre, d'un petit mouvement preste et soudain, semblable à celui d'un ressort qui se détend! Rien ne motive en apparence cet état d'agitation continuelle; et pourtant elle a un motif qui n'est que trop sérieux. Son feu ne s'est pas ralenti parce que vous l'avez mis en cage, et ses muscles, fouettés à outrance par un sang deux fois oxygéné, l'emportent au hasard dans mille sautillements, où il dépense comme il peut une surabondance de force qui ne trouve plus d'emploi. Les petits enfants, qui sont bien les oiseaux gazouillants de nos maisons, et dont le sang est aussi un fouetteur bien plus énergique que le nôtre, les petits enfants n'en font pas d'autre bien souvent dans ces grandes cages qu'on appelle des écoles, et les maîtres gronderaient peut-être un peu moins, s'ils pensaient à tout. Il est bon, je n'en disconviens pas, qu'on les exerce de bonne heure, ces méchants mutins, à ne pas s'abandonner entièrement, comme des moineaux francs, aux impulsions tout animales du sang; mais il faut aussi, avec eux, faire la part du feu, comme on dit, et savoir entr'ouvrir la cage à l'occasion. Ce n'est pas pour vous au moins que je dis cela, mademoiselle : vous n'êtes plus un petit enfant; mais il pourrait bien se faire qu'on vous en donnât quelquefois à garder. N'exigez pas, croyez-moi, qu'ils soient trop sages, et permettez-leur de changer de bâton de temps à autre. C'est une loi du bon Dieu que les petits enfants, et les petits oiseaux, ne restent pas trop longtemps à la même place.

Le mécanisme de la circulation est ici le même que chez nous, et n'offre aucune particularité importante. Seulement le ventricule gauche du cœur a des parois d'une épaisseur extrême qui lui permettent de lancer le sang dans les membres avec plus de vigueur et de rapidité, et le sang lui-même, bien qu'il se compose absolument des mêmes substances que celui des mammifères, en diffère cependant sous le rapport des globules. Ils sont plus nombreux d'abord, ensuite plus grands, et enfin, au lieu d'être circulaires, comme une assiette, ils s'allongent en ovale, et présentent à peu près la forme de ces plats longs sur lesquels on sert le poisson. La raison de leur taille et de leur forme, je n'essayerai pas de vous la donner. Elle se perd pour nous dans le mystère qui enveloppe toute cette population microscopique du sang; mais n'est-ce pas déjà quelque chose de curieux que cette persistance étrange de la forme des globules dans tous les animaux d'une même classe. Dans tous les oiseaux, ils sont ovales; dans tous les mammifères, ils sont ronds. Dans tous, je me trompe. Comme pour mieux nous dérober le mot de son énigme, la nature s'est amusée à faire une exception. Les chameaux et les lamas, j'avais oublié de vous le dire, ont aussi des globules en forme de plats longs, comme la poule et le pinson, et trouvez pourquoi, si vous pouvez. Quant à la raison du nombre, elle est toute simple. Puisque c'est dans les globules que réside l'énergie du sang, il fallait bien que le sang le plus énergique fût aussi le plus riche en globules. Rien qu'à vous voir courir et sauter dans le jardin, chère petite, je parierais bien, sans les compter, qu'il y a dans une goutte de votre sang quelques milliers de globules de plus que dans une goutte du mien.

Passons maintenant à la digestion par laquelle nous aurions dû commencer en bonne règle; mais j'ai préféré vous faire voir d'abord ce qui donne surtout son caractère particulier à la machine de l'oiseau.

« Quand les poules auront des dents, » dit un malin proverbe. Les oiseaux n'ont pas de dents, et, de ce côté-là, il n'y a pas de variété chez eux. Tous, depuis le premier jusqu'au dernier, ont uniformément le même outil pour manger, le bec, qui se compose partout des mêmes éléments, deux mâchoires s'allongeant en pointe, et revêtues d'une armure de corne qui les rend tranchantes sur les bords. Pourtant si nous passions les oiseaux en revue, comme nous avons fait pour les mammifères, vous verriez qu'il y a peut-être plus de modifications à observer sur ce seul et unique instrument que sur nos trente-deux dents. Tous ont un bec, mais chacun a le sien, organisé tout exprès en vue du genre de nourriture de son propriétaire. Le bec de l'aigle, qui déchiquète des proies vivantes, est aigu, recourbé, et dur comme l'acier; celui du canard, qui lape l'eau des mares, pour y ramasser des vers et des débris à moitié décomposés, est mou et aplati comme une pelle. Le bec du pic, qui doit percer des troncs d'arbres, a la forme d'une pioche; celui de l'oiseau-mouche, qui doit pomper le suc des fleurs au fond de leurs corolles, est effilé comme une aiguille. L'hirondelle se nourrit de mouches qu'elle happe au vol : elle a un bec débile, qui s'ouvre comme un petit four. La cigogne va piquer les reptiles dans la boue des marécages : son bec est droit, pointu, tranchant comme un couteau, et ressemble à une longue pince. Le moineau vit surtout de grains difficiles à briser : son bec est trapu, ramassé, et se bombe en dessus pour plus de solidité. Je n'en finirais pas si je voulais énumérer les mille transformations du bec des oiseaux. A chacune correspond un genre de vie particulier, et, par suite, une conformation générale, facile à déterminer, de l'animal chez qui elle se présente. Donnez à un naturaliste le bec d'un oiseau, rien que le bec, et là-dessus il va vous bâtir, sans crainte de se tromper, la moitié de son histoire.

Du reste il ne faut pas s'abuser sur la valeur réelle de ce bec si complaisant. Il a beau se transformer de toutes les façons pour mieux remplir sa tâche, il ne fait jamais qu'un assez mauvais outil de mastication; et, pour bien dire, il casse, coupe et déchire, mais il ne mâche pas du tout. Aussi la bouchée de l'oiseau est-elle loin de subir une préparation aussi parfaite que la nôtre. Sitôt entrée, sitôt avalée, et les glandes salivaires, que l'on retrouve encore sous la langue, ne sont plus là en quelque sorte que pour la forme. Le peu de salive qu'elles produisent est épais et gluant, et n'a rien de ce qu'il faut pour faire cette pâte liquide que notre langue va balayer dans tous les recoins de la bouche. Il faut dire au surplus que la langue de l'oiseau serait bien empêchée dans ce métier-là. Faites-vous ouvrir un bec de poule, vous verrez un portier bien dégénéré. Ce n'est plus qu'une espèce de filament sec et dur, hérissé de piquants à l'extrémité, aussi mal établi pour déguster que pour balayer. Aussi la poule ne perd pas son temps à chercher le goût de ce qu'on lui jette. Elle pique, et engloutit, et recommence coup sur coup, sans avoir l'air d'y trouver d'autre plaisir que celui de la voracité satisfaite. Les oiseaux de proie, il est vrai, ont une langue un peu plus convenable, capable encore de déguster jusqu'à un certain point; et le perroquet, qui est un gourmet, mâchonnant philosophiquement ce qu'il attrape, le perroquet a une jolie petite langue, épaisse et charnue, un véritable portier, qui permet à Jacquot d'apprécier dignement son déjeuner. Mais certains oiseaux, qui se nourrissent d'insectes, l'emportent encore sur la poule pour la sécheresse et la dureté de la langue. Celle du pic surtout est le modèle du genre, et mérite un mot de plus que les autres. Représentez-vous une longue épingle, terminée par une pointe de fer et des crochets d'hameçon. Un mécanisme ingénieux permet à l'oiseau de la darder avec la rapidité de l'éclair, bien loin hors de son bec, sur les insectes auxquels il fait la chasse. La pointe les perce, et les crochets les ramènent, sans qu'il soit besoin du bec le moins du monde. Je viens de vous dire que ce bec-là perçait les troncs d'arbres; mais il ne travaille que comme les rabatteurs des grandes chasses qui battent les buissons pour faire lever le gibier. Le bec met les insectes en déroute, en démolissant leurs abris; mais le vrai chasseur c'est la langue. Adieu, par exemple, aux bonnes petites causettes dans la loge de ce portier-là! Que voulez-vous que raconte un harpon?

Que ce vestibule misérable ne vous effraye pas trop toutefois sur le sort de la bouchée qui se présente à l'œsophage, si mal accommodée. Elle n'en sera que mieux traitée à l'intérieur. D'abord, à mi-chemin de l'œsophage, l'estomac se renfle tout à coup pour former une poche, très-développée surtout chez les oiseaux qui se nourrissent de grains : elle s'appelle le *jabot*. C'est le jabot du pigeon qui lui fait cette poitrine bombée dans laquelle il se rengorge, et les devants de chemise brodés que portaient jadis nos élégants tiraient précisément de là leur nom de jabots. Le jabot est un réservoir où les aliments font une halte, une sorte d'intermédiaire entre l'abajoue de la guenon et la panse du bœuf, un estomac préparatoire, d'où le grain ne remonte pas, il est vrai, vers le bec qui ne pourrait rien faire pour lui, mais où il se ramollit lentement à la chaleur humide de l'intérieur du corps.

De là, il se remet en route; mais avant d'arriver au véritable estomac, il passe encore par un second renflement de l'œsophage, où mille petits trous, qui en criblent les parois, lui versent des sucs destinés à remplacer la salive qui lui a manqué là-haut.

Il arrive enfin, encore dur, et tout entier la plupart du temps; mais n'ayez pas peur. L'estomac qui le reçoit, et qui s'appelle le *gésier*, est autre chose qu'une méchante membrane, mince et délicate comme la nôtre. C'est un muscle épais et d'une puissance extrême, revêtu à l'intérieur d'une sorte de corne si dure que rien ne peut l'entamer. Vous vous ferez une idée de la force prodigieuse de cet organe quand vous saurez qu'on a fait avaler à des dindes des boules de cristal creuses, assez épaisses pour ne pas se briser en tombant à terre, et qu'au bout de quelques jours on les a trouvées réduites presque en poussière dans l'estomac intact. Il n'y a pas de gastrites à craindre avec cet estomac-là, et si les grains n'ont pas été mâchés dans le bec, il est de force, comme vous le voyez, à les mettre à la raison. Grâce à cette corne invulnérable qui le tapisse, les poules, qui n'ont pas de dents, s'en donnent tant qu'elles veulent, et d'aussi dures que les nôtres. Elles avalent de petits cailloux, qui frottent contre les grains dans les contractions du gésier, et fonctionnent tout aussi bien que s'ils étaient plantés dans la mâchoire. Eh bien! ce terrible gésier fait son travail d'écrasement avec une telle énergie que non-seulement les grains, mais les cailloux eux-mêmes y sont broyés, et qu'ils finissent par se réduire en sable fin. Quand vous élèverez des poules, n'oubliez pas, si vous les tenez renfermées, de mettre à leur portée une provision de petits cailloux, pour qu'elles aient des dents de rechange au besoin.

Vous rappelez-vous le pylore, ce portier d'en bas, qui garde la porte de sortie de notre estomac? Il est ici aussi mal partagé que son confrère d'en haut, plus mal encore en définitive : il n'a plus de porte à tenir fermée. C'est un trou béant, et l'on ne peut pas lui demander une surveillance bien sévère. Les oiseaux qui se nourrissent de fruits en profitent pour aller propager d'un pays à l'autre une foule de végétaux. Les semences ont plus de chances, avec cette ouverture complaisante, pour sortir de l'estomac avant d'avoir été altérées. Elles tombent ensuite du ciel, c'est le mot, au hasard, pour germer plus tard quand les circonstances sont favorables, et faire pousser, aux yeux ébahis des indigènes, des plantes dont ils n'ont jamais entendu parler. La Société d'acclimatation que je vous ai nommée dernièrement, et qui, née d'hier, couvre déjà le globe entier de ses correspondances, travaille en se moment à faire l'échange entre tous les pays de leurs productions naturelles. Vous voyez que la nature y avait déjà pensé, et qu'elle s'est donné aussi, il y a bien longtemps, sa société d'acclimatation.

Pour compléter le travail intérieur de la digestion, si pauvrement commencé dans le bec, un foie extrêmement volumineux verse des torrents de bile dans le duodénum, et la fabrication du chyle marche avec cette rapidité fougueuse qui est l'apanage de tous les actes de la vie chez l'oiseau. A propos de ce foie, il faut que je vous raconte l'histoire des pâtés de foies gras. Peut-être ensuite les aimerez-vous un peu moins; mais le mal ne sera pas grand : c'est une nourriture indigeste, qui ne vaut rien pour les petites filles. Vous souvient-il de ces Anglais qui vont dans l'Inde, et qui en reviennent avec une maladie de foie, pour avoir bu et mangé plus que le climat ne le comportait. C'est par une imitation de ce procédé que l'industrie humaine, si cruelle parfois, a créé le pâté de foies gras, la gloire de Strasbourg. Je suis dans le pays, je puis vous dire comment ils s'y prennent. On enferme une oie dans une boîte carrée, où il y a juste la place de son corps. On lui ouvre le bec, aux heures de repas, et on la bourre, avec le doigt, de nourriture tant qu'il en peut entrer. Cela s'appelle la *gaver*. La pauvre bête qui n'a plus de force à dépenser, puisqu'elle ne peut pas bouger, et qu'on tient à l'obscurité pour prévenir toute excitation, la pauvre bête est hors d'état de brûler tout cet amas de combustibles dont le sang se trouve bientôt encombré. Il les porte au foie pour en faire de la bile; mais celui-ci n'y peut suffire, s'encombre à son tour de matériaux sans emploi, et grossit, grossit jusqu'à ce qu'enfin, remplissant toute la place autour de lui, il arrête le jeu du cœur et des poumons. Quand l'animal est près d'étouffer, on le tue; et voilà comment nous mangeons des pâtés de foies gras. S'ils nous donnent ensuite des indigestions, c'est une vengeance bien méritée. A Toulouse, où la même industrie s'exerce aussi en grand, on faisait mieux jadis. On clouait l'oie, par les pattes, devant la cheminée, après lui avoir crevé les yeux. L'imitation du procédé anglais était plus parfaite encore, et le feu jouait supérieurement le rôle du soleil de l'Inde. Je ne connais pas assez ce pays-là pour vous dire si l'on a renoncé tout à fait à une idée aussi ingénieuse; mais je l'espère bien.

L'intestin des oiseaux est beaucoup plus court que celui des mammifères. Ici tout se fait au galop, et le chyle n'a pas à courir bien loin pour être absorbé. J'ai sous les yeux un livre où l'on me dit que l'on peut, en sachant s'y prendre, engraisser des becs-fins en vingt-quatre heures. Les becs-fins ne sont pas rares : c'est la famille des rouges-gorges, des fauvettes et des rossignols. Les grives et les ortolans y mettent quatre à cinq jours, livrés à eux-mêmes dans la campagne, quand la vigne leur tient table ouverte.

Cette promptitude incroyable, non pas seulement de digestion, mais, ce qui est bien plus, de transformation de l'aliment en substance vivante, a une conséquence souvent mortelle pour l'oiseau. Le jeûne lui est interdit. Sa vie est un feu de paille qu'il faut renouveler sans cesse, sous peine de le voir s'éteindre en moins de rien. Les enfants, nos petits oiseaux à nous, mangent plus souvent que les grandes personnes, et, si on a le malheur de les faire attendre un peu, ils crient bientôt la faim. Vous savez cela, n'est-ce-pas? Eh bien! rappelez-vous, si l'on vous donne un petit oiseau à garder en cage, que c'est une grande responsabilité que vous avez là, et qu'il ne s'agit pas d'être étourdie avec lui. Oublier un jour de lui donner à manger, c'est s'exposer à le trouver mort de faim le lendemain matin. Nous en resterons sur ce mot-là avec les oiseaux. J'espère qu'il ne sera pas perdu pour les pauvres fifis en cage, dont la vie fragile est entre les mains d'une petite maîtresse.

LETTRE XXXIV

LES REPTILES

Passer des oiseaux aux reptiles, c'est tomber d'un torrent dans une eau dormante. Autant la vie précipite son cours avec furie chez les premiers, autant elle chemine paresseusement chez les seconds.

Je vous parlais de feu de paille tout à l'heure : nous avons ici un feu de chaufferette, dans le genre de celui que ma chère femme s'arrange en ce moment. Une poignée de poussière de charbon, et un peu de braise allumée, entre deux lits de cendres, en voilà assez pour toute la journée! C'est économique; mais cela ne chauffe que tout juste assez pour tenir les pieds en bon état. De même avec les reptiles. Ils vivent à peu de frais. Donnez-leur à manger une fois par mois; ils ne s'en plaindront pas : pour un feu si lent il n'est pas besoin de renouveler souvent les combustibles. L'on a même, dit-on, poussé l'expérience sur des tortues jusqu'à les faire jeûner au delà d'une année, et le feu de chaufferette allait toujours son petit train. D'autre part, à ce régime-là on ne consomme pas, cela va sans dire, beaucoup d'oxygène à la fois. Là où un oiseau périrait vingt fois en cinq minutes, faute d'oxygène, un lézard peut rester impunément des heures entières. Mais aussi la chaleur du reptile est en raison de la dépense qu'il fait. Si gracieuse que soit une couleuvre, ce bijou vivant, copié tant de fois par les faiseurs de bracelets, on éprouve à la toucher une horreur instinctive, causée par la sensation de froid qu'elle vous donne. Tous les animaux que nous avons vus jusqu'ici ont le sang chaud, et portent en eux-mêmes la source de leur chaleur qui est, à peu de chose près, toujours la même. Les reptiles sont des animaux à sang froid, et la chaleur leur vient surtout du dehors.

Quand, au sortir d'un hiver rigoureux, nous allons chercher, à une bonne place, les rayons du premier soleil du printemps, nous nous sentons presque renaître, comme si une vie nouvelle entrait en nous avec eux. Regardez ce petit lézard qui frétille sur les pierres blanches du mur : c'est bien sur celui-là que le soleil darde la vie avec ses rayons. Tant qu'a duré le froid, il est resté blotti dans sa cachette, non pas endormi, mais anéanti, figé pour ainsi dire comme une eau saisie par la gelée, ne digérant plus, ne respirant plus qu'à peine ; il a cessé de vivre en réalité, et ce n'est pas une renaissance imaginaire que lui amène le retour des chaleurs. Comme ces peuples incomplets qui n'ont pas la force de faire eux-mêmes leurs destinées, les reptiles n'ont en eux qu'une source de vie insuffisante, leur vie est à la merci du soleil, et hausse ou baisse selon qu'il monte ou descend dans le ciel. Quand, à midi, il darde à plomb ses rayons dévorants sur les champs de cannes de la Martinique, et que tout fuit à l'ombre pour échapper à l'incendie, le serpent à sonnettes parcourt en maître la campagne; il frappe rapidement d'une queue vigoureuse le sol calciné; et malheur alors à qui reçoit sa morsure : tous les feux de l'air sont passés en lui. Allez le voir à Paris, au Jardin des Plantes : il rampe languissamment sous les couvertures qui l'abritent; s'il mord par hasard, c'est d'une dent paresseuse qui ne sait plus tuer; sa vie est restée là-bas, avec le soleil des tropiques, et c'est un demi-cadavre qu'on vous donne à regarder.

Chez nous aussi, chère petite, on rencontre des gens dont toute la force vient du dehors, frétillants et superbes au soleil de la bonne fortune; désarmés, abattus, rampants, quand arrive le froid des mauvais jours. Ils sont pourtant faits comme les autres, ni plus sots la plupart du temps, ni moins bien doués; mais ils pèchent par le cœur, et cela suffit pour tout gâter. C'est aussi le cœur qui trahit les reptiles. Ils ont, comme nous, des poumons où l'air arrive sans obstacle, un cœur pour y lancer le sang, et il semblerait au premier abord que rien ne devrait les empêcher de tenir tête, comme nous, aux variations de la température extérieure. Il ne leur manque qu'une toute petite chose, une cloison au milieu du cœur, mais c'est assez pour déranger tout le mécanisme.

Vous savez que notre cœur est partagé en deux compartiments : le ventricule droit qui reçoit le sang veineux des organes et l'envoie aux poumons, le ventricule gauche qui reçoit des poumons le sang redevenu artériel et le renvoie aux organes. De là un double système de veines et d'artères allant, l'un du cœur aux poumons, l'autre du cœur aux organes. Tout cela se retrouve chez les reptiles. Seulement la cloison qui sépare nos deux ventricules l'un de l'autre n'existe pas, et le cœur ne fait plus qu'une seule chambre commune, où sang artériel et sang veineux se trouvent confondus ensemble. Il suit de là qu'à chaque contraction du cœur, c'est un mélange de sang artériel et de sang veineux qui est lancé à la fois dans les deux directions opposées, et que les organes reçoivent du sang qui a déjà servi, tandis que les poumons voient revenir du sang qui a déjà été régénéré. Or, d'une part, ce sang mélangé ne peut plus alimenter qu'une combustion incomplète dans le corps : c'est bien notre braise de tout à l'heure entre ses deux couches de cendres; de l'autre, l'air n'a plus d'action dans les poumons que sur une partie du sang qu'il y rencontre : le reste est déjà pourvu. Ainsi se trouvent expliquées et cette faible chaleur du corps et cette petite dépense d'oxygène.

Ajoutez à cela que les poumons du reptile sont grossièrement construits, et composés de cellules énormes comparativement aux nôtres, de façon que le sang n'y trouve plus, à beaucoup près, autant de ces petites chambrettes où, chez nous, il vient dire bonjour à l'air. De plus vous savez qu'il n'est plus question maintenant de diaphragme : les poumons flottent librement, en forme de sacs allongés, dans la cavité unique du corps, et le petit mouvement des côtes ne leur permet pas de se dilater suffisamment pour recevoir beaucoup d'air à la fois.

Tout cela réuni fait du reptile un poêle misérable, et le

rend incapable d'un effort prolongé. Le serpent s'élance comme une flèche sur sa proie; mais il ne pourrait pas la poursuivre d'une haleine un quart de lieue, même sur les terrains brûlants de l'équateur. C'est bien leste un lézard, n'est-ce pas, et la promptitude de ses mouvements rappelle assez bien la prestesse de l'oiseau? Mais observez-le; il ne va que par saccades et s'arrête à chaque instant; il ne vous échappera pas, s'il est un peu loin d'un trou où il puisse disparaître. Nous avons ici un grand lézard vert, qui court dans les vignes. Si on le pourchasse, il file comme l'éclair pendant une seconde; puis il s'arrête net. Vous revenez à la charge; il part de nouveau, pour s'arrêter encore. A la quatrième ou cinquième poursuite, il est tout haletant : vous avez beau le toucher du bout de la baguette qui le chasse, il reste là, malgré son effroi. Quelques pas l'ont mis à bout de ses forces, comme les hommes à qui le cœur fait défaut, et qui ne savent pas aller loin.

Ceci est commun à tous les reptiles; mais chacun des trois ordres dont se compose cette troisième classe des vertébrés a aussi son histoire à part. Je me dispense de prononcer les noms barbares qu'on leur a donnés, et je les appellerai comme tout le monde : les tortues, les lézards et les serpents. Les autres noms ne veulent pas dire autre chose; mais ils sont grecs : c'est plus imposant.

La lenteur des tortues a passé en proverbe, et ce n'est pas bien étonnant : elles ne peuvent pas aspirer l'air, par la raison que leurs côtes, la seule ressource du reptile pour respirer, sont condamnées à une immobilité absolue.

Cette carapace que la tortue porte sur son dos, et sous laquelle elle se retire, au moindre danger, comme sous un bouclier, ce sont tout bonnement ses côtes qui la forment, en s'élargissant chacune de façon à venir se souder sur sa voisine, comme les planches d'un parquet qui entrent les unes dans les autres. D'aller et venir, il n'en est plus question pour elles naturellement, et le pauvre soufflet ne peut plus marcher du tout. Comment s'en tire la tortue? Elle avale l'air, comme nous avalons un verre d'eau. On la voit ouvrir la bouche, puis la refermer, emprisonnant ainsi une véritable bouchée d'air que les parois de la bouche chassent ensuite, en se contractant, dans les poumons. Ceux-ci, qui sont très-vastes, se remplissent d'air de la sorte, petit à petit, et, quand ils sont bien gonflés, ils expulsent le trop-plein en revenant sur eux-mêmes, comme un ressort trop tendu. Vous concevez que tout cela ne fait pas une respiration bien active, et que la tortue serait bien embarrassée pour prendre seulement le petit trot. Par exemple, une fois qu'elle a rempli d'air ses grands poumons, elle en a pour longtemps. La plus grande partie des tortues sont aquatiques, et, comme plongeuses, elles laissent les cétacés bien loin derrière elles. Méry, un naturaliste obscur du temps de l'Empire, prétendait avoir conservé chez lui, *pendant un mois*, des tortues dont il avait complétement arrêté la respiration. Voyez un peu comme cette vie-là est déjà loin de la nôtre, bien qu'elle repose sur des actes semblables, accomplis par des organes qui ne sont après tout que des copies, infidèles il est vrai, de nos organes à nous.

Les tortues se nourrissent la plupart de matières végétales, quelques-unes de petits animaux sans consistance. Elles mâchonnent leurs aliments, comme les oiseaux, au moyen d'un véritable bec. Leurs mâchoires, habituellement arrondies du bout, sont garnies de lames cornées et tranchantes, où se dessinent quelquefois des dentelures assez prononcées, comme au bec des oiseaux de proie. Il y a même une tortue, le caret, dont le bec crochu et dentelé rappelle si bien le bec guerrier du faucon, qu'elle est décrite dans quelques ouvrages sous le nom de *bec-à-faucon.* Il fallait bien vous la nommer celle-là, car c'est elle qui fournit l'écaille, cette charmante substance, si douce au toucher, si riante à l'œil et si fragile, faite exprès pour des mains de femme. Je ne pouvais pas vous parler des tortues, sans vous dire un mot de celle dans le dos de laquelle on a taillé le manche de votre joli petit couteau du jour de l'an.

Derrière ce bec du caret, il y a encore une langue, mais dans le genre des langues de baleines, et collée par en bas au fond de la bouche. Elle présente à sa base une sorte de bourrelet qui tient lieu de voile du palais, car c'est encore là un détail qui va disparaître. Nous entrons pour de bon dans la simplification du tube digestif qui finira, je vous en avertis, par n'être plus qu'un tuyau tout droit, sans aucun accessoire. Chez la tortue, l'intestin est encore assez long et fait de nombreux replis dans l'abdomen; mais déjà il commence à perdre cette variété de formes qu'affectaient ses diverses parties dans les animaux supérieurs. Le gros intestin ne se distingue plus bien nettement de l'intestin grêle, ni celui-ci de l'estomac qui lui-même semble une continuation de l'œsophage, sans frontière nettement tracée. Le portier, qui, chez nous, garde l'entrée de l'estomac, fait si mal ici son service que certaines espèces de tortues ont l'œsophage hérissé d'épines, la pointe en bas, pour empêcher les aliments de remonter vers la bouche, quand ce semblant d'estomac les refoule, en se contractant.

Dans le lézard gris de nos murailles, nous retrouvons les dents, mais bien différentes aussi de tout ce que nous avons vu jusqu'à présent. D'abord elles ne se contentent plus de leur domaine habituel, le bord des mâchoires, et envahissent la surface du palais où elles s'étendent en lignes serrées. Ensuite, ce sont encore bien moins des dents que les grands clous de la mâchoire des cétacés. Ce sont de petits crochets d'ivoire dont la pointe est tournée en dedans, analogues aux épines de l'œsophage de la tortue, et qui servent uniquement au lézard à retenir et à meurtrir sa proie. Il vit d'insectes, et surtout de mouches qu'il saisit au vol, avec une adresse extrême, en lançant brusquement sur elles sa gueule ouverte qui les engloutit. Elles se piquent aux petits crochets, et sont avalées telles quelles. La langue du lézard offre une particularité singulière que présente aussi celle du serpent ; elle se divise à l'extrémité en deux filets qui voltigent hors de la bouche, et au moyen desquels il lape, à la façon des chiens, les gouttes d'eau qui suffisent à sa soif. On a vu des lézards apprivoisés par des enfants boire avidement la salive sur leurs lèvres, en y promenant cette petite langue fourchue qui, du reste, est très-douce et parfaitement inoffensive.

La langue du caméléon, une autre espèce de lézard, est

encore plus curieuse. Il faut vous dire que le caméléon est un animal lourd et paresseux qui se nourrit de mouches et d'insectes agiles, et qui serait exposé par conséquent à des jeûnes indéfinis, s'il n'avait dans sa langue une arme de chasse dans le genre de celle du pic et du fourmilier. Au repos, c'est une masse ovale et spongieuse dont l'aspect n'a rien de formidable, et qui tient à l'aise dans la bouche. Mais qu'une proie vienne à frétiller autour du caméléon, pleine de mépris pour un ennemi impotent, cette grosse langue molle se transforme en un dard agile. Elle part comme un trait, et va saisir quelquefois à un demi-pied de distance la petite imprudente qu'elle ramène avec la même rapidité à la gueule immobile. Le coup est si vite fait qu'il est bien difficile de voir comment les choses se passent. Les uns disent que le bout de la langue se recourbe subitement, et que le caméléon prend ses mouches avec la langue, comme vous les prenez avec la main quand il vous arrive de leur faire la chasse. D'autres prétendent, et c'est l'opinion générale, que la langue du caméléon se termine par une sorte de pelote visqueuse où les mouches se prennent comme les oiseaux à la glu. Toujours est-il que ce dard singulier est lancé avec une telle force que s'il vient à frapper une feuille de papier (c'est une observation qui a été faite avec des caméléons en captivité), il produit un bruit comparable à celui d'une forte pichenette. Vous pouvez juger s'il est de force à étourdir une mouche. Au surplus, le caméléon, qui est du reste une hideuse petite bête, a déjà donné bien d'autre fil à retordre aux savants. C'est lui qui est si célèbre pour la faculté qu'il a de changer de couleur quand une émotion vient l'agiter, et depuis Aristote, qui vivait il y a plus de deux mille ans, c'est à qui en donnera l'explication, sans qu'on puisse encore se flatter d'avoir trouvé précisément le mot de l'énigme.

Mais il y a un lézard bien plus intéressant encore, c'est le crocodile. Celui-là fait bande à part dans les reptiles. Son cœur a les deux ventricules, et vous allez croire qu'il rentre dans la catégorie des animaux à sang chaud. Pas du tout. Le partage des deux sangs a lieu en effet dans le cœur, et c'est bien réellement du sang artériel que l'aorte emporte du ventricule gauche. Mais le ventricule droit a deux portes de sortie. L'une communique avec les poumons, l'autre avec l'aorte; et à peine celle-ci a-t-elle fait sa distribution dans le haut du corps qu'elle rencontre en descendant un traître vaisseau, qui lui apporte un courant de sang veineux. De cette façon, il n'y a que la moitié du sang venu des veines qui aille se régénérer au contact de l'air, et tout le bas du corps ne reçoit plus que le sang mélangé du commun des reptiles, tandis que la tête et les membres de devant jouissent du privilége des classes supérieures. Et allez maintenant établir vos règles de classification! La nature, en maintenant pour tous les animaux le même principe de vie, la régénération du sang par l'oxygène, a suivi dans leur construction plusieurs systèmes qui conduisent au même résultat par des combinaisons différentes, et qui semblent permettre d'établir entre eux des différences essentielles. Or voici un animal qui grimpe, si je puis m'exprimer ainsi, d'un système à l'autre, et qu'il faudrait couper en deux en le classant, puisque le train de devant est monté chez les animaux à sang chaud, laissant le train de derrière avec les animaux à sang froid.

Mais il paraît qu'il y a encore mieux que cela.

Le crocodile à terre est timide, hésitant, mauvais marcheur, incapable d'un combat sérieux, et le nègre en vient à bout avec un bâton. On le sent trahi par ses reins où circule un sang oyxgéné seulement à demi. Une fois qu'il a plongé dans l'eau il change tout à coup d'allures; c'est un être féroce, plein d'ardeur, indomptable, un combattant acharné, qui multiplie les efforts comme si la masse entière du sang était redevenue subitement artérielle. Geoffroy Saint-Hilaire, qui avait suivi Bonaparte, en qualité de savant, quand il partit pour la conquête de l'Égypte, la patrie du crocodile, Geoffroy Saint-Hilaire avait été vivement frappé, en l'étudiant sur place, de cette double vie qui met en quelque sorte deux êtres dans le même corps. Plus tard, il en donna une explication infiniment curieuse dans son ouvrage sur les crocodiles d'Égypte. La voici; mais je vous préviens que vous ne la comprendrez pas :

« Le crocodile, quand il est sous l'eau, laisse pénétrer dans sa cavité abdominale, par deux canaux, une quantité d'eau considérable que l'animal peut renouveler à volonté. »

Vous n'en êtes pas beaucoup plus avancée, n'est-ce pas? Mais attendez un moment; voici que nous arrivons aux poissons, et vous allez voir combien la nature s'est donné ici libre carrière. Ce n'était pas assez de deux systèmes dans le même animal : elle a l'air d'en avoir mis trois.

Si nous continuons l'examen de ce reptile privilégié, nous y trouverons bien d'autres infractions aux règles habituelles de sa classe. Sa langue, il est vrai, est collée à la gueule comme celle de la tortue, à ce point que les anciens Égyptiens avaient raconté aux Grecs qu'il n'en avait pas; mais sa denture se rapproche sensiblement de la denture des derniers mammifères. Les récits des voyageurs ont fait aux formidables dents du crocodile une réputation de force qui sera sans doute arrivée jusqu'à vous; mais ce n'est pas de cela qu'il s'agit. Elles reprennent leur rang de bataille, en une seule ligne, le long des mâchoires, et y enfoncent de véritables racines, tandis que les crochets de notre petit lézard sont simplement soudés à la surface des os qui les supportent. Le crocodile est même encore mieux partagé que les mammifères sous un certain rapport. Il possède sous chacune de ses dents un ou deux germes dont la vie dure autant que celle de l'animal, et qui sont là toujours prêts à la remplacer si elle vient à tomber par accident. Il y a des dames, j'en suis sûr, qui donneraient bien des choses pour en avoir autant à leur service, et des messieurs aussi, pour ne pas faire de méchanceté. Ceux-là trouveront peut-être la nature bien injuste d'avoir été choisir cette grande vilaine bête, au lieu de nous, pour lui faire un cadeau qu'ils auraient su, eux, si bien apprécier. Mais il ne faut pas accuser trop vite la nature : elle avait une raison. Pendant notre enfance nous avons, nous autres, des dents de rechange; or, le reptile peut être considéré comme une ébauche inachevée de mammifère, et le crocodile donne parfaitement l'idée d'un mammifère à moiti fait, fixé pour toute sa vie à l'état d'enfance. Je regrette de ne pouvoir entrer dans tous les détails, vous verriez jusqu'à quel point c'est une idée juste. Aussi, en sa qualité d'enfant perpétuel, il grandit toujours tant que sa vie dure, et semble ne pouvoir mourir que par accident, presque jamais, pour ainsi dire, de vieillesse. On a pu s'assurer sur des individus en captivité que sa croissance est très-lente. Eh bien, figurez-vous qu'il a sept à huit pouces en sortant de l'œuf, et qu'on a rencontré des crocodiles de trente-six pieds de long. Calculez d'après cela. Ce n'est pas pour un siècle que vous en serez quitte; et que deviendrait, je vous le demande, ce vieil enfant de plus de cent ans, si la bonne nature ne l'avait pas laissé jusqu'à la fin au régime de nos dents de lait?

Un détail piquant sur ces dents toujours à leur place, c'est qu'elles sont creuses en dedans, si bien qu'on en fait dans le pays des fourneaux de pipe, à ce qu'on raconte. Je signale le fait, bien qu'il ne vous intéresse pas, aux marchands de pipes de Paris qui n'ont pas encore eu l'idée d'en faire venir du Caire.

Mais retournons aux efforts de l'organisation du crocodile pour s'élever aux étages supérieurs. Le voile du palais manque aux autres reptiles: il en a un, et qui barre complétement l'entrée du gosier. Je vous avais annoncé la disparition du diaphragme, et nous avions pleuré ensemble sur ce serviteur du bon vieux temps, dont vous vous rappelez encore la touchante histoire. Eh bien, j'avais compté sans ce maudit crocodile qui semble avoir pris à tâche de faire mentir tout ce que nous disons. Il en a un, et qui fonctionne en somme suffisamment, bien qu'il soit percé par le milieu, comme s'il avait un peu honte d'être là, et qu'il voulût se faire pardonner de séparer le corps en deux compartiments, contre la règle de tout bon reptile, en ouvrant une porte de communication. Que vous dirai-je encore? Les poumons, pour se tenir à la hauteur de toute l'organisation de ce reptile aristocratique, se creusent en cellules bien plus compliquées que chez ses confrères. On y remarque une foule de coins et de recoins qui multiplient les points de contact entre l'air et le sang, et donnent au crocodile presque la respiration d'un mammifère, comme il en a déjà presque la circulation.

Nous allons retomber bien bas avec les serpents. Je viens de vous dire, en parlant des tortues, que le tube digestif tendait, à mesure qu'on descend, à se débarrasser de ses accessoires, et à prendre l'aspect d'un tube tout droit. Si l'on ouvrait devant vous un serpent, vous verriez cette forme que nous poursuivons presque atteinte déjà. D'abord le voile du palais est complétement supprimé, et la gueule se continue tout droit dans l'œsophage, dont le tuyau semble courir sans interruption tout le long du corps, avec quatre ou cinq replis seulement vers le bas, dans la partie qui représente les intestins. Un renflement imperceptible indique la place qui porte le nom d'estomac; mais le véritable estomac, en définitive, c'est l'œsophage, et même la gueule, si l'on veut.

Vous allez voir comment.

Les mâchoires du serpent sont encore plus à l'état d'ébauche que celles des autres reptiles. La nature n'a pas pris le temps d'en souder les différentes parties, qui commencent aussi, remarquez cela, par être détachées chez les petits des mammifères. Les os de la tête, qui portent les mâchoires, sont eux-mêmes mobiles et s'écartent du crâne au besoin, de sorte que la gueule peut s'ouvrir extraordinairement, et qu'il n'est pas rare de voir un serpent engloutir des animaux bien plus gros que lui. Vous serez effrayée quand je vous dirai que le boa, le géant de la famille, avale de grands quadrupèdes d'une seule bouchée. Que sont les nôtres à côté de cela? Il est vrai de dire que la sienne met quelquefois plusieurs jours à passer. Quand l'animal a enroulé sa proie dans ses terribles anneaux, il la broie et la pétrit jusqu'à ce qu'elle se soit réduite en une sorte de rouleau allongé qu'il arrose d'une bave abondante pour le faire glisser plus facilement. L'attaquant alors par un bout, il y colle cette gueule si dilatable, et la gigantesque bouchée commence lentement son voyage, ce qui reste dehors avançant petit à petit, au fur et à mesure que la digestion a mis en bouillie, et fait couler plus loin ce qui est entré. Ceci est pour les grandes occasions. Mais avec des proies plus modestes, un lapin par exemple, la bouchée passe d'un trait, et reste arrêtée derrière la gueule, comprimant le larynx jusqu'à ce que les sucs énergiques que distillent les parois de l'œsophage aient eu raison d'elle.

Vous concevez qu'un voile du palais n'avait rien à faire ici, et que le serpent n'avait pas beaucoup besoin de dents pour mâcher ses aliments. Aussi les siennes ne sont-elles que de simples crochets, comme les dents du lézard, et, pour mieux couper le retour aux masses englouties, elles envahissent aussi le palais. On en compte environ cent vingt dans la gueule du boa; mais, d'une espèce à l'autre, leur nombre varie considérablement. Ce ne sont plus des organes de premier ordre, et la nature se met à son aise avec elles.

Il n'y a qu'une dent dont elle prenne un soin particulier, c'est la dent venimeuse dont elle a fait don à certaines espèces, et qui leur sert à foudroyer en quelque sorte les animaux dont elles se nourrissent. Étudions-la dans le serpent à sonnettes, le plus célèbre de cette bande odieuse. De chaque côté de la mâchoire supérieure on aperçoit, isolé des autres et les dépassant tous en longueur, un crochet très-aigu percé d'un petit canal, qui aboutit à une glande placée sous la dent. L'os qui porte ce petit appareil est très-mobile, et, au repos, le crochet se reployant va s'abriter dans un repli de la gencive. Il se redresse quand l'animal veut mordre, et la glande, comprimée dans l'acte de la morsure, envoie dans le petit canal un jet de venin qui coule dans la plaie. Ce venin paralyse la victime, autant qu'on a pu s'en assurer, en altérant le sang, qui change aussitôt ses allures et n'agit plus comme auparavant sur les organes; mais il n'est dangereux qu'à la condition d'être transporté par le courant de la circulation dans la masse du sang. Avalé, il est sans action sur l'estomac, et ne me regardez pas avec des yeux d'incrédule comme si c'était bien impossible qu'on s'imaginât d'avaler des choses de ce genre-là. Vous ne savez pas de quoi un savant est capable, quand il s'est pris corps à corps avec la nature, pour lui arracher un de ses secrets. Il a aussi ses champs de bataille, où l'on dépense bien souvent autant de courage que sur les autres

Ces deux crochets, qui font toute la force de l'animal, sont pour lui d'une grande importance, et leur peu de solidité les expose à rester dans les plaies qu'ils ont ouvertes. Ils jouissent en conséquence du même privilége que les dents du crocodile, et plus étendu encore. Derrière chacun d'eux font sentinelle, non pas un, ni deux, mais plusieurs germes, qui n'attendent que son départ pour se mettre à l'œuvre et refaire au serpent désarmé son aiguille empoisonnée. C'est que le serpent est aussi à l'état d'enfance perpétuelle; il grandit toujours, et, pas plus que pour le crocodile, je ne saurais vous dire au juste quelles sont les limites naturelles de sa vie. Ce sont des personnages qui, en liberté, se laissent peu étudier. Mais lui aussi croît lentement, et l'on en rencontre dont la taille est arrivée à une distance énorme de son point de départ. Cette croissance indéfinie, jointe à une extrême longévité, je dois vous le dire une fois pour toutes, reparaît dans beaucoup des espèces inférieures qui nous restent à voir. Elle semble l'apanage de ces créatures inachevées, où la nature n'a fait qu'ébaucher son œuvre, et qui semblent vouées à une jeunesse sans fin, en témoignage de l'état d'enfance qu'elles représentent, état passager chez les animaux supérieurs, et permanent pour elles. Elle appartenait de droit au serpent, qui est l'animal le plus incomplet que nous ayons encore rencontré, et qui se réduit presque, au premier aspect, à un tube digestif, logé entre une colonne vertébrale et un chapelet de petites côtes, dont le nombre va quelquefois jusqu'à trois cents.

Le foie qui, chez nous, présente une masse si volumineuse et si distincte, s'allonge ici en un mince cordon qui file le long de l'œsophage et de l'intestin, aux parois desquels il est en quelque sorte collé.

De même avec les poumons. Il n'y avait pas de place pour deux poumons dans cet étroit boyau, où tout doit se façonner à l'image du maître de l'endroit; l'un des deux est simplement indiqué par une toute petite protubérance, l'autre présente l'aspect d'un long tube qui descend presque jusqu'à la moitié du corps, et dont le faible jeu s'arrête périodiquement à chacun de ces monstrueux repas, où l'animal engourdi n'est plus qu'une machine à digestion. Nous touchons aux extrêmes limites de l'organisation dont nous avons étudié dans l'homme le modèle le plus achevé, et qui n'est déjà plus reconnaissable dans les poissons.

LETTRE XXXV

LES POISSONS

Nous devenons bien savants, pauvre enfant, et j'ai bien peur que l'ennui ne vous prenne. Quand j'étais petit, je ne détestais pas de casser les petits chiens en carton qui jappaient, pour voir ce qu'il y avait dedans. Il doit y avoir aussi un certain intérêt pour vous à regarder avec moi au dedans des animaux; mais je ne me dissimule pas que tout cela finit par être bien sérieux, et que, tout occupé que je suis à me débrouiller au milieu de cette foule de faits qui se pressent les uns derrière les autres, j'oublie presque de causer avec vous. Heureusement que voici une occasion qui se présente.

Jusqu'à présent nous avons vécu sur les explications que je vous ai données en étudiant en vous les actes de la vie, et tous les organes que nous avons rencontrés n'étaient, à le bien prendre, que des reproductions plus ou moins fidèles de ceux que vous possédez. Mais, en mettant le pied dans le pays des poissons, nous nous trouvons en présence de quelque chose de tout à fait nouveau, et il faut que je revienne à nos anciennes causeries.

Quand vous secouez une carafe à moitié pleine d'eau, toute cette écume blanchâtre qui paraît à la surface de l'eau, c'est l'air entraîné par le liquide dans sa chute, qui la produit, en reprenant son vol. Mais tout ne s'en va pas; il en reste une petite partie qui se fond en quelque sorte dans l'eau, comme ferait une miette de sucre, et qui établit là son domicile. Cela vous paraît drôle : je vais vous donner un moyen de vous en assurer. Procurez-vous une petite bouteille de verre blanc, arrondie et un peu mince du fond, s'il est possible; remplissez-la d'eau, et tenez-la quelque temps au-dessus d'une bougie allumée. En y allant avec précaution, il n'y a pas de danger. Vous verrez bientôt des petites boules, qu'on dirait d'argent, partir du fond de la bouteille et venir crever à la surface. C'est de l'air qui s'était installé dans l'eau, et qui se sauve devant la chaleur de la bougie, comme les habitants d'une maison quand le feu s'y met. Au bout de quelque temps tout sera parti, et les petites boules cesseront de monter.

— Mais quel rapport tout cela a-t-il avec les poissons.

— Un rapport très-direct, ma chère enfant. S'il y avait eu un petit poisson dans votre bouteille avant qu'elle eût été exposée à la flamme, il aurait trouvé moyen d'utiliser cet air dont vous êtes bien forcée d'admettre la présence dans l'eau, puisque vous l'avez vu s'en aller. C'est avec cela que les poissons respirent dans l'eau, bien petitement il est vrai; mais, comme pour les dédommager de la petite quantité d'air qui est ainsi mise à leur disposition, cet air contient plus d'oxygène que celui que nous respirons, parce que l'oxygène se dissout plus facilement dans l'eau que l'azote. Il va sans dire que les poissons n'ont pas des poumons comme les nôtres. Vous connaissez bien ces deux grandes ouvertures qu'ils ont de chaque côté de la tête, que l'on appelle les *ouïes*, et par où les pêcheurs les enfilent pour les porter plus commodément. C'est là qu'ils ont leurs poumons, auxquels on a donné le nom de *branchies*, car ce sont des organes de respiration si différents des autres qu'on ne pouvait pas leur laisser le même nom. La disposition des branchies varie considérablement d'une espèce à l'autre, mais leur forme générale est partout la même. Ils se composent d'une infinité de petites lames suspendues à des filets osseux, comme les brins d'une frange, et dans lesquels le sang arrive par mille canaux imperceptibles.

Voyons d'abord quelle est la marche du sang dans les poissons.

Comme les reptiles, leur cœur n'a qu'un seul ventricule, et pourtant le sang artériel et le sang veineux vont chacun de leur côté, sans courir jamais le risque de se confondre; c'est que les poissons n'ont plus ce double système de veines et d'artères que nous avons toujours rencontré jusqu'à présent. Le sang veineux arrive seul dans le cœur qui le chasse dans les branchies, et de là le sang artériel s'en va de lui-même dans les organes, sous l'influence lointaine de l'impulsion primitive du cœur, le sang nouveau venu chassant toujours l'autre devant lui dans les canaux de la circulation. Cela ne va pas très vite, par exemple, et, comme le cœur est tout près de la tête, son action ne se fait plus sentir que bien faiblement à l'extrémité du corps, quand celui-ci s'allonge un peu. Aussi la nature a-t-elle eu pitié de l'anguille, dont la queue est si loin du cœur. Un naturaliste anglais, Marshall, y a découvert un cœur de renfort, qui a ses battements à lui, indépendants des pulsations d'en haut, et qui redonne au sang endormi une nouvelle impulsion sans laquelle, à ce qu'il paraît, il aurait trop de peine à accomplir le long trajet du retour. Somme toute, même avec un cœur de plus à la queue, la circulation, chez les poissons, est tout juste au niveau de la respiration. Ils ont un triste intendant dont les jambes sont bien lourdes, les poches bien légères; et la vie descend encore d'un cran chez eux. C'est toujours la même vie pourtant, ne perdez pas cela de vue : elle diminue par suite de l'imperfection de la machine, mais sans changer de nature, comme la lumière dans nos appareils d'éclairage. Vous vous rappelez cette comparaison de la lampe que je vous ai faite tout en commençant, et que vous ne saviez pas si juste alors. De la lampe carcel au lumignon, c'est toujours de l'huile qui vient brûler à l'air, à l'extrémité des fils d'une mèche. Elle ne brûle pas aussi bien partout, et ne donne pas une lumière égale : voilà toute la différence. Du mammifère au poisson, c'est toujours de l'hydrogène et du carbone, comme qui dirait de l'huile, que l'oxygène vient brûler dans le corps, à l'extrémité des canaux déliés du sang. Seulement, le feu va toujours en baissant, et la vie avec lui.

Voici maintenant la marche de l'eau dans le corps du poisson.

Les branchies communiquent avec la bouche par une espèce de grille que forment les filets osseux auxquels sont suspendues les lamelles. Le poisson commence par avaler l'eau, qui passe ensuite à travers cette grille, et circule autour des innombrables filaments dont se compose chaque lamelle, et où rampent les vaisseaux sanguins. C'est à travers les minces parois de ces filaments que se fait le mystérieux échange de l'oxygène libre dissous dans l'eau, et de l'acide carbonique dissous dans le sang. Quand il est terminé, le couvercle, qui ferme les ouïes, s'ouvre pour laisser sortir l'eau, qu'une nouvelle gorgée vient renouveler, et toujours ainsi. Quand le poisson est hors de l'eau, ses branchies s'affaissent et se dessèchent; le cours du sang, si faible déjà, est interrompu par l'écrasement et le rétrecissement des canaux. et l'animal ne peut plus respirer; de sorte que nous avons ici le curieux spectacle d'un être, respirant comme nous l'oxygène, qui se noie, si l'on peut s'exprimer ainsi, dans l'air où nous trouvons la vie, et qui vit dans l'eau où nous nous noyons. Tant qu'il est dans l'eau, les choses se passent autrement, et ses branchies, humectées et soutenues, s'accommodent parfaitement du contact de l'air.

qui ne demande pas mieux que de céder aussi son oxygène au sang, à travers les membranes des capillaires. Aussi verrez-vous souvent des poissons, des carpes par exemple, venir humer l'air à la surface de l'eau, à la façon d'un mammifère ou d'un reptile. C'est un précieux renfort qui vient suppléer à la parcimonieuse distribution d'oxygène que leur fait l'eau. Il y a même certains poissons dont les branchies, mieux fermées que les autres, sont accompagnées de nombreuses cellules, où se conserve assez longtemps une provision d'eau suffisante pour maintenir les lamelles dans leur état habituel. Ces poissons-là peuvent très-bien aller se promener à terre, où ils respirent l'air comme vous et moi, et sont de véritables amphibies. Le plus célèbre de tous est l'anabas, un poisson de l'Inde, qui non-seulement peut rester plusieurs jours hors de l'eau; mais qui se donne encore le plaisir de grimper sur les palmiers, Dieu sait comme, et de s'y établir dans les petites flaques d'eau formées par la pluie à la base des feuilles. Mais nous n'avons pas besoin d'aller dans l'Inde pour trouver de ces poissons déserteurs. Il y en a un chez nous qui va se promener aussi dans l'herbe, et je viens précisément de vous en parler tout à l'heure : c'est l'anguille. Si vous mettez jamais des anguilles dans un étang, tâchez qu'elles s'y plaisent; autrement elles ne seront pas embarrassées pour vous brûler la politesse et s'en aller chercher fortune ailleurs. On en rencontre quelquefois dans la campagne, qui ont eu des raisons pour changer de domicile, et qui serpentent assez lestement pour jouer la couleuvre à s'y méprendre, quand on n'a pas l'œil bien exercé. C'est au point que dans certaines contrées de la France, où les paysans mangeaient autrefois les couleuvres, ils n'avaient trouvé rien de mieux, pour se tranquilliser l'estomac, que de les baptiser du nom d'*anguilles de haies*.

En revanche, les poissons se noient dans l'eau tout aussi bien que nous, quand elle ne contient pas d'air. Le petit poisson qui aurait vécu très-bien dans votre bouteille de tout à l'heure, avant son exposition à la flamme de la bougie, y serait mort, après le départ des bulles d'air. Je n'ai pas besoin de vous dire pourquoi. De même si vous laissez trop longtemps des poissons dans une petite quantité d'eau qui ne se renouvelle pas, il leur arrivera ce qui nous arrive à nous quand l'air que nous respirons ne se renouvelle pas assez vite : dès qu'ils auront consommé l'oxygène dissous dans l'eau, elle cessera de les faire vivre. C'est alors surtout que vous les verrez bâiller à la surface pour appeler l'air au secours. Ceux qui gardent des petits poissons rouges dans un bocal devraient apprendre cela, et changer leur eau plus souvent qu'on ne le fait d'habitude. Quand on arrache de pauvre petits êtres à leur vie naturelle, et que l'on met la providence humaine à la place de celle qui veillait sur eux, au moins faudrait-il se renseigner sur les lois de leur vie, et ne pas s'exposer à les faire souffrir par ignorance. Enfin il y a des poissons dont les branchies, plus avides d'oxygène, ne fonctionnent bien que dans une eau parfaitement aérée, et qui mourraient bientôt dans nos baquets. C'est le cas de la truite qui ne ne se plaît que dans les eaux des pays de montagnes, riches de tout ce qu'elles ont entraîné d'air, en tombant de rochers en rochers. Maintenant que l'on commence à faire avec les poissons ce que l'on faisait depuis si longtemps avec les bœufs et les moutons, des troupeaux que l'on élève pour les avoir toujours sous la main, vous entendrez peut-être bien parler de vases faits tout exprès pour transporter des truites, avec mille inventions pour envoyer de l'air dans leur eau. Vous n'aurez plus besoin d'en demander l'explication.

Il avait été convenu la dernière fois que je reviendrais, au chapitre des poissons, sur cette merveilleuse transformation du crocodile, expliquée par le torrent d'eau qu'il fait passer dans son abdomen. Vous n'y pouviez rien comprendre l'autre jour ; mais après ce que nous venons de voir, l'explication marche toute seule. De même que dans les oiseaux, l'activité extraordinaire de la vie s'explique par cette double oxygénation du sang, dont l'une a lieu dans les poumons, l'autre dans les réservoirs d'air placés sur le passage des capillaires ; de même ce redoublement subit d'activité chez le crocodile, une fois qu'il est plongé dans l'eau, s'expliquerait par une seconde respiration qui s'établirait subitement dans la vaste cavité de l'abdomen, au contact des capillaires avec l'eau qui y pénètre. Comme l'oiseau, le crocodile aurait dès lors une double respiration ; seulement chez lui l'une serait permanente et pulmonaire, l'autre momentanée et branchiale. Par celle-ci, il s'élèverait d'une part jusqu'à l'oiseau, puisque le sang rencontre l'air une seconde fois dans sa course ; et plongerait en même temps dans le monde des poissons, puisque le sang va chercher l'air dans l'eau. Ceci, bien entendu, n'est encore qu'une supposition, et je dois vous prévenir qu'on aura bien du mal à prendre ici la nature sur le fait, car devant le laboratoire, où elle travaille dans l'obscurité, veille une rangée de dents peu rassurante pour les indiscrets, et nos savants n'ont pas affaire ici à un pauvre petit chien dont on ouvre le ventre, lui vivant, sans plus de dangers que de remords. Toutefois si jamais supposition fut légitime, c'est assurément celle-là. Tout semble la confirmer, et nous aurions dès lors dans le crocodile un échantillon de chacun des quatre systèmes adoptés par la nature pour le mammifère, l'oiseau, le reptile et le poisson. J'avais parlé de deux d'abord, puis de trois. Vous voyez qu'en renchérissant j'étais encore modeste, et que je n'avais réellement pas tort d'inviter les classificateurs à donner ici leur langue au chat.

A propos de classificateurs dans l'embarras, c'est ici le lieu de parler des batraciens, dont on a fait une classe à part, et qui appartiennent bien positivement à deux classes à la fois, non plus, comme le crocodile, par des détails empruntés à l'une et à l'autre, mais par un changement fondamental qui s'opère, à une certaine époque, dans leur organisation. Les batraciens sont en réalité des reptiles, mais des reptiles qui commencent par être des poissons, de véritables poissons, entendons-nous bien.

Si vous avez couru un peu la campagne, vous y aurez rencontré plus d'une fois de ces grandes flaques d'eau qui se forment, à la saison des pluies, dans les ornières des chemins creux. Amusez-vous à y regarder, quand vient le commencement de l'été : à moins que le pays ne soit par trop sec et aride, vous avez deux chances pour une d'y rencontrer des légions de petits poissons noirs, composés presque entièrement d'une longue queue attachée à une grosse tête, qui jouent gaillardement dans les eaux bourbeuses, et qui semblent tombés là du ciel. Ce sont de petits crapauds, des *têtards*, comme on les appelle, qui commencent leur apprentissage de la vie. Ils ont alors des branchies enfermées dans chacun des côtés de cette grosse tête d'où leur vient leur nom, et respirent à la façon des poissons. Plus tard les deux pattes de derrière se mettent à pousser petit à petit, puis, celles de devant; la queue se dessèche et tombe; insensiblement le têtard se transforme en crapaud. Notez que ses branchies suivent la même route que sa queue de poisson. Elles disparaissent lentement, et, au fur et à mesure de leur disparition, les poumons se développent. L'animal change tout doucement de classe, sans cesser d'être le même naturellement, bien qu'il soit impossible à la fin de reconnaître l'ancien dans le nouveau, quand on ne sait pas leur histoire. C'est là une des démonstrations le plus frappantes que je connaisse du procédé mystérieux par lequel la nature a élevé insensiblement l'animal d'une classe à l'autre, en perfectionnant toujours son plan primitif, sans jamais l'abandonner.

Sur les bords de certains lacs souterrains qui existent dans la Carniole, un des pays soumis aujourd'hui à l'Autriche, on a trouvé des batraciens plus ambitieux que notre crapaud. Ce sont les protées. Ceux-là cumulent; ils deviennent reptiles, sans cesser d'être poissons, si je puis m'exprimer ainsi : ils prennent des poumons en grandissant, et gardent leurs branchies. Au surplus j'aurais mille détails à vous donner sur les batraciens, si je voulais les examiner un à un, car c'est une famille extrêmement bigarrée, au sein de laquelle se fait d'une façon imperceptible le passage des reptiles aux poissons, depuis la grenouille que le consentement unanime du genre humain a toujours rangée parmi les reptiles, jusqu'à l'axolotl, qui vit dans le lac de Mexico, et qui ressemble, trait pour trait, à une carpe sous laquelle on aurait fiché quatre petites pattes. Pour rester dans l'ordre, les batraciens auraient dû venir à la suite des reptiles, dont ils ont toute l'organisation intérieure; mais le moyen de vous parler de leur branchies, avant de vous avoir expliqué comme quoi il y a de l'air dans l'eau! et je ne voulais pas, au profit de ces intrus, dont les branchies d'enfance ne font que paraître et disparaître, dérober à l'histoire des poissons ce qu'elle a de plus intéressant.

Contentons-nous donc de ce mot jeté en passant à une classe ambiguë, dont l'histoire n est qu'une répétition de deux autres, et revenons à nos poissons que nous avons bien vus respirer, mais que nous n'avons pas vus manger.

Les modifications de l'appareil digestif varient à l'infini chez les poissons. Les lamproies, qui sont placées à l'étage inférieur de la classe, réalisent entièrement ce type que nous avons trouvé déjà indiqué dans le serpent. Le tube digestif est tout droit, sans renflement sensible, et n'a pas même la longueur du corps. Il débouche bien en avant de la queue. Chez quelques poissons commence à se montrer une disposition bizarre que nous retrouverons plus bas. Le tube digestif, après s'être dirigé vers le bas du corps, ainsi que nous l'avons vu constamment jusqu'ici, se replie sur lui-même, et remonte vers la gorge, où il vient déboucher. La plupart du temps l'estomac est distinct; mais il affecte mille formes différentes, comme si la nature eût voulu s'essayer de toutes les manières dans la construction de ces vertébrés imparfaits, avant d'adopter le modèle définitif qui devait lui servir pour les autres.

Le foie est énorme, généralement chargé d'une grande quantité d'huile, dont vous devez connaître le goût, si vous avez jamais avalé une cuillerée d'huile de foie de morue; mais son vieux compagnon, le pancréas, a disparu. A sa place on rencontre, à la sortie du pylore, des petits bouts de tubes, en forme de cul-de-sac, par où descend dans l'intestin une liqueur épaisse qui découle de leurs parois. Le résultat est le même, comme vous le voyez, bien que l'organe soit différent; et, chose remarquable! ces petits tubes manquent chez ceux des poissons qui, comme les carpes, ont à la bouche des espèces de glandes salivaires, dont les autres n'offrent pas de traces; d'où l'on peut conclure que tubes et glandes se suppléent réciproquement. Vous trouvez-là un exemple de la lumière que les diverses organisations animales jettent les unes sur les autres, quand on les compare entre elles. En effet ceci établit assez nettement le véritable rôle du pancréas dans les classes supérieures, et nous le montre comme une glande salivaire intérieure, destinée à compléter le travail de celles de la bouche, chez les petites filles paresseuses qui avalent trop vite leurs bouchées.

Même diversité dans la bouche que dans l'intestin. Quelques poissons, comme la raie, n'ont pas de langue. D'autres, en guise de langue, ont un filet sec et dur, presque entièrement privé de mouvement, et qu'on dirait placé là, comme un piquet, pour indiquer la place où se trouvera la langue dans les organisations plus achevées. Il y a même des poissons, comme la perche et le brochet, dont la langue est garnie de dents, ou mieux de crochets, signe manifeste de sa déchéance absolue du poste de confiance qu'occupe votre cher petit portier. Il faut dire aussi que la perche et le brochet, comme tant d'autres de leurs confrères, ont des dents par toute la bouche. Cette invasion du palais par les dents, qui a commencé dans le lézard et le serpent, prend ici des proportious effrayantes. Ce n'est plus seulement le haut du palais qui se hérisse de dents : en haut, en bas, sur les côtés, partout jusqu'aux limites de l'œsophage, les petits crochets dressent victorieusement leur pointe effilée. Aussi il n'est plus question d'en fixer le nombre. La nature les a semées à pleines mains, sans compter, comme elle a fait des poils du menton, à l'extérieur de la bouche humaine, et la comparaison est moins audacieuse que vous pourriez bien le croire. C'est parfois une véritable barbe intérieure, encore plus épaisse que la nôtre, et qui pousse aussi sur la peau par dessus le marché. Il y a tel poisson dont les dents sont si fines et si serrées qu'en promenant le doigt dessus, on croirait toucher un velours. Il ne s'agit pas du requin, bien entendu. Celui-là a des lames tranchantes et dentelées, dures comme l'acier, alignées en menaçantes rangées autour de l'entrée de la gueule, et qui coupent un homme en deux aussi facilement que vos incisives un quartier de pomme. D'autres, comme la raie, ont la bouche pavée, c'est le mot, de dents toutes plates. La première fois que l'on ira acheter du poisson, tâchez qu'on vous rapporte une tête de raie. Vous aurez du plaisir à voir ces petites plaques carrées d'ivoire, serrées les unes contre les autres, comme les carreaux de la salle à manger. C'est de fait un vrai carrelage du vestibule, sur lequel glissent intacts les visiteurs, qui sont avalés tout d'un bloc, et entrent droit dans la maison, sans être arrêtés par cette inscription que la nature a placée là chez vous : *Parlez au portier.*

Mais tout cela n'est rien, comparé au vestibule de la lamproie qui est bien autrement différent du nôtre. La lamproie, je vous l'ai déjà dit, occupe le dernier rang dans les poissons, et par conséquent dans les vertébrés, dont les poissons forment l'arrière-garde. C'est même tout au plus si elle est digne de porter ce nom glorieux de vertébré, car la colonne vertébrale, si bien dessinée dans les autres poissons où elle forme la grande arête du milieu, n'est plus qu'à peine indiquée, dans certaines espèces de lamproies, par un filament mou, qui est plutôt une membrane qu'un chapelet osseux. La bouche est à la hauteur de ce semblant de colonne vertébrale. On vous a mis des sangsues l'autre jour, et vous avez assez crié, si j'ai bonne mémoire, quand les mauvaises petites bêtes vous ont piquée. Eh bien! la lamproie se nourrit absolument de la même manière que la sangsue. Sa bouche forme un anneau tout rond, qui se colle sur la proie, et au milieu duquel va et vient une petite langue armée de lancettes, qui s'avance pour percer la peau, et attire le sang, en revenant sur ses pas. Arrondissez bien les lèvres; trempez les à même dans un verre d'eau; et ramenez la langue en arrière : vous sentirez l'eau monter dans votre bouche. C'est au moyen d'un procédé semblable que vos sangsues vous ont débarrassée du sang qui vous gênait, et que la lamproie tire à elle le sang des animaux sur lesquels elle s'est fixée.

Où en sommes nous venus déjà, et à quelle distance nono trouvons-nous maintenant de cette petite bouche que nous avons regardée croquer si gentiment sa bouchée? Avec la lamproie, nous disons adieu à l'embranchement des vertébrés, cette noblesse du règne animal, bien qu'il faille y distinguer, comme dans la noblesse du temps de Louis XIV, les nobles de cour qui approchent de la personne du roi (je n'ai pas besoin de vous dire quel est ici le roi) et les petits nobles de province, qui sont à cent lieues de lui. De la lamproie à la famille des mollusques, ou des animaux mous, il n'y aurait qu'un pas à faire, et c'est même la route que paraît avoir suivie l'organisation animale dans la marche de son progrès. Mais la nature n'a pas marché droit sur une seule ligne dans son œuvre. Pendant qu'elle passait du mollusque au poisson, pour arriver par là aux vertébrés supérieurs, elle s'avançait, dans une autre direction vers une classe d'animaux qui montent bien au-dessus des mollusques, mais qui ne mènent à rien. On dirait qu'il y a eu là un arrêt, comme si la force créatrice, s'apercevant qu'elle faisait fausse route, fût revenue sur ses pas, si toutefois nous pouvons appliquer nos idées et nos expressions usuelles aux conceptions de la grande intelligence qui a dressé le plan de cette mystérieuse échelle de l'animalité.

Ces animaux qu'il faut voir d'abord, en raison de leur supériorité, ce sont les insectes. Si petite que soit la fourmi, il ne serait pas juste de faire passer l'huître avant elle.

LETTRE XXXVI

LES INSECTES

Avant de vous parler des insectes, ma chère enfant, il faudrait d'abord vous dire à quel embranchement ils appartiennent, et quels sont les caractères qui ont servi à établir cet embranchement. Ici je me trouve bien embarrassé. Nous n'avons été que trop savants jusqu'à présent, et nous voilà menacés de le devenir bien davantage si nous voulons monter à l'assaut des trois embranchements qui suivent celui des vertébrés. Il y a là de terribles noms, un détail infini, et, par-dessus le marché, mille choses à faire entrer en ligne de compte, dont nous n'avons pas encore parlé. Nous faisons tout tranquillement l'histoire de la machine à manger, qui occupe le milieu du corps, et les savants n'ont pas regardé de ce côté-là pour établir leurs embranchements : entre nous, elle n'y prêtait pas assez. Il se sont rabattus sur la machine à marcher, qui fait le tour du corps, et qu'ils ont proclamée le point capital de l'organisation animale, sans trop faire attention qu'elle n'est au bout du compte que la servante de l'autre. Il est vrai que les divisions sont plus faciles à établir avec celle-là, par ce que les différences sont plus tranchées. Elle sépare ce que l'autre réunit, et c'est ainsi que la nature est arrivé à cette admirable conbinaison que les Allemands ont parfaitement nommée : *l'unité dans la variété,* ce qui veut dire qu'elle travaille toujours, comme je vous l'ai déjà appris, sur le même canevas, en le brodant toujours d'une autre façon.

Savez-vous quoi? si vous êtes bien sage, et que cette histoire-ci vous ait mise en goût d'apprendre, je vous raconterai une autre fois celle de la machine à marcher et la classification de nos savants y trouvera tout naturellement sa place. En attendant, nous ferons comme eux et nous regarderons à côté de leurs embranchements, où la machine à manger n'a rien à voir, puisqu'ils ont été établis sans elle. Nous nous contenterons donc, sans autre prétention scientifique, d'examiner modestement les dernières transformations de notre machine dans les groupes principaux d'animaux inférieurs, et ces groupes je vais vous les nommer tout de suite, dans l'ordre où ils viendront. Ce sont les insectes, les crustacés, les mollusques, les vers et les zoophytes. Prenez ces noms-là de confiance : ceux que vous ne comprenez pas bien seront expliqués à leur tour.

1° LES INSECTES.

Je ne sais plus où j'ai lu qu'on compte quelque chose comme cent mille espèces d'insectes, et je crois bien que ce n'est pas tout. Vous concevez que nous nous dispenserons de passer en revue ce formidable bataillon. Prenons un de ceux qui vous sont le plus familiers, le hanneton par exemple, et examinons ce qui se passe en lui. Son histoire est, à peu de chose près, celle de tous les autres.

Haneton, vole, vole, vole,

dit la chanson. C'est un oiseau que nous tenons là, et un oiseau qui vous paraîtra plus merveilleux encore que ceux dont je vous ai parlé, quand vous contraîtrez la simplicité et en même temps la vigueur de son organisation. Il a le vol un peu lourd, c'est vrai; il est aux grandes mouches ce que le bœuf est au cerf; mais comparez un peu le poids de son gros corps avec la délicatesse et la faible dimension des deux membranes qui le soutiennent dans les airs : c'est à se demander comment ces deux petites pelures d'oignon peuvent emporter une pareille masse. Elles n'accomplissent ce tour de force que grâce à une activité dont l'idée seule nous effraie. Quand vous courez de toutes vos forces, combien de fois remuez-vous les jambes dans une seconde? Vous seriez peut-être un peu embarrassée pour le dire, et moi aussi; mais je vous défie bien d'arriver à la dizaine. L'oiseau fait jouer son aile bien plus vite, quand il bat l'air à coups précipités; mais il n'atteint pas encore la centaine. Qu'est-ce que cela à côté de l'aile du hanneton? Ce n'est plus par centaines, c'est par milliers que se comptent ses battements dans une seconde, et, par parenthèse, quand l'homme voudra sérieusement voyager dans les airs, il laissera là ses ballons, dont il n'y a rien à faire jusqu'à nouvel ordre, et se fabriquera des machines qui battront de l'aile avec la rapidité du hanneton. Cela vous paraît fort; mais j'ai vu une pile électrique, établie dans un verre à pied, qui faisait battre un petit marteau des milliers de fois par seconde, et le marteau aurait bien pu, n'est-ce pas, entraîner une petite aîle dans son mouvement. Passez-moi cette idée en l'air, qui m'était venue il y a longtemps, et que le hanneton vient de me rappeler, et permettez-moi de ne pas vous en donner l'explication, non plus que de la manière dont on a compté les battements de l'aile des insectes. Cela nous emmènerait dans des régions où il ne fait pas bon pour nous.

Pour en revenir à notre petit animal, je vous laisse à penser quelle dépense prodigieuse de force nécessite une telle précipitation de mouvement. Nous avons parlé de la course accélérée du sang des oiseaux. Quelle devrait être, en comparaison, la course du sang dans cette fabuleuse locomotive! Or, si nous soulevons la cuirasse qui l'enveloppe, qu'apercevons-nous? Rien de tout cet appareil de circulation que vous connaissez si bien; ni cœur, ni veines, ni artères; seulement une mare d'un liquide blanchâtre, répandu à même dans toute la cavité intérieure. De poumons, pas de traces; aucun moyen apparent de régénération pour ce sang qui paraît immobile, car c'est bien du sang, malgré sa couleur; c'est à tout le moins du sang commencé. Il a aussi ses globules, mal formés il est vrai, et tout à fait en boules, semblables à ceux que l'on trouve chez nous dans le chyle, qui a la couleur du sang des insectes, et qui, lui aussi, peut être considéré comme du sang en apprentissage. Par quelle magie cet intendant à peine ébauché, et qu'on dirait cloué sur place, parvient-il à accomplir des exploits devant lesquels reculeraient ses confrères d'en haut, si agiles et si complets? Où va-t-il chercher l'oxygène nécessaire pour tant de mouvements, puisqu'il a été convenu que l'animal ne peut se mouvoir sans consommer de l'oxygène? Regardez sous les ailes; vous verrez le long du corps une ligne percée de distance en distance de petits trous que ferment deux espèces de volets mobiles. On les appelle des *trachées*. La viennent déboucher des canaux qui circulent, en se ramifiant à l'infini, dans tout le corps, et par lesquels l'air s'insinue pour traverser la masse du sang dans toutes les directions. Le sang ne vient plus chercher l'air; c'est l'air qui vient chercher le sang; et nous avons une circulation d'un nouveau genre, dont l'effet est encore plus énergique, puisqu'il se fait sentir d'une façon permanente, et partout à la fois. Nous nous sommes émerveillés dans le temps de la double respiration des oiseaux : elle reste bien loin derrière la respiration universelle de l'insecte, qui peut bien se passer de poumons, puisque tout son corps n'est plus qu'un vaste poumon.

Du reste ne vous fiez pas aux apparences, et ne vous imaginez pas que le sang de notre hanneton reste immobile autour des canaux aériens, buvant paresseusement l'oxygène qui vient à lui. Pour n'être pas enfermé dans des canaux, il n'en est pas moins déplacé sans cesse par des courants réguliers, qui parcourent et renouvellent cette mare qu'on croirait stagnante au premier abord. Ce n'est pas le seul exemple de courans de ce genre-là que nous présente la nature, et devinez où je vais aller chercher le pendant de la circulation du hanneton! Dans l'Océan, rien que cela: mais rien n'est petit, ni grand pour la nature, qui applique indifféremment ses procédés sur un globe comme sur un atome. Le sang de notre globe, c'est l'eau qui contient tous les germes de fécondité, et sans laquelle, ainsi que je vous l'ai dejà dit, il n'y a pas de vie possible, pas plus dans le règne végétal que dans le règne animal. L'eau des ruisseaux, des rivières et des fleuves, coule dans des canaux, dont l'ensemble rappelle parfaitement, au premier coup d'œil jeté sur une carte, le système de circulation que nous avons observé dans les vertébrés. L'eau de la mer est emportée, comme le sang des insectes, par une circulation sourde, invisible sur la carte, par d'immense courans établis, les uns à la surface, les autres en plein cœur de l'Océan, qui la font voyager, d'une course éternelle, de l'équateur aux pôles, et des pôles à l'équateur. Le procédé dont l'Intelligence suprême, ordonnatrice du monde, s'est servie pour mettre en branle les immensités de l'Océan, vous concevez qu'il a bien pu lui servir pour faire circuler les quelques gouttes de sang du hanneton. Ici l'agent d'impulsion est un long tube qui court le long du dos, et qui a reçu le nom de vaisseau dorsal. Je vous avais dit qu'il n'y avait pas de cœur sous cette cuirasse : j'avais parlé trop vite. Le vaisseau dorsal est un véritable cœur, mais un cœur sans veines et sans artères, jeté à même au milieu du sang. Il se dilate et se contracte comme le nôtre; aspire le sang par des soupapes latérales, qui jouent de la même façon que chez nous, et le refoule dans la masse par celle de ses extrémités qui aboutit près de la tête. De là un mouvement constant de va-et-vient, qui lance le sang de la tête à la queue, et le ramène de la queue à la tête. Mais qui reconnaîtrait dans cette organisation élémentaire, où tout se fait en quelque sorte de soi-même, la machine, aux rouages si compliqués, que nous avons eue si longtemps sous les yeux.

Eh bien! dans ce naufrage universel de tous les organes à nous connus, un seul surnage, et se montre tel que nous l'avons vu jusqu'à présent : c'est le tube digestif. L'insecte est un oiseau, avons-nous dit en commençant. Son tube digestif est taillé sur le patron de celui des oiseaux, si bien que les naturalistes ont donné les mêmes noms aux différentes pièces de l'un et de l'autre. Après l'œsophage vient un jabot, très-nettement indiqué, puis un gésier, aux parois épaisses, où sont broyés les aliments. La poule avale, si vous vous le rappelez, de petits caillous qui font dans son gésier le métier des dents de notre bouche. Le hanneton n'a pas besoin de rien avaler. Son gésier est garni de petites pièces cornées, véritables dents, placées-là à demeure, qui remplacent avantageusement les dents de rencontre que la poule va picoter. Je vous avais signalé dans les oiseaux, entre le jabot et le gésier, un renflement du tube digestif criblé de petits trous, par où les aliments sont inondés de sucs. Ce renflement se retrouve ici, et tout couvert d'une foule de petits tubes qu'on prendrait pour des poils, d'où tombe aussi une pluie de sucs. Seulement il vient après le gésier, et il semble jouer le rôle de notre duodénum. C'est là en effet que se fait la fabrication du chyle. Aussi lui a-t-on donné le nom de *ventricule chylifique* [1], un nom un peu barbare, mais qui s'explique tout seul, et qui conviendrait parfaitement au duodénum des animaux supérieurs. La bile y arrive, pour compléter la ressemblance; mais ne cherchez pas le foie : il a disparu, ou plutôt il a changé de forme. Vous vous rappelez ce qu'était devenu le pancréas dans les poissons, une rangée de tubes distillant un liquide saliveux. C'est là précisément l'aspect du foie dans le hanneton. Au lieu de cette masse charnue, à qui jusqu'ici était dévolue la fonction d'élaborer la bile, vous n'apercevez plus qu'un paquet flottant de longs tubes déliés, qui débouchent dans l'intestin, et y versent la bile. L'organe est transformé; mais on le reconnaît à sa fonction, qui est restée la même. Quant au pancréas, il a été supprimé, comme chez les poissons à glandes salivaires. A sa place, d'autres tubes tenant aussi lieu de glandes, versent la salive dans l'arrière-bouche, car il y en a une.

Comme vous le voyez, tout se retrouve dans ce tube de quelques pouces de long, et l'on y distingue également un intestin grêle, et un gros intestin. Il s'agit du hanneton, qui se nourrit de feuilles d'arbres, et c'est pour cela que je donne au tube digestif quelques pouces de long. Il n'aurait plus que la longueur du corps, s'il était destiné, comme chez beaucoup d'autres insectes, à rece-

1. Le renflement correspondant chez les oiseaux porte un nom à peu près semblable, mais bien plus barbare encore. Je l'avais passé sous silence parce que, j'en fais l'aveu en toute humilité, je ne le comprends pas; mais un remords me prend : il s'appelle le *Ventricule succenturié.*

voir une nourriture animale. En effet, la loi que nous avons constatée dans le bœuf et le lion étend aussi son empire sur le monde des insectes, et pendant que tout le reste de l'organisation semble avoir radicalement changé, ici tout est en place, et nous restons dans le même système. Avais-je raison de vous annoncer que dans le tube digestif résidait l'unité du plan animal, et que c'était-là la base invariable sur laquelle le Créateur des animaux avait élevé toutes ses constructions ?

Que serait-ce donc si nous prenions l'insecte à son point de départ, alors qu'il n'est qu'un ver, c'est-à-dire un tube digestif purement et simplement, car je ne vous raconte ici qu'un petit morceau de son histoire, et il faut que vous sachiez que cette histoire renferme une merveille bien plus étonnante encore que la transformation du petit têtard en grenouille. Cette mouche aux brillantes couleurs, qui vient voltiger dans le garde-manger, c'est à cause d'elle qu'on met sur les plats de viande ces grands couvercles en fil de fer, dont vous ne compreniez peut-être pas l'utilité. Elle ne vient-là que pour déposer ses œufs dans les rôtis de votre maman, et si elle pouvait en aprocher, vous y verriez grouiller avant longtemps des petits vers blancs qui vous ôteraient bien vite l'appétit. Ces vers, ce sont des mouches en nourrice, et qui sauront bien trouver plus tard leurs ailes, si vous leur donnez le temps. Tout dégoûtants qu'ils puissent paraître sur une table, ils méritent plus d'intérêt que vous ne le croiriez. Nous leur demanderons le mot du grand mystère des transformations animales, quand nous parlerons des vers.

En attendant, achevons de voir comment les choses se passent dans l'*insecte parfait*, c'est le nom qu'on donne à ce petit être, quand il a franchi les étapes intermédiaires qui le séparent de l'état inorganique. Pardon, chère enfant, voilà que je vous parle comme à une grande personne ! C'est qu'il est en vérité bien difficile de vous dire ces choses-là autrement, et depuis que je vous promène au milieu des merveilles de la création, vous devez commencer à vous familiariser avec les idées et les termes qu'elles ont inspirés aux hommes. Je vous ai prise petite fille ; ce serait mon plus beau succès si je vous laissais grande fille en vous quittant. J'aurai fait assez travailler votre tête, sous le prétexte de vous amuser, pour qu'il me soit un peu permis de l'espérer. J'avais besoin de vous faire cette confidence, car je viens de relire nos premières conversations, et je m'aperçois qu'insensiblement je vous ai mise à un régime qui n'est plus le même qu'en commençant. Il faut que je me dise, pour me tranquilliser l'esprit, que vous avez grandi depuis, et que vous savez maintenant bien des choses, dont vous n'aviez jamais entendu parler, quand nous avons débuté. C'est là le secret de toutes les transformations. Nous avons rampé d'abord sur un terrain que nous ne connaissions pas ; mais les ailes ont dû nous pousser en route, et nous pouvons bien nous envoler un peu.

Toutefois n'ayez pas peur : j'aurai soin de ménager vos petites ailes de papillon. Pour le moment, il ne s'agit que d'examiner ce que devient le chyle du hanneton, quand il a été fabriqué dans ce joli petit tube, si bien ouvragé. Nous autres, nous avons des vaisseaux chylifères, qui viennent le pomper dans l'intestin, et qui le jettent, à la porte du cœur, dans le torrent du sang où il achève son éducation. Mais le hanneton, qui n'a d'autres vaisseaux que ses conduites d'air, et ce tube dorsal, sans communication avec l'intestin?... Ne vous inquiétez pas pour lui. Faites un tuyau avec un morceau de linge bien cousu, et remplissez-le d'eau. Le tuyau aura beau être fermé de tous les côtés, l'eau ne sera pas embarrassée pour se faufiler entre les mailles. C'est ce qui arrive avec les tuyaux que les animaux ont en eux, et dont les parois sont faites de fibres emmaillées. Pour vous le dire en passant, c'est de là que leur vient ce nom de *tissu* qui leur est commun au surplus avec toutes les substances solides du corps, car elles ont toutes la même structure générale. L'intestin du hanneton flotte, n'est-ce pas, dans le lac de sang qui remplit toute la cavité de son corps. Eh bien! le chyle n'a qu'à se glisser à travers ses parois : il se trouve rendu immédiatement à destination. Dès lors il n'y a plus rien d'étonnant si ce sang est blanc, et j'avais bien mes raisons tout à l'heure pour le comparer à notre chyle. C'est en effet du chyle arrivant en droite ligne de la fabrique, et qui n'a pas subi d'autre préparation : par où vous voyez que cette petite machine, si complétement différente de la nôtre en apparence, peut se ramener pourtant aux mêmes éléments, et que la vie s'y manifeste par le même procédé, l'action de l'air sur l'albumine extraite des aliments. Encore bien moins que le cheval, le hanneton n'est pas à coup sûr notre semblable; mais le principe de sa vie est semblable au nôtre; et cela doit suffire déjà pour que des enfants qui sentent et qui raisonnent y regardent à deux fois avant de torturer, en manière de passe-temps, un être dont le bon Dieu a réglé la vie sur les lois de la nôtre. Je dis cela pour les petits bourreaux qui font joujou; je ne parle pas des agriculteurs qui font la guerre aux mangeurs de récolte, et auxquels, j'en conviens, on ne peut pas raisonnablement proposer de s'en tenir à la maxime de l'oncle Toby [1].

Pour en finir avec notre hanneton, il nous reste à examiner une partie importante de son individu, celle qui, chez les autres, a fait parler d'elle le plus souvent depuis le commencement de notre étude, je veux dire la bouche. Vous savez que c'est le point essentiellement variable du tube digestif; aussi vous ne serez pas très-étonnée si nous trouvons ici quelque chose de tout à fait nouveau. La bouche du hanneton se compose d'une grande quantité de pièces, disposées en dehors autour de l'ouverture du canal alimentaire, et dont je vous épargne la nomen-

1. J'ai fait arriver l'oncle Toby, qui n'avait rien à faire ici, pour avoir l'occasion de vous donner à lire dix lignes de Sterne, que je voudrais pouvoir mettre sous les yeux de tous les enfants : « Va, — dit-il un jour à table, à une mouche énorme qui avait bourdonné autour de son nez et l'avait tourmenté cruellement tout le temps du dîner, et qu'après des tentatives infinies il avait enfin attrapée au vol; — je ne te ferai pas de mal, dit mon oncle Toby, se levant et traversant la salle, la mouche dans sa main, — je ne t'arracherai pas un cheveu de la tête : — va, dit-il en ouvrant le châssis et en ouvrant la main pour la laisser échapper; — va, pauvre diablesse, va-t'en; pourquoi te ferais-je du mal? — le monde est, ma foi! bien assez grand pour nous contenir tous les deux. »

clature, peu intéressante pour vous, parce qu'il s'agit de brins minimes que vous auriez beaucoup de peine à retrouver sur leur propriétaire. De ces pièces, deux seules méritent de fixer notre attention : ce sont deux morceaux de corne très-durs, placés de chaque côté, qu'on appelle les *mandibules*, et qui servent au hanneton à découper les feuilles qu'il dévore. Figurez-vous qu'on vous ait donné, pour tout potage, deux grosses dents, plantées aux deux coins de votre bouche, marchant toutes seules l'une contre l'autre, et venant se rencontrer sous le nez, vous serez armée comme le hanneton pour mordre dans vos tartines. Il n'y aurait plus moyen, bien entendu, de mordre droit, de haut en bas, ainsi que l'ont fait jusqu'à présent tous les animaux que nous avons vus. C'est là ce qui distingue tout particulièrement la manière de manger de l'insecte, car les oiseaux et la tortue nous ont appris déjà qu'on pouvait manger avec deux brins de corne : le hanneton nous apprend maintenant qu'on peut manger de côté. Mais ce n'est-là qu'un détail accessoire. Une fois la bouchée avalée, il n'y paraît plus.

Tous les insectes au surplus n'en sont pas là. Le hanneton appartient à la catégorie des *broyeurs*, comme on les appelle, qui mordent dans leurs aliments; mais il y a aussi la catégorie des *suceurs*, qui vivent d'aliments liquides, et céux-là sont équipés différemment.

Chez l'innocent papillon, qui vit du suc des fleurs, le tube digestif se termine extérieurement par une trompe, roulée plusieurs fois sur elle-même, laquelle n'est autre chose qu'un prolongement exagéré des deux mâchoires, qui se creusent en dedans, et forment un tube en s'accolant l'une contre l'autre. Cette trompe se déroule tout à coup quand la fleur est en présence, et va boire les sucs au fond de sa corolle, comme vous pourriez boire avec une paille au fond d'un petit flacon. Amusez-vous, un jour d'été, à examiner un papillon dans ses exercices autour des fleurs. Quelquefois il se pose; mais le plus souvent il se contente de voltiger au-dessus. Vous voyez un filet délié aller et venir avec une extrême agilité : c'est sa trompe qu'il darde au vol dans les corolles, et qui semble à peine les toucher, tant sa caresse est délicate.

Moins inoffensive est la trompe du cousin, et de toute la bande maudite des mouches sanguinaires. C'est encore un tube; mais ce tube n'est plus un simple chalumeau : c'est une gaîne dans laquelle jouent des stylets d'une finesse et d'une trempe incomparables, qui percent la peau des victimes, à la façon des lancettes de la lamproie, et, comme elles, ramènent le sang en se retirant.

Enfin chez les parasites, la dernière et la pire bande des insectes, la gaîne à stylets se réduit aux proportions d'une sorte de petit bec tubulaire qui, au repos, se replie en dessous à la façon des crochets du serpent à sonnettes.

Vous ne savez peut-être pas ce que c'est qu'un parasite. Le mot vient du grec, et signifie littéralement : *qui tourne autour du blé*. Les Grecs l'appliquaient aux affamés sans vergogne qui, pour échapper au travail, s'implantaient chez les grands, et se rassasiaient à leurs dépens. Les parasites sont les petits animaux qui s'établissent sur les grands pour sucer sans travail le sang que les autres ont fabriqué. Le loup chasse, combat, dépèce sa victime ; il la transforme en liquide nourricier au prix de tout le travail intérieur que je vous ai si longuement raconté; et, quand tout cela est fait, la petite puce, qui vit cachée dans ses poils, tire tranquillement à elle ce sang précieux, acheté par tant d'efforts. Il y a bien des parasites dans le monde, chère enfant, à commencer par vous, qui croquez si gentiment le pain, sans vous inquiéter d'où vient le blé. Vous avez assez de cœur pour bien penser que cela ne doit pas toujours durer, et qu'il importe à votre honneur de ne pas vivre ainsi indéfiniment, sans qu'il en coûte rien, si ce n'est aux autres. Vous aurez plus tard des devoirs à remplir, à l'idée desquels il faut dès maintenant habituer votre esprit pour vous y préparer longtemps à l'avance, afin qu'il ne soit pas dit un jour que vous aurez passé dans la société humaine, en lui prenant tout sans lui rien rendre. Je vous conseille d'invoquer cette idée-là quand il s'agira de quitter le jeu pour cette préparation, qui n'est rien moins qu'une question d'honneur. Elle n'est pas toujours, j'en conviens, bien amusante; mais vous devez la considérer comme une échelle dressée devant vous pour sortir du parasitisme. Si vous étiez dans un puits, et qu'on vous montrât une échelle, vous ne la trouveriez pas, j'en suis bien sûr, trop rude à monter. C'est à vous de voir si vous voulez rester toujours là où vous êtes, car ceux qui n'apprennent rien, qui ne se ploient à rien, qui ne sont bons qu'à parader et s'amuser, ceux-là restent des parasites toute leur vie, et c'est bien honteux, bien qu'ils aient l'air parfois de ne pas s'en douter.

A votre âge, ce n'est pas encore honteux. Dieu nous montre par les insectes qu'il permet le parasitisme aux petits; et à ce sujet, il faut que je revienne sur un point de l'histoire des animaux que j'ai déjà touché. Je vous ai dit, en parlant du crocodile, que l'état définitif des animaux inférieurs se trouve reproduit dans l'enfance de ceux qui sont au-dessus d'eux. Je puis encore le redire à propos des insectes. Tous les petits des mammifères commencent par être des parasites, à tout le moins des suceurs, car tous ils vivent d'abord du lait des mamelles, qui n'est qu'une transformation, un état particulier du sang. On a réservé le nom de parasites, chez les insectes, à ceux qui font élection de domicile sur le corps de leur amphitryon [1]; mais, en bonne justice, on pourrait tout aussi bien l'appliquer au cousin et à ses confrères qui, une fois repus, lui tirent leur révérence, comme le petit chat quand il a teté sa mère. Eh bien! sans vouloir épiloguer, si nous descendons aux étages inférieurs de mammifères, nous y trouverons de véritables parasites, dans l'acception reçue du mot. Vous vous rappelez la poche à laquelle les marsupiaux doivent leur drôle de nom. Le petit du kanguroo d'abord demeure quatre mois invisible dans la poche de sa mère, accroché, et pour ainsi dire collé à la mamelle où il puise la vie. C'est alors un parasite! Pendant les quatre mois suivants, il sort et rentre, et va se promener

1. Deux vers de Molière, passés en proverbe, ont enrichi la langue française de ce mot-là, qui était ici trop commode pour ne pas l'employer :

> Le véritable amphitryon
> Est l'amphitryon où l'on dîne.

entre ses repas, comme les autres petits de sa classe. C'est un simple suceur! double exemple de la tendance du Créateur à se répéter dans ses conceptions, utilisant ici pour l'enfance du mammifère les procédés inventés pour l'insecte adulte, doublant ailleurs le papillon de l'oiseau-mouche qu'on pourrait appeler un papillon vertébré, et reproduisant le cousin dans le vampire que je me représente comme une épreuve agrandie et perfectionnée du moule original d'où est sorti le fléau de nos soirées d'été.

En voilà assez, n'est-ce pas? sur les parasites dont le nom, je le parierais, vous fait faire la grimace depuis le rapprochement irrévérencieux que je me suis permis. Il ne tient qu'à vous, chère enfant, d'effacer ce que vous pourriez trouver d'humiliant à la position que je vous ai révélée. Rendez heureux les parents sur lesquels vous vivez, et qui se laissent saigner de si bon cœur. Vous n'en êtes pas tout à fait au même point que ces petits animaux qui n'ont ni cœur ni raison. Avec un peu d'obéissance et d'amour, vous pouvez, vous, payer votre écot, et l'on ne se plaindra pas du marché.

LETTRE XXXVII

LES CRUSTACÉS ET LES MOLLUSQUES

LES CRUSTACÉS

Les crustacés sont les écrevisses, les crabes, les homards, les crevettes qu'on peut regarder comme les cousins germains des insectes, parmi lesquels plus d'un naturaliste a cru devoir les ranger. Comme eux, ils se partagent en broyeurs, avec le même jeu de mandibules, et en suceurs, qui sont aussi des parasites, avec des gaînes tubulaires à stylets. Aux insectes parasites ont été livrés les mammifères et les oiseaux : les poissons ont été réservés aux crustacés, qui ne dédaignent pas non plus de s'installer sur leurs humbles voisins, les mollusques : même, entre eux, les petits grimpent sur les gros. Quelques-uns vivent à terre; mais l'immense majorité vit dans l'eau, et semble destinée à représenter dans le monde aquatique la classe aérienne des insectes, dont elle diffère néanmoins sous beaucoup de rapports.

La première différence est dans cette croûte [1] pierreuse que vous connaissez suffisamment si vous avez jamais mangé une écrevisse, et dont elle est enveloppée, comme le hanneton de sa cuirasse cornée. Partout où, dans l'insecte, nous avons trouvé la corne, nous retrouvons la pierre dans le crustacé. Les mandibules sont en pierre, et les dents de l'estomac aussi. C'est la même construction; seulement le constructeur a changé ses matériaux.

Le tube digestif est moins compliqué, et ne présente qu'un seul grand estomac, à la place de cette série d'estomacs par où l'insecte se rapproche de l'organisation des oiseaux. En revanche, si le foie se réduit chez quelques-uns à de simples tubes flottants, comme tout à l'heure, dans le corps, le plus souvent ces tubes se multiplient et se serrent tellement les uns contre les autres, qu'ils

1. En latin : *crusta*.

forment une masse compacte et volumineuse, un véritable foie pour tout dire, et d'où part, comme chez nous un *canal cholédoque*, qui vient déboucher dans l'intestin, à la sortie du pylore. Vous rappelez-vous ce canal du foie, dont je n'ai pas voulu vous dire le nom dans le temps, par discrétion, parce qu'il était trop laid? Eh bien! le voilà ce nom formidable! Maintenant que vous en avez avalé tant d'autres, vous êtes bien de force à le digérer.

On n'a pu découvrir de vaisseaux chylifères dans le crustacé, d'où l'on peut conclure que le chyle y sort de l'intestin par suintement, comme dans l'insecte. Il y donne naissance à un sang presque limpide, une sorte de lymphe qui est mise en mouvement par un véritable appareil de circulation, un cœur sérieux, avec ses canaux. Ce cœur n'a qu'un seul ventricule, et n'envoie le sang que dans une seule direction, comme chez les poissons ; mais il y a une différence essentielle à signaler. Le cœur des poissons peut être appelé un cœur veineux, puisqu'il ne reçoit que du sang veineux qui de là se dirige sur les branchies : celui des crustacés est un cœur artériel. Il reçoit le sang directement à sa sortie de l'organe respiratoire, et le lance non pas dans une aorte, mais dans plusieurs artères qui s'en vont chacune de son côté, alimenter les diverses régions du corps. Ceci se rapproche considérablement du système de circulation que nous connaissons : il n'y a que les veines qui laissent à désirer. Elles font comme une transition entre ces courants vagues qui transportent le sang des insectes d'un bout à l'autre de la cavité où baignent leurs rares organes, et les canaux fermés des animaux supérieurs. Ce ne sont pas, à proprement parler, des canaux. Les intervalles irréguliers qui séparent les organes, bien plus nombreux ici, sont clos par des membranes entre lesquelles se répand le sang veineux, et le chyle aussi naturellement. Le tout arrive ainsi à des excavations pratiquées à l'endroit où les pattes s'articulent sur le tronc, sortes de réservoirs où de véritables canaux viennent le prendre pour l'emmener dans les branchies.

C'est en effet par des branchies que respirent les crustacés, en leur qualité d'animaux aquatiques. Ces branchies sont établies à peu près sur le modèle que nous avons observé dans les poissons. Bien que leur forme et leur disposition varient d'une espèce à l'autre, le principe est toujours le même : ce sont des amas de lamelles ou de filaments, dont les supports sont parcourus par deux canaux, l'un qui amène le sang des réservoirs veineux, l'autre qui l'emporte au cœur.

Les crabes, les homards, les écrevisses, qui sont les chefs de file de la gent crustacée, ont les branchies enfermées dans le corps, comme les poissons; mais la circulation de l'eau s'y fait en sens inverse, comme celle du sang. Au lieu d'entrer par la bouche et de sortir par les côtés, ainsi que nous l'avons vu, elle entre par le bord de la carapace osseuse qui recouvre le corps, et sort près de la bouche, détail de pure fantaisie, qui ne change rien au jeu de l'appareil. Tous ces animaux sont également conformés pour nager et pour marcher, les crabes surtout, et leurs branchies s'accommodent très-bien, comme nous l'avons vu chez certains poissons, du contact de l'air pur. Aussi peut-on les ranger parmi les amphibies. Il y a même un crabe, auquel on a donné le nom de *crabe de terre*, qui périt dans l'eau, bien qu'il ait des branchies (car le peu d'air qu'elles peuvent en retirer à la fois est insuffisant pour lui), et qui séjourne constamment à terre. Il est vrai qu'il recherche les endroits humides, car ses branchies le trahiraient aussi si elles venaient à se dessécher, et, comme les poissons qui font des excursions hors de l'eau, il est muni d'un réservoir intérieur toujours rempli d'une certaine quantité d'eau.

Les crustacés complétement aquatiques ont, pour simplifier la besogne, des branchies extérieures qui pendent dans l'eau, accrochées tantôt sous le ventre, tantôt aux pattes. Si jamais vous voyez paraître des crevettes sur la table, regardez bien à la base des pattes, vous y apercevrez des espèces de membranes déliées qui sont ses branchies. Elles se trouvent là juste à portée du sang veineux, puisque c'est tout contre, de l'autre côté de la cloison qui ferme le corps, que sont placées les petites cavités où il s'amasse. Par exemple, ces branchies-là ne peuvent fonctionner que dans l'eau, et la crevette périt dès qu'on l'enlève à l'élément protecteur. C'est pour cela qu'on ne peut pas la conserver longtemps, ni la faire voyager loin, au grand chagrin de ceux qui en sont friands, et qui, comme nous autres en Alsace, sont trop éloignés de la mer.

Il y a d'autres crustacés, voisins de la crevette, dont l'organisation est encore plus simplifiée. Ce sont les pattes elles-mêmes, converties en lames extrêmement minces, qui jouent le rôle de branchies, organes à deux fins, qui servent à la fois à nager et à respirer.

Nous avons dans nos maisons un petit crustacé, le seul, à ma connaissance, qui fasse société avec l'homme : c'est le cloporte. Vous devez connaître cette petite bête grisâtre, qui se met en boule quand elle se croit menacée, et qu'on prendrait pour un insecte si l'on n'était pas averti. Le cloporte n'a pas de branchies pendantes au dehors, ni rien à l'intérieur du corps qui ressemble à l'appareil respiratoire de ses grands confrères. Mais, en y regardant de près, on lui aperçoit tout le long du ventre une série de petites lames qui sont ses organes de respiration, et qui rentrent aussi dans la classe des branchies, car elles ont besoin, comme les autres, d'un certain degré d'humidité pour fonctionner. Aussi vous ne verrez jamais le cloporte se prélasser au soleil, où il se dessécherait trop vite, et s'il y a quelque part un coin humide et obscur, c'est là que vous avez le plus de chances de le rencontrer.

Des animaux qui respirent par les pattes et par le ventre ! Où arrivons-nous ? Que serait-ce donc, si j'allais tout au fond du monde des crustacés ? Nous y trouverions des êtres bizarres, dont vous ne pouvez vous faire aucune idée, car ils vivent tous dans la mer, et qui n'ont plus d'organe spécial de respiration. Ils respirent par toute la surface du corps. Ne vous récriez pas ! Bientôt je vous en montrerai un que vous connaissez parfaitement, et qui ne respire pas autrement.

Mais c'est aux crustacés d'en haut qu'il faut nous tenir pour juger la classe. En allant trop bas, nous courons risque de ne plus y voir clair. La création animale est ici sur le terrain des essais; et ils se multiplient avec une telle profusion ; avec un tel luxe de ressemblances trompeuses, et de différences qui disparaissaient par les transformations, que la classification aux abois ne sait plus à quel saint se vouer. Vers, mollusques, crustacés, à quel groupe appartiennent ceux-ci et ceux-là? A celui que l'on voudra puisque ces groupes ne representent rien de sérieusement déterminé dans la plan du Créateur, et que, faciles à distinguer dans le haut, ils se confondent tous dans le bas, comme des sommets qui s'élancent d'une base commune dans laquelle ils se rejoignent par le pied.

A cause de cela, chère petite, vous me permettrez d'ici jusqu'à la fin de ne pas entrer dans le détail de toutes les horribles bêtes qui pullulent dans les bas-fonds de l'animalité, et que les savants ont eu le bon esprit, pour empêcher les petites filles d'en approcher, d'affubler d'horribles noms. Qu'auriez-vous pensé de cette pauvre petite crevette, si gentiment baptisée par les pêcheurs, si je vous avais appris qu'elle appartient à la division des *édriophthalmes?* Vous aurez du mal à prononcer; mais je n'y puis rien : l'orthographe y est.

Donc, nous nous contenterons d'un coup d'œil jeté sur les sommités bien caractérisées, et, comme je vous le disais tout à l'heure, c'est d'après elles que nous dresserons l'inventaire des groupes. Ici, vous avez pu le remarquer déjà, au lieu de continuer à nous écarter du modèle primitif, dont nous suivons depuis si longtemps les dégradations d'une classe à l'autre, il semblerait que nous revenons sur nos pas, et que nous regagnons quelque chose du terrain perdu. C'est que l'insecte, ainsi que je vous l'avais annoncé, est une conception en dehors du plan général, une impasse jetée en avant sur un des côtés du grand chemin de la création animale. Le crustacé, moins bien travaillé que lui, assurément, mais plus régulier, fait, pour ainsi dire, le passage entre ce petit chef-d'œuvre de fantaisie, si incomplet dans son exquise organisation, et le paquet informe, mais mieux constitué, du mollusque, qui recèle, sous sa lourde coquille, le dépôt sacré des vrais organes, de ceux qui doivent figurer toujours et partout. Insecte au dehors, avec moins de raffinement, il est vrai, mollusque au dedans, le crustacé me rappelle ce que nous appelons parmi nous l'amateur, cet ami modéré des arts, qui tient le milieu entre l'artiste et le bourgeois.

Je regrette que vous ne soyez pas encore en état de vous rendre bien compte de ma comparaison ; mais tenez-la en réserve, si vous pouvez, dans votre mémoire. Vous verrez plus tard combien elle est juste, et elle vous aidera peut-être à ne pas mettre toujours l'artiste alerte et bourdonnant au-dessus du pacifique et muet bourgeois. Que ceci, du reste, soit entre nous. S'ils en entendaient parler, ils ne me le pardonneraient ni l'un ni l'autre, et l'amateur encore moins.

LES MOLLUSQUES.

Il y a un mollusque généralement connu, c'est l'huître nous choisirons celui-là.

A regarder dans son assiette ce petit amas de substance molle et compacte, on est tenté de se demander ce qu'il peut y avoir de commun entre cela et nous, et vous vous imaginiez peut-être qu'il n'y avait pas le moindre trait de ressemblance entre l'organisation de l'huître et la nôtre. Cela ne m'étonnerait pas : de plus savants que vous s'y sont laissé prendre, non pas qu'ils aient ignoré par où l'huître nous ressemble ; mais ils n'y ont pas pris garde. Regardant ailleurs, ils ont déclaré qu'il y avait là une structure complétement différente de la nôtre, et que, pour construire cette machine, le grand ingénieur avait travaillé sur un plan particulier, mis ensuite de côté comme ne pouvant plus servir.

Je voudrais tenir un de ces académiciens à trente-six plans, et, pour le confondre devant vous, je me chargerais, comme preuve de sa parenté avec l'huître, de vous montrer, séance tenante, qu'il y a une huître en lui, j'irai plus loin, qu'il n'est qu'une huître revue, corrigée, et considérablement augmentée. Vous pensez bien que je ne fais pas là une figure, comme disent les professeurs de rhétorique : elle serait de trop mauvais goût. Je parle au pied de la lettre, et, pour trouver l'huître en question dans notre académicien, je demanderai seulement la permission de lui faire une petite opération. Vous allez jeter les hauts cris ; mais rassurez-vous ; c'est une opération sur le papier : il n'en mourra pas. Eh bien ! je lui coupe la tête, les deux bras et les deux jambes ; j'arrache au tronc la colonne vertébrale et les côtes ; je mets bien délicatement ce qui reste entre deux coquilles ; et... j'ai mon huître. J'avouerai volontiers qu'elle est mieux travaillée, et plus riche en détails que ses sœurs du rocher de Cancale ; mais tous les grands organes se trouvent déjà dans les autres, qui sont bien positivement des êtres de construction semblable. Vous allez en juger.

La bouche, car il y a une bouche, — mais il faut y regarder de plus près que les écaillères pour la découvrir, — la bouche est tout juste ce que serait l'œsophage d'un homme dont on aurait coupé la tête, un bout de tube tronqué. Puis vient l'estomac, planté au beau milieu du foie, qu'une observation superficielle, telle qu'on peut en faire en déjeunant, permet de distinguer facilement à sa couleur brune. L'intestin chemine également à travers le foie, en se repliant sur lui-même à plusieurs reprises, et le tube digestif se fournit ainsi de bile en fabrique, pour emprunter au commerce une de ses expressions, ce qui permet l'économie d'un canal cholédoque, agent de transport inutile ici. L'animal vit dans l'eau; conséquemment, au lieu de poumons, nous avons des branchies [1] : ce sont ces lames si minces et si finement rayées qui viennent affleurer le bord de la coquille. Enfin, au sortir des branchies, le sang est reçu par un cœur artériel à un seul ventricule, comme celui des crustacés, en forme de petite poire, dans le genre du nôtre, avec son oreillette et son aorte, qui se ramifie pour distribuer le sang dans tout le corps. Et maintenant qu'y a-t-il, je vous prie, dans cet homme mutilé, réduit aux parties molles du tronc, que je viens d'imaginer? Un cœur avec ses artères, des poumons, un foie, un intestin, un estomac et un œsophage, c'est-à-dire les organes de nutrition purement et simplement. C'est là tout, ou peu s'en faut.

1. Le colimaçon qui vit à terre a des poumons.

Comme vous le voyez, tous les éléments de notre machine à manger sont là, entre ces deux coquilles, encore à l'état d'ébauche, il est vrai, incomplets, indisciplinés comme l'intestin, par exemple, qui, pour gagner plus vite la porte de sortie, passe sans façon au travers du cœur, mais assez indiqués déjà pour qu'il ne soit pas permis de les méconnaître. Or cette machine, on aura beau s'en défendre, c'est l'animal; c'est par elle qu'il vit d'abord; c'est elle qui meurt la dernière en lui. Le reste, si important qu'il puisse nous paraître dans les animaux supérieurs, le reste ne vient qu'en seconde ligne, et la preuve que l'animal peut s'en passer, c'est que voilà un animal réduit absolument à sa machine à manger, et qui vit, tandis qu'on est encore à en trouver un qui n'ait que sa machine à marcher, et qui vive. Cet animal primitif, nous ne pouvons le renier, puisque nous le possédons en nous, perdu, pour ainsi dire, au milieu des organes accessoires qui viennent successivement se joindre à lui, au fur et à mesure qu'on s'élève sur l'échelle animale, mais conservant encore sa vie propre, sa personnalité, si je puis m'exprimer ainsi. Écoutez ceci : c'est une histoire qui en vaut la peine.

Je vous expliquerai plus tard comment tous les mouvements de la machine à marcher s'exécutent par l'intermédiaire d'un réseau de filets nerveux, dont le centre d'impulsion est au cerveau. Comment notre volonté agit sur le cerveau, et donne le branle aux filets nerveux, je me garderai bien d'en donner l'explication. C'est un fait : cela doit nous suffire. Vous dites à votre pied : En avant! et il part : Halte! et il s'arrête. Voilà un organe à nos ordres, un serviteur du cerveau, où nous commandons : avec ou sans explication, personne ne contestera jamais cela. L'huître, qui n'a ni tête, ni cerveau, a, pour tout instrument d'action, de petits amas de substance nerveuse, jetés à droite et à gauche, que l'on appelle des *ganglions*. Ceux-ci communiquent entre eux, et avec les organes, par des cordons nerveux, qui vont s'entrelaçant dans toutes les directions, sans avoir de centre commun, et qui donnent l'impulsion à toutes les parties de l'animal.

Eh bien, l'huître humaine nous présente justement la même organisation nerveuse. Elle a ses ganglions et ses nerfs à elle, mis en communication avec le cerveau par quelques filets égarés dans les siens, mais qui ne sont pas sous ses ordres, et qui traitent avec lui de puissance à puissance. Il vous souvient peut-être de cette petite république que je vous ai signalée, dès notre entrée dans le tube digestif : vous en avez maintenant l'explication. Cette république, c'est l'animal primitif, c'est la machine à manger. Elle et le royaume dont vous êtes la reine, je ne saurais mieux les comparer qu'à deux États en relations diplomatiques, qui font un échange de dépêches et d'influences réciproques ; et, en fait d'influences, si l'on voulait établir le compte, je ne sais trop de quel côté pencherait la balance.

Nous reviendrons ailleurs sur ce détail, un des plus intéressants de notre organisation, et qui trouve ici son explication naturelle. Pour aujourd'hui, je me contenterai de vous rappeler que, depuis les premiers jours de la civilisation humaine, tous les philosophes, tous les poëtes, tous les moralistes sacrés et profanes ont rendu témoignage de cette double vie qui est en nous, de cet être intérieur, aveugle et sourd, dont les impulsions désordonnées viennent si souvent porter le trouble dans les hautes régions où trônent la volonté et la raison. Le voilà pris au gîte cet être mystérieux : je viens de vous en dévoiler les origines.

Ici, chère enfant, il faut que je m'abrite derrière une profession de foi. Il ne manquera pas de gens pour vous dire que c'est par trop rabaisser l'homme que d'aller chercher si bas les origines de son organisation, et que ce mot : *l'huître humaine*, qui rendait si bien ma pensée, n'est ni plus ni moins qu'un blasphème. Laissez-les dire, et rangez-vous de leur avis, quand ils vous auront prouvé que l'homme a eu un créateur particulier, et que l'huître est sortie d'une autre main que nous. Je voudrais bien savoir de quel front nous oserions nous plaindre, pauvres vermisseaux que nous sommes, parce qu'il aurait paru bon au Père commun de continuer en nous ses créations antérieures, et en quoi la dignité humaine aurait à souffrir de ce contact avec un être qui est comme nous une œuvre de Dieu. Que l'orgueil humain en pâtisse, je l'accorde, et je m'en félicite; mais si Dieu a confondu la création entière dans son amour, nous pouvons bien, nous, la confondre dans notre respect. D'où nous vient, s'il vous plaît, notre noblesse? Des dons gratuits de celui qui nous a faits ce que nous sommes. Est-ce la perdre que de nous trouver côte à côte avec les inférieurs que l'aumône divine a visités comme nous? Tenez, je ferais peut-être mieux de ne pas vous en parler, ce n'est pas encore précisément de votre âge; mais, après tout, la vie de votre pays doit vous intéresser autant, toute petite que vous êtes, que celle des animaux. Eh bien, vous aurez peut-être entendu déjà traiter du haut en bas notre grande révolution de 1789. C'est la mode aujourd'hui, même parmi ceux qui lui doivent tout. On vous aura dit, entre autres, qu'elle avait supprimé la noblesse. Ce n'est pas vrai. Elle a supprimé le manant, ce pauvre diable avili et méprisé, qui n'avait aucun droit, pas même celui d'être, à l'occasion, décapité comme un gentilhomme. Quand le torrent qui emportait toute la vieille société française s'est écoulé; il a laissé derrière lui un peuple de nobles, égaux devant la patrie. Faisons de même. Supprimons les manants de la création, et, quand tout sera noble autour de nous, de par l'origine divine que nous retrouvons partout, si l'on m'accuse devant vous d'avoir traîné l'homme dans la boue, répondez de ma part qu'il n'y a pas de boue où Dieu a passé.

Mais en voilà bien assez sur l'huître qui n'a jamais, que je sache, entendu faire tant de bruit autour de sa modeste personne. Je n'ai plus maintenant le courage de vous parler des autres mollusques, qui ne font que reproduire plus ou moins le système d'organes que je viens de vous décrire. J'ai hâte, pendant que nous sommes encore tout chauds de ce petit plaidoyer, et que votre petite tête me pardonne s'il l'a un peu trop éprouvée, j'ai hâte d'arriver aux vers, qui vont nous donner enfin le dernier mot de cette grande énigme de la machine animale.

LETTRE XXXVIII

LES VERS ET LES ZOOPHYTES

LES VERS

Le ver par excellence, celui que vous connaissez le mieux, c'est le ver de terre : à lui l'honneur de représenter son groupe.

Sa description ne sera pas longue. C'est un tube ouvert aux deux bouts pour laisser entrer et sortir l'aliment. Voilà tout.

Je vous ai parlé autrefois, à l'occasion des ruminants, de ces fabricants d'aliments, chargés de faire la cuisine pour les estomacs, et de dégager l'albumine des préparations grossières où elle est comme perdue, pour la mettre en circulation sous une forme plus acceptable. Le ruminant a au-dessous de lui d'autres manœuvres que je vous garde pour la fin des mangeurs, et qui lui préparent ses matières premières. Ce sont les végétaux qui vont chercher les éléments de l'albumine dans la terre, l'eau et l'air, les sources définitives de toute alimentation. Le ver de terre est aussi un préparateur, mais à la façon des végétaux. Regardez en été, après un temps pluvieux, dans les allées du jardin. Vous y verrez, çà et là, de petits amas de terre moulée en baguettes, comme de la pâte qu'on a fait passer dans un tube. Ce sont les excréments du ver qui fait passer la terre humide dans son tube, et lui soutire au passage ses éléments de fécondité, ce qu'elle tenait en réserve pour nourrir les végétaux. C'est pour cela qu'il affectionne tout particulièrement les terres de jardin, mieux fumées et plus grasses d'ordinaire, et que les jardiniers lui font une guerre à outrance, pour délivrer leurs légumes de sa dangereuse concurrence. Le ver se nourrit donc de la graisse de la terre qu'il convertit directement, sans l'intermédiaire du végétal, en aliment azoté, à l'usage de la taupe, de la poule et du Chinois. Il ne figure, il est vrai, que faute de mieux dans la cuisine chinoise, si largement hospitalière pourtant; mais la poule en raffole, et vous ne le dédaignez pas non plus, quand il vous revient sous la forme d'une aile de poulet, seconde transformation des sucs de fumier qui imprégnaient la terre de votre jardin. On raconte de certaines tribus sauvages, vouées à une disette éternelle, qu'on y avale des pelotes de terre glaise, pour tromper la faim; et, dans les grandes famines de l'Inde, on voit, dit-on, des populations éperdues fouiller le bord des fleuves, pour dévorer le limon fertile où se développe la splendide végétation du pays. C'est un essai, en désespoir de cause, de ce procédé d'alimentation de première main qui réussit parfaitement au ver, mais qui devient une dérision cruelle au sein d'une organisation aussi exigeante que celle de l'homme.

Examinons d'un peu plus près ce tube merveilleux où la nature fait d'un coup ce qu'elle n'accomplit ailleurs qu'en s'y reprenant à plusieurs fois.

A première vue, on remarque d'abord qu'il se compose d'anneaux parfaitement distincts, et tous semblables. A l'intérieur, comme à l'extérieur, chacun de ces anneaux est la reproduction exacte de tous les autres. Ils sont tous formés de muscles circulaires, enfermés entre deux tuniques qui se prolongent de l'un à l'autre. Une série de ganglions, disposés en forme de chapelet le long du corps, met en jeu le système musculaire des anneaux, dont chacun possède son centre local d'impulsion. Chacun se nourrit aussi sur place des sucs nourriciers avec lesquels il est en contact, la tunique intérieure jouissant de la double propriété de distiller les sucs digestifs, et de boire les sucs digérés. Ces sucs traversent la paroi musculaire, et viennent baigner la tunique extérieure qui joue à la fois le rôle d'enveloppe et de poumon, et livre un passage à l'air par sa surface humide et molle, comme celle des branchies. De tout cela résulte un beau sang rouge, comme nous n'en avons pas vu depuis les reptiles, qui se fabrique dans toutes les parties du corps à la fois.

Chacun de ces anneaux, les uniques organes du ver, est donc à lui tout seul une petite machine à manger, et en même temps un petite machine à marcher, c'est-à-dire un animal complet. Chacun pourrait à la rigueur se suffire à lui-même, et vivre à part ; et c'est bien aussi la réalité. Apprenez ici, chère enfant, à ne rien mépriser dans la nature. On foule au pied un ver de terre, et l'on tient là, sous son talon, un petit révélateur dont l'organisation jette le jour le plus inattendu sur un des grands mystères de notre vie à nous.

Je vous disais autrefois, et c'était alors un peu fort pour vous, je le sentais bien :

« Chacun de nos organes est un être distinct qui a sa

« nature particulière et sa fonction spéciale, sa vie à part, « par conséquent, et notre vie à nous est le total de toutes « ces petites vies, indépendantes les unes des autres, et « qui viennent se fondre pourtant, par une con bin iison « mystérieuse, en une seule vie commune qui est partout, « et qui n'est nulle part. »

L'étude du ver va éclairer merveilleusement pour vous cette phrase-épouuéntail, comme dirait Victor Hugo [1].

Ce qui rend cette idée de la vie plus difficile à saisir, c'est qu'on ne saurait la démontrer par une expérience directe, vu qu'il n'est pas un seul de nos organes qui puisse continuer à vivre, séparé des autres. Indépendantes dans leur action spéciale, ces vies multiples sont dans une dépendance mutuelle ét absolue par le besoin impérieux qu'elles ont les unes des autres pour agia, chacune n'ayant en partage qu'une seule fonction dont les effets s'étendent snr toutes les autres. On appelle cela la division du travail, ét si vous ne comprsnez pas encore bien, je vais m'expliquer autrement : Le cœur envoie à tous les orgaues, n'est-ce pas ? le sang, sans lequel il ne peuvent vivre. Séparé du cœur, le poumon

1. Il faut que vous appreniez à connaître Victor Hugo, notre grand poëte, auquel les enfants ont inspiré tant de choses, et de si charmantes. Les Allemands se sont donné la faculté précieuse d'exprimer plus vite et mieux leur pensée, en réunissant plusieurs mots pour en faire un seul, absolument comme a fait Dieu avec le ver. Victor Hugo voudrait doter notre langue de ce privilége, dont sa pensée ardente et serrée devait éprouver le besoin plus que toute autre. Mais les révolutions de grammaire sont trop difficiles en France. Je doute qu'il en vienne à bout.

meurt aussitôt. C'est dans le poumon que le sang va chercher l'air, sans lequel il ne peut plus entretenir la vie. Séparé du poumon, le cœur meurt aussitôt. Il n'est rien en nous qui échappe à cette nécessité inexorable du sang et de l'air, rien par conséquent qui puisse vivre d'une vie isolée.

Je vais prendre dans la société humaine une comparaison que vous comprendrez tout de suite. Dans nos sociétés à nous, où la division du travail s'est établie, le tailleur fait des habits, le maçon fait des maisons, le boulanger fait du pain. Si vous les jetez tout seuls chacun dans un bois, le maçon ne pourra pas s'habiller, le boulanger couchera à la belle étoile, et le tailleur ne saura pas se faire du pain. Ou plutôt, comme aucun d'eux ne peut exercer sa profession sans le concours d'une foule de mains, ils ne pourront plus rien faire du tout ni les uns ni les autres. Tous indépendants, chacun dans son travail, dépendant tous des autres et pour vivre, et même pour travailler, nos ouvriers ne peuvent agir qu'à la condition de demeurer étroitement unis à la grande société dont ils font partie, et nos organes, ces autres ouvriers que vous avez vus si longtemps travailler, nos organes sont logés à la même enseigne. Mais dans les sociétés primitives, dans les bandes de sauvages dont chacun sait faire, à lui tout seul, ses habits, sa maison, son pain, quand il y en a, et le reste, vous pouvez prendre tel individu qu'il vous plaira et l'isoler de la bande, il continuera à vivre comme auparavant. De même pour les anneaux du ver, cette société primitive d'organes. Chacun d'eux est un ouvrier universel, qui sait tout faire. Séparez-le de la bande, il ne s'en inquiétera pas davantage et vivra tout seul, comme si de rien n'était.

Je me rappelle encore les réflexions profondes dans lesquelles je me laissai aller un jour, il y a quelques années, appuyé sur ma bêche, en regardant un ver que je venais de couper en deux, et dont les deux morceaux s'en allaient chacun de son côté.

— Il n'y avait là tout à l'heure qu'un être, me disais-je, et maintenant il y en a deux! Aurai-je donc pu en créer un d'un coup de bêche?

Je n'avais pas alors la clef que je vous donne ici, et contre laquelle il n'y a pas d'objection possible. S'il y a deux êtres après le coup de bêche, c'est qu'il y en avait deux avant. Il y en avait même bien plus s'il faut s'en rapporter au *Cours de Zoologie* de Milne Edwards, un livre très-bien fait, excellent pour un vieil écolier comme moi, et qui m'a été bien utile dans mon village pour vous raconter les unes après les autres toutes ces merveilles mystérieuses de la vie.

« Si l'on coupe, y est-il dit à la page 273, si l'on coupe transversalement un ver de terre en deux, trois, dix, vingt morceaux, chacun des fragments peut continuer de vivre à la manière du tout, et constituer un nouvel individu. »

Vingt! cela me paraît beaucoup parce que, autant que je puis m'en rapporter à mes observations sommaires de jardinier, il faut encore que quelques anneaux demeurent soudés ensemble et se prêtent mutuellement appui pour parvenir à réparer les brèches saignantes; mais j'aime mieux le croire que d'essayer l'opération. J'ai l'âme en repos quand je défends, sur le terrain, les plantes que j'ai semées contre le gourmand qui les affame. Je ne l'aurais pas si je le tailladais sur ma table pour en savoir quelque chose.

Au surplus, il n'est pas besoin d'une opération pour s'assurer de la vie particulière de chaque anneau. Il y a un ver bien connu, du moins de nom, car heureusement on ne le rencontre pas tous les jours, c'est le ver solitaire qui s'établit dans l'intestin de l'homme, et vit sur le chyme comme l'autre ver sur le terreau des jardins. Si l'on pouvait croire un animal bien baptisé, c'était à coup sûr celui-là : il n'y a pas grande compagnie à espérer dans l'habitation qu'il se choisit. Or, il se trouve que ce prétendu ver solitaire, avec sa chaîne indéfinie d'anneaux, n'est qu'une longue file d'individus parfaitement distincts, si bien distincts que, de temps en temps, il s'en détache des anneaux qui tombent d'eux-mêmes, comme un fruit arrivé à maturité, et s'en vont vivre ailleurs, tout prêts à devenir le noyau d'une nouvelle bande, si un heureux hasard les reporte dans un autre intestin, le seul lieu favorable à leur développement.

Voici enfin un coin du rideau levé. Ces organes associés qui constituent l'animal, nous les avons vus vivre une fois d'une vie bien positivement à eux. Nous sommes maintenant édifiés sur leur compte, et quand nous les retrouverons engagés dans les liens d'une combinaison trop savante pour être défaite impunément, en voyant leur action s'arrêter à l'instant même de la séparation, nous saurons à quoi cela tient.

Et n'allez pas croire, chère enfant, qu'un misérable ver de terre ne prouve rien pour les autres. Ce ver est le point de départ de toutes les organisations qui viennent après lui. De quoi se compose-t-il? d'un tube composé lui-même d'anneaux. Eh bien, c'est sur ce tube qu'a été bâtie la machine animale, et ces anneaux, en se développant et se modifiant de mille manières, donneront naissance à toutes les formes d'êtres qui font le désespoir des classificateurs, parce qu'ils ne veulent pas comprendre qu'il ne doit y avoir qu'un animal, puisqu'il n'y a qu'un créateur d'animaux. Or, cet animal, c'est un tube digestif servi par des organes, c'est un ver qui va toujours en s'enrichissant.

Je vous ai dit, il y a bien longtemps, chère petite, c'était quand vous ne saviez rien encore :

« Avez-vous quelquefois regardé marcher un ver, une sangsue? Vous voyez toute la surface du corps se gonfler à mesure, en se portant en avant, comme si quelque chose roulait à l'intérieur, de la queue à la tête. C'est un mouvement tout à fait semblable que vous observeriez à la surface de l'œsophage si vous pouviez le voir fonctionner, et on lui a donné le nom de mouvement *vermiculaire*, à cause de sa ressemblance avec celui d'un ver qui marche. »

Et plus tard, à propos de l'intestin :

« Si vous aviez un ventre de verre à travers lequel on pût regarder travailler les intestins, il vous semblerait voir comme un grand, un immense ver roulé en paquet sur lui-même, et remuant constamment de tous ses anneaux à la fois. »

Vous tenez maintenant le mot du mystère. Que d'un bout à l'autre du tube digestif ses mouvements soient ceux d'un ver, le beau miracle! le ver est un tube digestif qui marche. Ce ver ou ce tube, comme vous voudrez l'appeler, il n'a pas cessé de ramper sous nos yeux depuis que nous avons commencé cette étude. Perdu dans l'homme au milieu des richesses qu'il a ramassées en route, invisible et roulé sur lui-même dans son palais, comme un despote de l'Orient qui laisse tout faire à ses esclaves, le voilà ici au point de départ, nu, frissonnant a l'air, forcé d'aller lui-même, et tout seul, à la pâture! Mais dans cette terre grossière dont il s'emplit, je vois déjà le chyme délicat que lui prépareront plus tard ses nombreux serviteurs, et dans lequel l'arbre du cœur viendra enfoncer ses racines, les vaisseaux chylifères.

Je donnais tout à l'heure à l'huître le nom d'animal primitif : je m'étais trop pressé. Celui-ci est le véritable animal primitif. Il est contenu dans l'huître comme l'huître est contenue en nous, et la pauvre bestiole est déjà, comparativement à lui, un animal de haut parage, qui se scandaliserait, j'en suis bien sûr, s'il pouvait comprendre, et qu'on vînt lui soutenir qu'il n'est qu'un ver enrichi.

LES ZOOPHYTES

Au-dessous du ver cesse l'animal proprement dit. Les zoophytes que je vous annonce sont des animaux si l'on veut, des plantes animées si l'on aime mieux cela, et leur nom, qui vient encore du grec, a été choisi tout exprès pour exprimer cette double nature qui les fait participer à la fois des deux règnes, végétal et animal. *Zoon,* en grec, veut dire : animal, et *phuton :* plante. Les zoophytes sont donc les *animaux-plantes.*

Cette association de vies distinctes mettant leur action en commun, cette association qui est la loi du monde organique, déjà si facile à constater dans le ver, se manifeste avec bien plus d'évidence encore dans les êtres inférieurs. Vous connaissez ce vieux chêne qui s'élève à la lisière du bois, et qu'on appelle dans le pays *le patriarche.* Celui-là est bien clairement non plus un individu, mais une nation. Ce n'est pas un arbre, c'est une forêt, que dis-je? une prairie; et ce tronc, tant de fois séculaire, qu'on est presque tenté de saluer en passant, n'est que l'amas des constructions accumulées par des centaines de générations d'herbes fugitives, dont aucune n'a vécu seulement l'espace d'une année. A chaque printemps des milliers et des milliers de boutons s'entr'ouvrent au soleil pour livrer passage chacun à une petite pointe verte : c'est un chêne qui vient au monde, semblable au premier chêne, à l'aïeul sorti autrefois du gland, sous la forme d'une herbe tendre qu'aurait pu brouter un mouton. C'est si bien un chêne que vous n'avez qu'à détacher avec précaution le bouton avant qu'il s'épanouisse, et à le coller, en remplacement d'un autre bouton, sur un arbre de même famille, mais d'espèce différente, il produira un chêne semblable à celui de ses anciens compagnons, qui paraîtra ensuite tout dépaysé sur ce nouveau terrain, au milieu des branches indigènes. C'est là tout le secret de ce que les jardiniers appellent la *greffe,* et je vous conseille d'essayer avec des rosiers : il n'y a rien de plus amusant. Quand viennent les frimas de l'automne, tout ce monde de petits chênes périt et livre ses feuilles au vent, mais elles laissent en partant un petit morceau de bois nouveau, sur lequel on voit déjà poindre le bouton, espoir de la saison prochaine. C'est ainsi que la grande vie de l'arbre se perpétue de siècle en siècle par une succession non interrompue de vies passagères, qui rappelle tout à fait la vie d'un peuple, et la similitude est complète dans les arbres toujours verts, où la nouvelle feuille fait son apparition, avant que l'ancienne ait quitté son poste.

Telle est aussi la vie du polypier, ce grand arbre de pierre que construisent les polypes, les chefs incontestables du groupe des zoophytes.

Avant le polypier, étudions le polype.

On trouve chez nous, quand on sait regarder, sur le bord des mares, le long des ruisseaux qui dorment dans les fossés des routes, des êtres bizarres qui jetèrent dans la stupéfaction, il y a aujourd'hui cent vingt et un ans, le bon Hollandais Trembley, quand il s'avisa d'en commencer l'étude. Figurez-vous de tout petits sacs, faits d'une sorte de gelée brune, grise, le plus souvent verte, toujours transparente, et collés par le fond sur les tiges de carex, de lentilles d'eau, de conferves qui croissent dans les eaux dormantes. Chasseur à l'affût, ce sac lance autour de lui, comme autant de fouets, des espèces de fils déliés, attachés en cercle sur le tour de son ouverture, et tout animalcule qui arrive à portée est enlacé, étouffé, entraîné dans le petit gouffre toujours béant, et digéré en moins de rien. Ce qui a résisté à la digestion s'en retourne ensuite par où il est venu. Où passent les produits de la digestion? Impossible de s'en faire une idée. Si vous coupez ce sac, et que vous en mettiez les morceaux sous le meilleur microscope, vous n'apercevrez absolument rien qu'une gelée compacte, sans la moindre trace d'une organisation quelconque. Ce n'est pas tout. Abandonnez ces morceaux dans l'eau, et retournez-y voir au bout de quinze, vingt, trente heures. Chacun d'eux est redevenu un sac complet, tout prêt à se multiplier de nouveau, si vous le soumettez à la même opération. Parfois sur un point du sac, le premier venu, paraît tout à coup un bouton, comme il vous en est poussé un l'autre jour au beau milieu du front. Qu'auriez-vous dit, ma chère enfant, si ce vilain bouton avait grandi, grandi indéfiniment, s'il avait pris des jambes, des bras et une tête, et s'il était devenu tout tranquillement une jolie petite fille, plantée par les pieds dans le front de sa maman. C'est là le tour que jouent au sac paternel les boutons dont je vous parle; et l'on a rencontré des sacs de la grande espèce, de ceux qui ont d'un à deux pouces, qui portaient ainsi douze enfants sur leur dos, si tant est qu'un estomac puisse avoir un dos. Il vous est facile de voir en effet que ce commencement d'animal n'est pas même un tube digestif, et qu'on ne peut y trouver autre chose qu'un estomac s'ouvrant directement à l'air, et fermé par en bas.

C'est Réaumur, le père du fameux thermomètre Réaumur, qui a baptisé les sacs miraculeux révélés à la science par Trembley. Aristote avait autrefois donné le nom de *polype* (plusieurs pieds) à un mollusque bâti extérieurement sur un modèle tout à fait semblable[1], avec de grands fouets disposés également en rond autour de la bouche, et destinés au même usage, sauf qu'ils ont une fonction de plus, celle d'entraîner le corps, en guise de pieds, en s'accrochant l'un après l'autre devant eux. Réaumur transporta ce nom aux nouveaux venus, et les appela des polypes d'eau douce, aux grands éclats de rire de Voltaire qui avait déclaré que c'étaient des brins d'herbe, nouvelle preuve, après tant d'autres, qu'en histoire naturelle tout l'esprit du monde ne vaut pas une paire de bons yeux.

Mais voici qu'on s'aperçut bientôt qu'en ramassant ces petits brins de gelée vivante aux portes de La Haye, Trembley avait mis la main sur des êtres d'une importance immense à la surface du globe, et qu'il avait trouvé sous son microscope de quoi expliquer un mystère qui s'étalait, en narguant la science humaine, sur des milliers de lieues carrées.

Vous connaissez bien le corail, dont on fait des parures si avantageuses aux jolies brunes. Le corail est un polypier. On va le chercher au fond de la mer, où il est attaché aux rochers, sous la forme d'un charmant petit arbrisseau qui lance ses rameaux rouges dans toutes les directions. Les Grecs, qui n'étaient embarrassés de rien, racontaient que Persée déposa un jour sur le bord de la mer sa fameuse tête de Méduse, dont l'aspect avait la

1. C'est le poulpe, qui a conservé son nom, bien qu'un peu défiguré. Nous en parlerons tout au long dans l'histoire de la machine à marcher.

vertu de tout pétrifier, et que les nymphes, en se jouant, l'avaient présentée aux arbrisseaux de corail, qui s'expliquaient ainsi tout naturellement. Sans précisément s'en tenir à l'explication mythologique, les savants modernes n'étaient pas allés beaucoup plus loin, et le corail était encore pour eux une énigme dont ils n'aimaient pas à s'occuper, quand, mis en éveil par les révélations de Trembley, ils l'examinèrent plus attentivement, et découvrirent dans ses extrémités molles, négligées jusqu'alors, cette même gelée vivante, creusée en sacs, avec leur cercle de pieds, ou plutôt de bras, chargés de les approvisionner. C'étaient des polypes de mer, croissant, comme ceux d'eau douce, les uns sur les autres; mais avec cette différence que, semblables aux boutons du chêne, les boutons de l'arbre de pierre produisaient chacun un dépôt qu'ils laissaient tous à la masse, en cessant de vivre. De même en effet que l'herbe tendre du chêne s'emplit à mesure du bois qui se forme au dedans d'elle, et se durcit en une branche qui va toujours s'agrandissant par de nouvelles productions, de même la gelée du polypier s'encroûte de pierre, et meurt sans cesse par la base, tandis qu'elle vit indéfiniment par son sommet sans cesse renaissant.

Ne vous fatiguez pas trop de toute cette fantasmagorie, ma chère écolière : elle est d'un intérêt suprême. C'est ici le point de jonction, et comme le nœud des trois règnes, une végétation animale donnant pour résultat une masse minérale extraite des eaux de la mer par une infinité de petits creusets vivants, qui continuent sous nos yeux l'œuvre entamée dans les commencements du globe, et fabriquent tout bonnement des continents pour l'usage des générations futures. Puisse ceci, chère enfant, vous consoler d'être petite. C'est par les petits que Dieu aime à faire ce qui est vraiment grand. Pour avoir des mondes, il n'est pas allé chercher l'éléphant, ni la baleine; il s'est choisi des ouvriers gros comme des têtes d'épingle. Et parmi nous autres, puisque nous en sommes là, quand on veut travailler à régénérer le monde, ce n'est pas aux grands, c'est aux petits qu'il faut s'adresser. Je vous ai parlé du corail qui est un joujou, un cadeau fait aux dames pour les aider à être belles : ses confrères, les madrépores de l'océan Pacifique, jouent un bien autre rôle. Ceux-là ont jeté en avant des côtes de la Nouvelle-Hollande une barrière de récifs qui a trois cents lieues de long sur vingt lieues de large. Que sont auprès de cela ces constructions à nous, ces pyramides, ces cathédrales qui nous semblent gigantesques? Le flot toujours montant des polypiers fermera un jour aux navigateurs l'accès d'une partie des mers de la région tropicale, et des terres, introuvables aujourd'hui dans les atlas, s'étendront alors au soleil, chargées de plantes et d'animaux, là où les navires sillonnent maintenant l'Océan. Et sachez qu'une grande partie du sol que nous foulons aux pieds n'a pas d'autre origine. Elle a été fabriquée autrefois dans la mer par des myriades infinies d'êtres souvent infiniment petits. Chacun, polype ou coquillage, a produit son grain de pierre, et de tous ces grains Dieu, qui présidait à leur travail, a fait nos pays.

Mais il est temps de mettre un terme à cette causerie

qui ne finirait pas, si je m'écoutais. Je la quitte à regret; mais toutes ces lignes que j'enfile les unes après les autres, sans les compter, auront déjà fait un volume qu'on est bien capable de trouver trop gros pour vous. Il y a bien d'autres zoophytes que les polypes, et tous assurément curieux. Tous habitent le sein fécond des eaux, où Dieu a déposé les premiers germes de la vie. Je renonce à vous les décrire. En revanche, je vais vous donner un conseil qui fera peut-être ouvrir de grands yeux à certaines gens. Dites à votre papa de vous prêter le dernier livre de Michelet, *la Mer,* et cherchez-y ce qu'on dit des animaux mystérieux qu'elle cache sous ses vagues. Ce livre-là n'a pas été écrit pour vous, comme celui-ci, et si, malgré toute ma bonne volonté, je n'ai pas toujours réussi à être aussi clair que j'en avais envie, Michelet, qui ne pensait pas aux petites filles quand il a pris la plume, vous étonnera bien sûr de temps en temps. Mais ne vous laissez pas effaroucher par un mot que vous ne comprendrez pas, et lisez cela de la page 111 à la page 160. Vous y trouverez ce qui est éternellement clair, la poésie de la nature, et les enfants comprennent cela mieux que les savants.

LETTRE XXXIX

LA NUTRITION DES PLANTES.

Un mot encore, avant de nous quitter, sur les derniers mangeurs, sur les végétaux. Ils vont nous fournir une nouvelle preuve, bien définitive cette fois, de l'uniformité des conditions fondamentales auxquelles le Maître de la vie a soumis tous les êtres organisés.

Reprenons ce chêne, dont j'ai dû vous esquisser à l'avance le mode d'accroissement, pour vous montrer le lien qui l'unit à ses voisins immédiats du règne animal. Par où mange-t-il? Je n'ai pas besoin de vous l'apprendre. Par ses racines, qui vont boire au sein de la terre l'eau chargée des sucs qui doivent le nourrir. Saviez-vous déjà que chaque grosse branche a son représentant souterrain, et que la pousse annuelle du sommet se reproduit au pied de l'arbre par des fibrilles naissantes qui gagnent du terrain dans le sol, à mesure que les sœurs d'en haut font du chemin dans les airs. C'est ainsi que, par des organes toujours jeunes, s'entretient la vie et se fait le progrès de la grande association, tandis que ceux qui ont fait leur temps restent là comme les soutiens de l'édifice, et c'est bien aussi la même chose pour les sociétés humaines. Elles s'appuient sur ce qui est vieux; mais elles vivent et avancent seulement par ce qui est jeune.

Donc la séve, c'est le nom qu'on donne à cette eau pompée par les jeunes racines, la séve, ou, pour lui donner son vrai nom, le sang de l'arbre, une fois engagée dans les cellules dont se compose le tissu des fibrilles, passe de l'une à l'autre, et se met en route pour le sommet de l'arbre où les feuilles l'appellent. Il n'y pas de cœur ici pour lui donner l'impulsion. Elle chemine en quelque sorte d'elle-même, sous l'action de lois dont il n'a pas encore été question, et que j'aime mieux, pour aller plus vite, ne pas vous expliquer. Qu'il vous suffise de vous rappeler ce qui arrive quand vous laissez pendre dans l'eau le bout d'une serviette suspendue à un clou. L'eau monte toute seule, de fil en fil, et la serviette se mouille jusqu'en haut. C'est un peu comme cela que la séve monte dans le chêne, et alors elle porte le nom de *séve ascendante*. Vous savez ce que c'est qu'une *ascension* en ballon : les deux noms ont la même origine. Regardez bien un tronc de chêne scié en travers. Vous verrez le bois comme tiqueté d'une foule de petits points. Ils représentent autant de tubes, moins réguliers, il est vrai, que ceux où circule notre sang, mais qui ne s'en continuent pas moins du haut en bas du tronc, et livrent un passage plus facile à la séve dans son ascension vers les feuilles.

Là s'opère une transformation semblable à celle par laquelle le sang veineux devient artériel dans nos poumons. Les feuilles sont de véritables poumons, où vient se faire, comme dans les nôtres, le mystérieux échange entre le sang et l'air, condition universelle de la vie. C'est encore le marché au charbon; seulement les rôles sont changés. L'air, qui recevait du charbon tout à l'heure, le livre à son tour, et reçoit en échange de l'oxygène, juste l'inverse de son trafic avec les animaux. En d'autres termes, l'arbre aspire par ses feuilles l'acide carbonique lancé dans l'atmosphère par nos poumons. Il casse de son autorité privée le mariage contracté dans nos organes, garde pour lui le carbone, qu'il nous rendra un jour sous forme de bois, ou, le charbonnier aidant, à l'état pur et simple de charbon; et remet en liberté l'oxygène, qui s'en retourne en quête d'un nouveau poumon et d'un nouveau mariage. C'est ainsi que se perpétue l'équilibre dans l'atmosphère, et que les mêmes substances servent indéfiniment à entretenir des vies de toute nature, en faisant, comme on dit, la navette.

Remarquons, toutefois, qu'il y a deux conditions à cette respiration en sens inverse des végétaux. D'abord elle n'a lieu que dans les parties vertes. Les fleurs, les fruits, les racines, tout ce qui est d'une autre couleur respire comme nous, et prend à l'air son oxygène pour lui renvoyer de l'acide carbonique. Par parenthèse, c'est pour cela qu'on ne doit pas garder des fleurs dans sa chambre pendant la nuit. Si charmantes qu'elles soient, ce sont des empoisonneuses, et l'on n'a que des maux de tête à gagner, en dormant côte à côte avec elles, sous la même clef. Il ne fait même pas bon y laisser des branches vertes; car, à l'obscurité, les parties vertes elles-mêmes cessent de purifier l'air, et se mettent à fabriquer, comme les autres, de l'acide carbonique, aux dépens de leur carbone, qui s'en va petit à petit. Or, comme c'est le carbone qui constitue les fibres solides des plantes, et détermine leur coloration en vert, elles jaunissent et s'amollissent rapidement, quand elles sont privées de lumière. Vous vous êtes peut-être demandé quelquefois pourquoi votre jardinier s'amusait à étouffer ses salades, en les liant par en haut, comme un chignon, au lieu de les laisser pousser à l'air, librement ouvertes au soleil. C'est pour que vous les mangiez plus tendres, chère petite; et ces belles feuilles jaunes de laitue, si douces à la dent, seraient vertes et dures, si elles n'avaient pas écoulé tout doucement une grande partie de leur provision de carbone dans l'obscurité des derniers jours. Sans faire la jardinière, vous pouvez vous assurer du fait d'une manière bien plus simple encore. Mettez une planche à plat sur le gazon, et relevez-la seulement au bout de trois jours. En empêchant la lumière d'arriver à l'herbe qu'elle recouvrait, elle se sera dessinée en jaune assez nettement pour qu'on puisse distinguer la place de l'autre bout du jardin.

Mais revenons à la séve, que nous avons laissée se transformant au contact de l'air. Chez nous, le sang devenu artériel ne ressemble plus au sang veineux. C'est bien autre chose encore dans les plantes. La séve ascendante n'était qu'une eau limpide. Quand elle revient des feuilles, chargée de carbone, c'est un suc épaissi, ayant presque la consistance, et parfois la couleur du lait, et jouissant de propriétés toutes nouvelles. L'exemple le plus saisissant que je puisse vous citer de cette différence des deux séves, c'est l'euphorbe des Canaries dont la seconde séve est un poison violent. Quand la soif presse les gens du pays, ils enlèvent avec soin l'écorce, où circule le suc mortel, et se désaltèrent tranquillement en suçant la tige qui leur livre sa séve à elle, innocente, et vierge de tout contact avec l'atmosphère corruptrice.

Chacune des deux séves a, en effet, son chemin bien tracé. La première monte par le bois; la seconde descend par l'écorce (de là son nom : *séve descendante*). Si vous voulez vous en assurer, serrez un peu fort une jeune branche dans un nœud de ficelle. Au bout de quelque temps, vous la verrez pâtir au-dessous du nœud, et s'enfler au-dessus : preuve sans réplique que les sucs nourriciers arrivaient d'en haut par l'écorce, car le bois intérieur de la branche n'a pas eu à souffrir de l'étranglement.

N'oubliez pas cela, chère petite, quand vous jouez dans le jardin, et respectez l'écorce des jeunes arbres que votre père a tant de plaisir à voir pousser. C'est par l'écorce qu'ils se nourrissent, et vous pourriez les tuer, en la traitant trop cavalièrement.

Maintenant il faut que je vous apprenne comment se fait la nutrition, ou, si vous l'aimez mieux, l'agrandissement de l'arbre, au moyen de cette séve descendante. Tenez, voilà un sapin qu'on vient de scier par le pied. Si cela peut vous faire plaisir, je vais vous dire tout de suite quel âge il a. Je vous dirai même l'âge de chaque branche, les petites et les grosses, sans me tromper d'une année, et vous pouvez bien penser que je ne suis pas sorcier. Voyez-vous ces petits cercles qui se dessinent si nettement sur le tronc de l'arbre, allant toujours grandissant, comme s'ils se composaient d'une suite de tubes d'inégale grandeur, emboîtés exactement les uns dans les autres. Comptez un peu combien il y en a.

— Vingt-cinq.

— Chacun d'eux représente le travail d'une année · l'arbre a vingt-cinq ans. Au printemps, quand la séve se met en mouvement, elle dépose partout, entre le bois et l'écorce, depuis le tronc jusqu'aux dernières branches, une couche uniforme d'un liquide épais, qui se moule exactement sur le bois déjà formé. Cette couche prend de la consistance pendant l'année; elle s'emplit du carbone qu'y laisse en passant, atome par atome, chaque goutte de séve descendante; insensiblement elle s'organise, se durcit, et quand arrive l'hiver, qui vient interrompre le travail, elle a donné naissance à deux couches ligneuses [1], comme on dit. L'une appartient au bois, et ne bougera plus tant qu'ira la vie de l'arbre; car les suivantes viendront la recouvrir, et comme l'enterrer. L'autre appartient à l'écorce, et est condamnée à se voir refoulée sans cesse au dehors par les nouvelles couches d'écorce qui viendront plus tard se glisser entre elle et le bois. C'est pour cela que l'écorce des vieux troncs est si profondément crevassée, et qu'on peut détacher les écailles de sa surface, sans que l'arbre en souffre le moins du monde. C'est de l'écorce du commencement, de l'écorce morte depuis longtemps. Le vieux bois aussi est mort en dedans, et il ne serait plus là que la joyeuse jeunesse, qui verdoie au soleil, s'en apercevrait à peine. Ceci vous explique ces histoires de chênes que le temps a creusés sans les détruire, comme celui d'Allouville en Normandie, dans lequel on dit la messe, et qui est encore le plus vert du pays. Et sans aller si loin, qui n'a rencontré de ces vieux saules tout creux, parfois même percés à jour, qui portent fièrement une forêt de jeunes branches aussi vertes et vigoureuses que si rien ne manquait au tronc? Ce qui était mort est parti; mais ce qui vit est resté, et cela suffit à l'arbre.

Faut-il vous ajouter que la séve descendante, cet intendant du végétal, a aussi son monde d'ouvriers à servir, comme chez nous, et qu'elle rencontre sur son chemin des organes dont chacun lui demande autre chose; qu'ici elle fait une fleur, puis un fruit, là une feuille, là du bois et le reste; et qu'une intelligence mystérieuse, celle-là

1. *Lignum* veut dire *bois* en latin.

même que nous avons rencontrée partout, préside à toutes ces constructions si diverses, dont les matériaux sont confondus pêle-mêle dans ce filet imperceptible qui suinte de la feuille à l'écorce? Je me souviens, au moment de terminer, vous avoir dit autrefois, ma chère enfant, que vous étiez un petit temple, où Dieu manifestait sans cesse sa présence active par un miracle en permanence. Vous pouvez maintenant regarder un arbre comme autre chose qu'un morceau de bois qui donne de l'ombre. Dieu est aussi là dedans.

CONCLUSION

Quelle conclusion tirer de tout ceci, ma chère enfant? Ce que je vous avais annoncé d'abord. Du haut en bas de la création, tout ce qui vit est soumis à la même loi, tout mange, et mange presque de la même façon, puisque ce sont les mêmes substances qui font partout les frais du repas. Je vous avais avancé, dans ma première lettre, que notre machine à manger se reproduisait jusqu'aux dernières limites du règne animal, en se simplifiant toujours davantage. Plus tard, en commençant l'étude des animaux, je vous avais dit que dans cette machine résidait l'unité de leur construction. Avais-je eu tort? et que pourrais-je ajouter à toutes les preuves qui sont venues, l'une après l'autre, établir cette uniformité de plan de la machine animale dans ce qu'elle a d'essentiel? Ce sera la gloire éternelle du savant illustre, sous le nom de qui j'ai abrité ce livre, que d'avoir proclamé à la face de toutes les Académies, et sous le feu des plus doctes colères, cette vérité qu'on ne peut perdre de vue sans s'égarer dans tous les caprices de l'arbitraire.

Je reviens donc à la définition que je vous ai donnée en parlant du ver, et qui est le dernier mot des idées que je me suis efforcé de vous faire comprendre. *L'animal est un tube digestif servi par des organes.* Il faut qu'il mange d'abord, et c'est à cela que le Créateur a pourvu en premier lieu. Tout le reste est venu ensuite pour l'aider à mieux manger, à s'emparer plus facilement de sa proie, et à en tirer meilleur parti. La machine à marcher, dont je vous ai promis l'histoire, n'est donc qu'un auxiliaire, et non la partie principale de l'organisation, et ce n'est pas sur elle qu'on peut décider si Dieu a fait trois, quatre, cinq animaux, ou s'il n'en a fait qu'un.

Je vais donc vous dire adieu, chère petite écolière, ou plutôt au revoir, en vous demandant grâce pour les maladresses qui ont pu m'échapper, et pour les choses que j'ai dites parce qu'elles m'intéressaient, sans trop me demander quelquefois si elles vous intéresseraient aussi. Pourtant, pendant que je tiens encore la plume, je ne veux pas vous quitter sur cette définition de l'animal par où je termine, sans y ajouter un mot d'explication. Vous n'en savez rien, vous, mais pour les autres elle pourrait avoir l'air d'une parodie d'une autre définition, appliquée par messieurs les philosophes à l'homme, qu'ils ont appelé : *une intelligence servie par des organes.* La mienne s'applique à l'animal, et non pas à l'homme. L'homme est bien positivement un animal par sa machine, mais bien positivement aussi il est autre chose encore par ce reflet divin qui brille en lui, et qui se prête trop mal à la définition pour que j'entreprenne de vous en faire une. « L'homme ne vit pas seulement de pain, a dit Jésus-Christ, mais aussi de toute parole qui sort de la bouche de Dieu. » Ce qui se nourrit en nous de cette parole, c'est là ce que je n'essaye par de vous définir; mais vous m'aurez bien compris.

Allez là-dessus, et mangez en paix, comme un joli petit animal que vous êtes. Mais n'oubliez pas de nourrir aussi l'autre partie de votre être, celle qui est la principale et qui vous fait monter à Dieu.

Paris. — Imp. Poupart-Davyl et Comp., rue du Bac. 30

Made in the USA
Monee, IL
04 November 2026

67387327R10226